校企合作电子与信息类专业精品教材

数字电子技术

主审　魏洪昌
主编　李欢欢　孙凤霞　吕　欣

内容提要

本书根据教育部最新的教育教学改革要求和各类院校的教学特色，采用项目式体例编写。全书共十个项目，分别为认识数制与逻辑代数、应用门电路、分析与设计组合逻辑电路、认识触发器、分析与设计时序逻辑电路、认识脉冲信号与整形电路、测试555定时器应用电路、测试D/A转换器、测试A/D转换器、综合实训。

本书结构完整，内容实用，注重培养学生的综合技能，可作为各类院校电子信息类、计算机类、集成电路类等专业学生的教材。

图书在版编目（CIP）数据

数字电子技术 / 李欢欢，孙凤霞，吕欣主编. 上海 : 上海交通大学出版社，2025. 1.(2025. 8.重印) -- ISBN 978-7-313-32177-0

Ⅰ. TN79

中国国家版本馆CIP数据核字第2025Y3D895号

数字电子技术

SHUZI DIANZI JISHU

主　　编：李欢欢　孙凤霞　吕　欣

出版发行：上海交通大学出版社　　地　　址：上海市番禺路951号

邮政编码：200030　　电　　话：021-64071208

印　　制：三河市祥达印刷包装有限公司　　经　　销：全国新华书店

开　　本：787 mm×1092 mm　1/16　　印　　张：15.75

字　　数：373千字

版　　次：2025年1月第1版　　印　　次：2025年8月第2次印刷

书　　号：ISBN 978-7-313-32177-0　　电子书号：ISBN 978-7-89564-151-8

定　　价：49.80元

数字电子技术的发展极大地促进了信息技术、计算机技术、通信技术等现代电子技术的革新，已成为推动社会信息化、经济数字化和生产智能化的重要基石。而相关理论知识和技术技能也是电子类相关专业技术人员必学必会的内容。近年来，行业发展的新形势对人才的培养提出了新要求，为满足各类院校在电子类专业人才培养方面的迫切需求，编者基于各类院校的教学特点，结合实际工作岗位的技能需求，精心编写了本书。本书主要具有以下特色。

1．立德树人，润物无声

党的二十大报告指出："育人的根本在于立德。"为贯彻党的二十大精神，本书设置了形式多样的素质教育内容，将德育与知识技能教育有机融合，引导学生厚植家国情怀，培养学生的民族自豪感和历史使命感，让学生在学习中树立正确的世界观、人生观和价值观。

（1）本书的每个项目都结合课程内容设置了素质目标，力求培养高素质、高水平、高技能的专业型人才。

（2）本书设置了"学思践悟"模块，通过对部分知识内容的延展，引导学生自觉践行社会主义核心价值观，培养学生精益求精、追求卓越的工匠精神，提升学生的社会责任感和历史使命感。

2．校企合作，工学结合

在编写本书的过程中，为满足各行业的实际需要，编者走访了大量企业，汇集了多位专业技术人员的实践经验，根据企业对相关岗位技术人员的技能需求，合理安排实训内容，以切实培养学生的实践能力。

3．任务驱动，理实一体

本书采用项目式体例编写，全书共分为十个项目。其中，前九个项目均按照项目导入→项目工单→相关知识→项目实施→项目知识检测→学习成果评价的结构安排内容；项目十为综合实训，主要用于提升学生的综合实践能力。

项目导入：以相关背景引出项目内容，让学生初步了解所学知识，并激发学生的学习兴趣。

项目工单：结合实际岗位的技能需求，引导学生分组协作、制订工作计划、完成工作任务，培养学生自主学习的能力。

相关知识：介绍项目实施所需要的理论知识，在内容上遵循“理论够用、实用为主”的原则，精讲理论，注重应用。

项目实施：以工作岗位所需的知识和技能为出发点，通过实践操作巩固相关知识，培养实践能力。

项目知识检测：通过习题来帮助学生查漏补缺，巩固所学知识。

学习成果评价：采用自评、师评的形式在知识、技能、素养等方面对学生进行综合评价，以检验学生对本项目的学习成果。

4．模块丰富，版式活泼

本书在正文中设置了“点拨”模块，对重难点进行详细解说，以便学生理解相关知识；设置了“注意”模块，以说明学生在学习过程中应当注意的问题；设置了“头脑风暴”模块，以加强课堂互动，增加本书的趣味性；设置了“笔记”模块，以便学生在学习和实践过程中记录相关经验和感想。

5．图文并茂，生动直观

本书采用图文结合的讲解方式，正文中配置了大量的电路图，并使用不同颜色标注图中内容，为学生营造了一个生动、直观的认知环境，增强了本书的可读性。

6．仿真设计，助力学习

本书在实践操作的基础上，使用 Multisim 14 仿真软件设计并分析实际电路，以克服实验室条件的限制，同时培养学生分析、应用和创新的能力。

7．数字资源，平台辅助

本书配有随堂微课，读者可借助手机或其他移动设备扫描二维码观看微课视频，也可登录文旌综合教育平台“文旌课堂”查看和下载本书的配套资源，如教学课件、课后习题答案等。读者在学习过程中有任何疑问，都可登录该平台寻求帮助。

此外，本书还提供了在线题库，支持“教学作业，一键发布”，教师只需要通过微信或“文旌课堂”App 扫描扉页二维码，即可迅速选题、一键发布、智能批改，并可查看学生的作业分析报告，提高教学效率、提升教学体验。学生可在线完成作业，巩固所学知识，提高学习效率。

本书由魏洪昌担任主审，李欢欢、孙凤霞、吕欣担任主编，吉建平、陈蓓、周柄旭、宣丙龙、何薇、张杨铴、刘志璟、汪杰、苗小利、洪菲、符维才担任副主编。由于编者水平有限，书中难免存在疏漏或不当之处，敬请广大读者批评指正。

特别说明：

本书在编写过程中，参考了大量资料并引用了部分文章和图片。这些引用的资料大部分已获授权，但由于部分注明来源的资料来自网络，我们暂时无法联系到原作者。对此，我们深表歉意，并欢迎原作者随时与我们联系，我们将按规定支付酬劳。

本书配套资源下载网址和联系方式

网址：https://www.wenjingketang.com

电话：400-117-9835

邮箱：book@wenjingketang.com

片　头

目录 CONTENTS

项目 3 分析与设计组合逻辑电路 / 56

项目 4 认识触发器 / 88

项目 5 分析与设计时序逻辑电路 / 119

项目 6 认识脉冲信号与整形电路 / 146

项目 7 测试 555 定时器应用电路 / 173

项目 8 测试 D/A 转换器 / 189

项目 9 测试 A/D 转换器 / 210

项目 10 综合实训 / 233

项目 1 认识数制与逻辑代数

知识目标

- 熟悉数字电路的定义、波形和分类。
- 掌握常用数制之间的转换规则。
- 掌握二进制数的算术运算。
- 掌握常用二进制编码的编码方法。
- 掌握基本逻辑运算和复合逻辑运算。
- 掌握逻辑代数的基本公式和基本定理。
- 掌握逻辑函数的表示方法和化简方法。

技能目标

- 能分析三人裁判电路的工作原理。
- 能设计三人裁判电路。

素质目标

- 增强规行矩止、恪守不渝的规则意识。
- 弘扬执着专注、追求卓越的工匠精神。

项目导入

自古以来，从手指计数、石头计数、结绳计数到数字计数，十进制都是人们计数时普遍采用的数制。随着科技的发展，二进制在计算机和数字电子技术中的应用促进了数制相关理论的发展。逻辑代数是以数制为理论基础，按一定逻辑关系进行的代数运算，是数字电路实现逻辑运算的基本工具。

本项目要求学生掌握数制与逻辑代数的基本知识，并在此基础上设计三人裁判电路，知识与技能要求如表 1-1 所示。

表 1-1　知识与技能要求

项目内容	认识数制与逻辑代数	学习程度		
		识记	理解	应用
学习任务	数字电路概述	●		
	数制与编码		●	
	逻辑代数基础		●	
	逻辑函数的化简方法		●	
实训任务	设计三人裁判电路			●
自我勉励				

项目工单

1. 学生分组

学生以 3～5 人为一组进行分组，各小组选出组长并进行任务分工，将小组成员及分工情况填入表 1-2 中。

表 1-2　小组成员及分工情况

班级		组号		指导教师	
小组成员	姓名	学号	任务分工		
组长					
组员					

2. 工作计划

各小组查阅资料，熟悉数制与逻辑代数的基本知识，制订工作计划，并将其填入表 1-3 中。

表 1-3　工作计划

序号	工作内容	负责人

3. 工作准备

各小组准备实施所需的工具和器材，并将其填入表 1-4 中。

表 1-4 实施所需的工具和器材

序号	名称	规格与型号	单位	数量	备注

4. 工作实施

各小组按工作计划，设计三人裁判电路，将实施步骤、实施内容及遇到的问题、解决办法等填入表 1-5 中。

表 1-5 工作实施过程记录表

序号	实施步骤	实施内容及遇到的问题	解决办法

1.1　数字电路概述

1.1.1　模拟信号与数字信号

在时间和幅度上均连续的信号称为模拟信号，其波形如图 1-1（a）所示。在时间或幅度上离散的信号称为数字信号，其波形如图 1-1（b）所示。

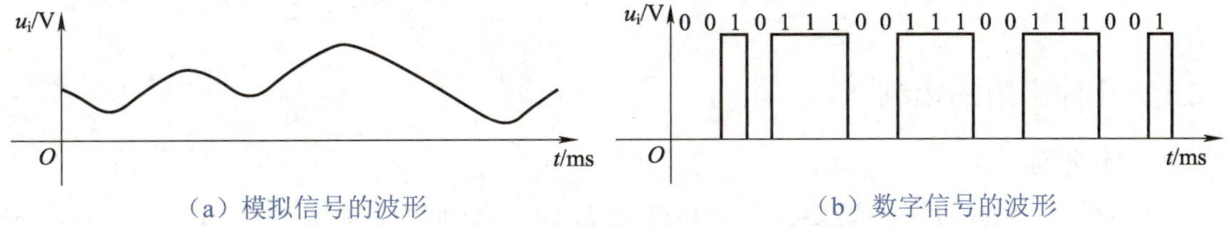

（a）模拟信号的波形　　（b）数字信号的波形

图 1-1　模拟信号与数字信号的波形

请思考：从波形上看，模拟信号和数字信号各有什么特点？

1.1.2　模拟电路与数字电路

模拟电路是指处理模拟信号的电路。模拟信号主要采用某一时刻信号的大小或强弱来表示信息。例如，声音经过话筒产生电信号，电信号的大小就可用电压的高低或电流的大小来表示。

数字电路是指处理数字信号的电路。数字电路只有高电平和低电平两种信号，高电平信号用数字 1 表示，低电平信号用数字 0 表示。

与模拟电路相比，数字电路主要具有以下特点。

（1）同时具有算术运算功能和逻辑运算功能。

（2）主要研究电路中输入与输出之间的逻辑关系。

（3）可靠性强。在数字电路中，电源电压的小波动对电路基本没有影响，温度和电路的制备工艺偏差对电路工作可靠性的影响也较小。

请思考：数字电路中的“0”和“1”有无大小之分？

1.1.3　数字电路的分类

数字电路可按以下三种方式进行分类。

（1）按功能的不同，数字电路可分为组合逻辑电路和时序逻辑电路两种。

（2）按结构的不同，数字电路可分为分立电路和集成电路两种。其中，集成电路按集成度的不同又可分为小规模集成电路、中规模集成电路、大规模集成电路和超大规模集成电路四种。

（3）按应用领域的不同，数字电路可分为通用型数字电路和专用型数字电路两种。

1.2 数制与编码

1.2.1 几种常用的数制

1．十进制

十进制共有 0～9 十个数码，其进位基数为 10，其进位规则为“逢十进一”。在表示十进制数时，可在数字的右下角标注 D 或 10。十进制数的权为基数 10 的整数幂。例如，$(123.04)_D$ 可按权展开为

$$(123.04)_D = 1\times10^2 + 2\times10^1 + 3\times10^0 + 0\times10^{-1} + 4\times10^{-2}$$

其中，1、2、3、0、4 为各位的数码，10^2、10^1、10^0、10^{-1}、10^{-2} 为各位对应的权。

那么，对于任意一个十进制数 $(N)_D$，可将其按权展开为

$$(N)_D = k_{n-1}\times10^{n-1} + k_{n-2}\times10^{n-2} + \cdots + k_1\times10^1 + k_0\times10^0 + k_{-1}\times10^{-1} + \cdots + k_{-m}\times10^{-m} \quad (1\text{-}1)$$

式中：

k_i ——数位为 i 的数码；

n ——整数部分数位的数量；

m ——小数部分数位的数量。

2．二进制

二进制只有 0 和 1 两个数码，其进位基数为 2，其进位规则为“逢二进一”。在表示二进制数时，可在数字的右下角标注 B 或 2。二进制数的权为基数 2 的整数幂。例如，$(1011.01)_B$ 可按权展开为

$$(1011.01)_B = 1\times2^3 + 0\times2^2 + 1\times2^1 + 1\times2^0 + 0\times2^{-1} + 1\times2^{-2}$$

其中，1、0、1、1、0、1 为各位的数码，2^3、2^2、2^1、2^0、2^{-1}、2^{-2} 为各位对应的权。

那么，对于任意一个二进制数 $(N)_B$，可将其按权展开为

$$(N)_B = k_{n-1}\times2^{n-1} + k_{n-2}\times2^{n-2} + \cdots + k_1\times2^1 + k_0\times2^0 + k_{-1}\times2^{-1} + \cdots + k_{-m}\times2^{-m} \quad (1\text{-}2)$$

式中：

k_i ——数位为 i 的数码；

n ——整数部分数位的数量；

m ——小数部分数位的数量。

3. 八进制

八进制共有 0～7 八个数码，其进位基数为 8，其进位规则为“逢八进一”。在表示八进制数时，可在数字的右下角标注 O 或 8。八进制数的权为基数 8 的整数幂。例如，$(320.15)_{\text{O}}$ 可按权展开为

$$(320.15)_{\text{O}} = 3\times8^{2} + 2\times8^{1} + 0\times8^{0} + 1\times8^{-1} + 5\times8^{-2}$$

其中，3、2、0、1、5 为各位的数码，8^2、8^1、8^0、8^{-1}、8^{-2} 为各位对应的权。

那么，对于任意一个八进制数 $(N)_{\text{O}}$，可将其按权展开为

$$(N)_{\text{O}} = k_{n-1}\times8^{n-1} + k_{n-2}\times8^{n-2} + \cdots + k_1\times8^{1} + k_0\times8^{0} + k_{-1}\times8^{-1} + \cdots + k_{-m}\times8^{-m} \quad (1\text{-}3)$$

式中：

k_i ——数位为 i 的数码；

n ——整数部分数位的数量；

m ——小数部分数位的数量。

4. 十六进制

十六进制共有 0～9、A、B、C、D、E、F 十六个数码，其进位基数为 16，其进位规则为“逢十六进一”。在表示十六进制数时，可在数字的右下角标注 H 或 16。十六进制的权为基数 16 的整数幂。例如，$(3\text{FC}.06)_{\text{H}}$ 可按权展开为

$$(3\text{FC}.06)_{\text{H}} = 3\times16^{2} + \text{F}\times16^{1} + \text{C}\times16^{0} + 0\times16^{-1} + 6\times16^{-2}$$

其中，3、F、C、0、6 为各位的数码，16^2、16^1、16^0、16^{-1}、16^{-2} 为各位对应的权。

那么，对于任意一个十六进制数 $(N)_{\text{H}}$，可将其按权展开为

$$(N)_{\text{H}} = k_{n-1}\times16^{n-1} + k_{n-2}\times16^{n-2} + \cdots + k_1\times16^{1} + k_0\times16^{0} + k_{-1}\times16^{-1} + \cdots + k_{-m}\times16^{-m} \quad (1\text{-}4)$$

式中：

k_i ——数位为 i 的数码；

n ——整数部分数位的数量；

m ——小数部分数位的数量。

1.2.2　常用数制间的转换

1. 二-十转换

二-十转换是指将二进制数转换为等值的十进制数。在进行转换时，可先将二进制数按权展开，然后将各项的数值按十进制数相加。

【例 1-1】 将二进制数 $(1011.01)_{\text{B}}$ 转换为十进制数。

解： 根据二-十转换规则，有

$$(1011.01)_{\text{B}} = 1\times2^{3} + 0\times2^{2} + 1\times2^{1} + 1\times2^{0} + 0\times2^{-1} + 1\times2^{-2} = (11.25)_{\text{D}}$$

2. 十-二转换

十-二转换是指将十进制数转换为等值的二进制数。在进行转换时，由于整数部分和小数部分在转换规则上有所不同，因此需要分别对其进行转换。

1）整数部分的转换

整数部分的转换采用除 2 取余法。转换规则：整数部分连续除以 2，直至商为 0。最先得到的余数为最低位，最后得到的余数为最高位。

【例 1-2】 将十进制数 $(29)_D$ 转换为二进制数。

解：根据十–二转换中整数部分的转换规则，有

除法	余数	
2⌊29		
2⌊14	1	最低位
2⌊7	0	
2⌊3	1	
2⌊1	1	
0	1	最高位

即 $(29)_D=(11101)_B$。

2）小数部分的转换

小数部分的转换采用乘 2 取整法。转换规则：小数部分连续乘以 2，直至小数部分为 0。最先得到的整数为最高位，最后得到的整数为最低位。

【例 1-3】 将十进制数 $(0.3125)_D$ 转换为二进制数。

解：根据十–二转换中小数部分的转换规则，有

算式	整数	
$0.3125 \times 2 = \boxed{0}.625$	0	最高位
$0.625 \times 2 = \boxed{1}.25$	1	
$0.25 \times 2 = \boxed{0}.5$	0	
$0.5 \times 2 = \boxed{1}.0$	1	最低位

即 $(0.3125)_D=(0.0101)_B$。

3．二–八转换

二–八转换是指将二进制数转换为等值的八进制数。在进行转换时，以小数点为界，将二进制数按每 3 位为一组进行分组，整数部分高位不足时在有效位前加 0，小数部分低位不足时则在有效位后加 0，然后把每组二进制数转换为八进制数即可。

【例 1-4】 将二进制数 $(11110.010111)_B$ 转换为八进制数。

解：根据二–八转换规则，有

$$(11110.010111)_B=(011\ 110.010\ 111)_B=(36.27)_O$$

4．八–二转换

八–二转换是指将八进制数转换为等值的二进制数。在进行转换时，可将每位八进制数用 3 位二进制数来代替，保持小数点的位置不变，并按原来的顺序排列。

【例 1-5】 将八进制数 $(35.27)_O$ 转换为二进制数。

解：根据八–二转换规则，有

$$(35.27)_O=(011\ 101.010\ 111)_B=(11101.010111)_B$$

请思考：二进制数与十六进制数之间是如何转换的？

1.2.3　二进制数的算术运算

1．二进制数的四种算术运算

当两个二进制数用于表示数量大小时，它们之间便可进行算术运算。例如，$(1010)_B$ 与 $(1001)_B$ 的算术运算如下。

加法运算

$$
\begin{array}{r}
1\ 0\ 1\ 0 \\
+\ 1\ 0\ 0\ 1 \\
\hline
1\ 0\ 0\ 1\ 1
\end{array}
$$

减法运算

$$
\begin{array}{r}
1\ 0\ 1\ 0 \\
-\ 1\ 0\ 0\ 1 \\
\hline
0\ 0\ 0\ 1
\end{array}
$$

乘法运算

$$
\begin{array}{r}
1\ 0\ 1\ 0 \\
\times\quad 1\ 0\ 0\ 1 \\
\hline
1\ 0\ 1\ 0 \\
0\ 0\ 0\ 0 \\
0\ 0\ 0\ 0 \\
1\ 0\ 1\ 0 \\
\hline
1\ 0\ 1\ 1\ 0\ 1\ 0
\end{array}
$$

除法运算

$$
\begin{array}{r}
1 \\
1\ 0\ 0\ 1\,\overline{)\,1\ 0\ 1\ 0} \\
1\ 0\ 0\ 1 \\
\hline
0\ 0\ 0\ 1
\end{array}
$$

2．二进制数的原码、反码、补码

数字电路中，通常用二进制数 1 来表示逻辑电路的高电平信号，用二进制数 0 来表示逻辑电路的低电平信号，那么二进制数的正负又该如何表示呢？一般来说，可在二进制数的前面增加 1 位符号位来表示二进制数的正负。例如，若符号位为 0，则表示这个二进制数为正数；若符号位为 1，则表示这个二进制数为负数。

1）二进制数的原码

二进制数的原码是符号位加上真值的绝对值，即第 1 位表示符号，其余位表示真值。例如，$(+1)_{原}=00000001$，$(-1)_{原}=10000001$。

因此，8 位二进制数原码的取值范围为$[11111111, 01111111]$，即$[-127, 127]$。

2）二进制数的反码

二进制数反码的表示规则：正数的反码是其原码，负数的反码是在其原码的基础上，符号位不变，其余各位取反。例如，$(+1)_{反}=00000001$，$(-1)_{反}=1\overline{0000001}=11111110$。

点 拨

若一个反码表示的是负数，则无法直接看出来它的数值，通常要将其转换为原码之后再进行计算。

3）二进制数的补码

二进制数的补码是在其反码的最低有效位上加 1 得到的，即二进制数的补码 = 二进制数的反码 + 1。例如，$(10010010)_B$ 的补码 $(10010010)_{补} = (1\overline{0010010}) + 1 = 11101110$。

在做减法运算时，若两个数是用原码表示的，则需要首先比较这两个数的绝对值大小，然后用绝对值大的数减去绝对值小的数，求出差值，并将绝对值大的数的符号作为差值的符号。上述计算过程较为复杂，若能用两数的补码相加代替上述减法运算，则计算过程就会变得简单。

【例 1-6】 用二进制数补码的运算方法计算 13+10、13−10、−13+10 和 −13−10。

解：

十进制	符号位	数值位	十进制	符号位	数值位
+ 1 3	0	0 1 1 0 1	+ 1 3	0	0 1 1 0 1
+ 1 0	0	0 1 0 1 0	− 1 0	1	1 0 1 1 0
+ 2 3	0	1 0 1 1 1	+ 3	(1) 0	0 0 0 1 1
− 1 3	1	1 0 0 1 1	− 1 3	1	1 0 0 1 1
+ 1 0	0	0 1 0 1 0	− 1 0	1	1 0 1 1 0
− 3	1	1 1 1 0 1	− 2 3	(1) 1	0 1 0 0 1

注 意

若将两个加数的符号位和来自最高有效位的进位相加，则得到的结果（舍弃产生的进位）就是和的符号。需要强调的是，两个同符号数在相加时，它们的绝对值之和不可超过有效位所能表示的最大值，否则会得到错误的计算结果。

1.2.4 几种常用的二进制编码

在数字电路中，常用的二进制编码主要有 BCD 码、格雷码、奇偶校验码、ASCII 码等，下面主要介绍前两种编码。

1. BCD 码

BCD 码是用 4 位二进制数表示 1 位十进制数的编码。它可分为有权 BCD 码和无权 BCD 码。其中，有权 BCD 码中的每位二进制数都有确定的权值，如 8421 BCD 码、2421 BCD 码；而无权 BCD 码是由 8421 BCD 码加 3 后得到的，因此又称余 3 码。

1）8421 BCD 码

8421 BCD 码是一种最基本、最简单的二进制编码。8、4、2、1 分别代表 4 位二进制数的权，8421 BCD 码中每位二进制数的权值都是固定的，因此 8421 BCD 码属于恒权编码。在这种编码中，每位二进制数 1 都代表着 1 个固定的十进制数，将各位的 1 所代表的十进制数加起来，便可得到 8421 BCD 码所代表的十进制数。

在 8421 BCD 码中，不允许出现 1010～1111 这几个编码，因为没有十进制编码与它们对应。

2）2421 BCD 码

2421 BCD 码是一种有权码，其权值从高位到低位分别为 2、4、2、1，它也是一种对 9 的自补代码。在这种编码中，十进制数 0 和 9、1 和 8、2 和 7、3 和 6、4 和 5 的码位是对应的。将一个 2421 BCD 码按位取反，就可得到其对 9 的补数的 2421 BCD 码。

3）余 3 码

余 3 码是一种特殊的 BCD 码，由 8421 BCD 码加 3 后得到。余 3 码也是一种对 9 的自补代码。利用余 3 码可方便地求出某数对 9 的补数：将一个余 3 码按位取反，就可得到其对 9 的补数的余 3 码。

2. 格雷码

格雷码是一种无权码，它的特点是任意两个相邻的编码之间只有 1 位数码不同，其余各位数码都相同，因此格雷码是一种循环码。格雷码在传输过程中所产生的错误很容易被检测出来，因此格雷码传输误差较小，可靠性较高。

常用的 BCD 码和格雷码如表 1-6 所示。

表 1-6　常用的 BCD 码和格雷码

十进制数码	BCD 码			格雷码
	8421 BCD 码	2421 BCD 码	余 3 码	
0	0000	0000	0011	0000
1	0001	0001	0100	0001
2	0010	0010	0101	0011
3	0011	0011	0110	0010
4	0100	0100	0111	0110
5	0101	1011	1000	0111
6	0110	1100	1001	0101
7	0111	1101	1010	0100
8	1000	1110	1011	1100
9	1001	1111	1100	1101

1.3 逻辑代数基础

1.3.1 逻辑函数及其表示方法

在各种逻辑关系中，若将逻辑变量作为输入，将运算结果作为输出，则当输入变量的取值确定之后，输出的取值也随之确定。这种函数关系称为逻辑函数，记作

$$Y = F(A,B,C,\cdots) \tag{1-5}$$

任何一个具体的因果关系都可用一个逻辑函数来描述。逻辑函数常用的表示方法有真值表、逻辑表达式、逻辑图等。

（1）真值表是指根据输入逻辑变量的所有可能的值和对应的函数值所列出的表格。

（2）逻辑表达式是指根据输出与输入之间的逻辑关系所列出的逻辑运算组合式。

（3）逻辑图是指用二进制逻辑单元的图形符号所绘制的逻辑电路简图，其中图形符号用于表示逻辑函数中各变量之间的逻辑关系。

1.3.2 逻辑运算

1. 基本逻辑运算

逻辑代数的基本逻辑运算主要包括与运算、或运算和非运算三种。

1）与运算

对于某个事件，只有当决定事件的所有条件全部具备时，该事件才会发生，否则便不会发生，这种因果关系称为与逻辑关系。与逻辑关系可用与逻辑模型电路来说明，如图 1-2 所示。

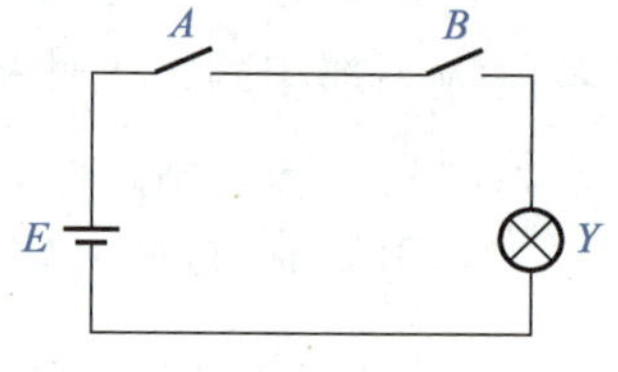

图 1-2 与逻辑模型电路

若用 1 表示开关闭合和灯亮，用 0 表示开关断开和灯灭，则可得到与运算的真值表，如表 1-7 所示。

表 1-7 与运算的真值表

输入		输出
A	B	Y
0	0	0
0	1	0
1	0	0
1	1	1

由表 1-7 可知，当输入变量全为 1 时，输出变量才为 1，否则为 0，这种运算称为与运算，其运算符号为“·”（可省略）。若用逻辑表达式来描述，则与运算可写为

$$Y = A \cdot B \text{ 或 } Y = AB \tag{1-6}$$

其中，A、B 为输入变量，Y 为输出变量。

与运算也可推广到多个输入变量的情况，如 $Y = ABCDE$。

2）或运算

对于某个事件，只要决定事件的某个条件具备，该事件就会发生；只有所有条件都不具备，该事件才不会发生。这种因果关系称为或逻辑关系。或逻辑关系可用或逻辑模型电路来说明，如图 1-3 所示。

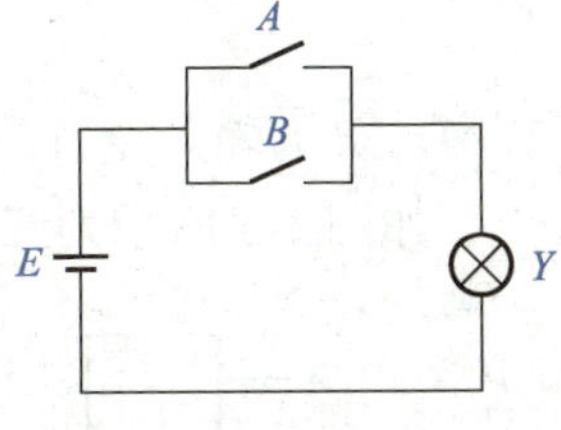

图 1-3　或逻辑模型电路

若用 1 表示开关闭合和灯亮，用 0 表示开关断开和灯灭，则可得到或运算的真值表，如表 1-8 所示。

表 1-8　或运算的真值表

输入		输出
A	B	Y
0	0	0
0	1	1
1	0	1
1	1	1

由表 1-8 可知，当输入变量有一个为 1 时，输出变量就为 1；当输入变量全为 0 时，输出变量才为 0。这种运算称为或运算，其运算符号为“+”。若用逻辑表达式来描述，则或运算可写为

$$Y = A + B \tag{1-7}$$

其中，A、B 为输入变量，Y 为输出变量。

或运算也可推广到多个输入变量的情况，如 $Y = A + B + C + D + E$。

3）非运算

对于某个事件，若决定事件的条件具备，则该事件不会发生；若决定事件的条件不具备，则该事件一定会发生。这种因果关系称为非逻辑关系。非逻辑关系可用非逻辑模型电路来说明，如图 1-4 所示。

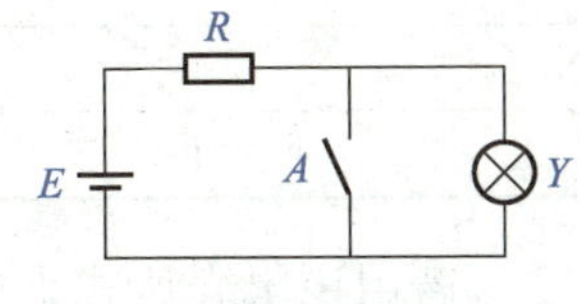

图 1-4　非逻辑模型电路

若用 1 表示开关闭合和灯亮，用 0 表示开关断开和灯灭，则可得到非运算的真值表，如表 1-9 所示。

表 1-9　非运算的真值表

输入	输出
A	Y
0	1
1	0

由表 1-9 可知，当输入变量为 0 时，输出变量为 1；当输入变量为 1 时，输出变量为 0。这种运算称为非运算，其运算符号为“¯”或“′”。若用逻辑表达式来描述，则非运算可写为

$$Y = \overline{A} \text{ 或 } Y = A' \tag{1-8}$$

其中，A 为输入变量，Y 为输出变量。

如图 1-5 所示为三种基本逻辑运算的逻辑符号。

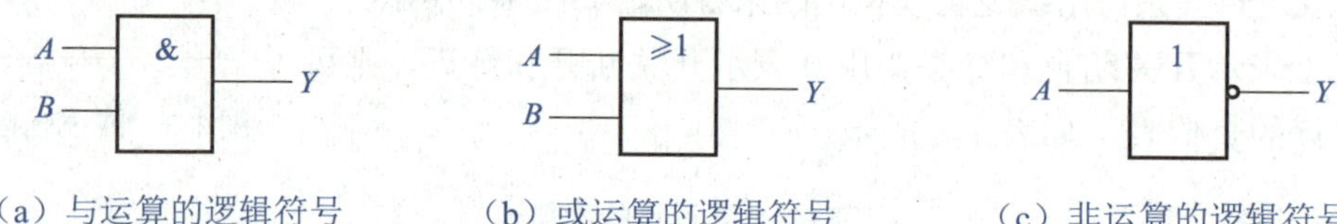

（a）与运算的逻辑符号　（b）或运算的逻辑符号　（c）非运算的逻辑符号

图 1-5　三种基本逻辑运算的逻辑符号

2．复合逻辑运算

在数字电路中，任何复杂的逻辑运算都可由以上三种基本逻辑运算组合而成。在实际应用中，为使数字电路的结构更加简单，可使用以下几种复合逻辑运算。

1）与非运算

与非运算是在与运算的基础上取反得到的，即先与后非。如表 1-10 所示为与非运算的真值表。

表 1-10　与非运算的真值表

输入		输出
A	B	Y
0	0	1
0	1	1
1	0	1
1	1	0

若用逻辑表达式来描述，则与非运算可写为

$$Y = \overline{AB} \tag{1-9}$$

其中，A、B 为输入变量，Y 为输出变量。若 A、B 有一个为 0，则 Y 就为 1，否则 Y 就为 0。

2）或非运算

或非运算是在或运算的基础上取反得到的，即先或后非。如表 1-11 所示为或非运算的真值表。

表 1-11　或非运算的真值表

输入		输出
A	B	Y
0	0	1
0	1	0
1	0	0
1	1	0

若用逻辑表达式来描述，则或非运算可写为

$$Y = \overline{A + B} \tag{1-10}$$

其中，A、B 为输入变量，Y 为输出变量。若 A、B 有一个为 1，则 Y 就为 0，否则 Y 就为 1。

3）异或运算

异或运算的运算规则：当两个输入变量相同时，输出变量为 0；当两个输入变量不同时，输出变量为 1。如表 1-12 所示为异或运算的真值表。

表 1-12　异或运算的真值表

输入		输出
A	B	Y
0	0	0
0	1	1
1	0	1
1	1	0

若用逻辑表达式来描述，则异或运算可写为

$$Y = A\overline{B} + \overline{A}B \tag{1-11}$$

其中，A、B 为输入变量，Y 为输出变量。

4）同或运算

同或运算的运算规则：若两个输入变量相同，则输出变量为 1；若两个输入变量不同，则输出变量为 0。如表 1-13 所示为同或运算的真值表。

表 1-13　同或运算的真值表

输入		输出
A	B	Y
0	0	1
0	1	0
1	0	0
1	1	1

若用逻辑表达式来描述，则同或运算可写为

$$Y = AB + \overline{A}\,\overline{B} \tag{1-12}$$

其中，A、B 为输入变量，Y 为输出变量。

如图 1-6 所示为常用复合逻辑运算的逻辑符号。

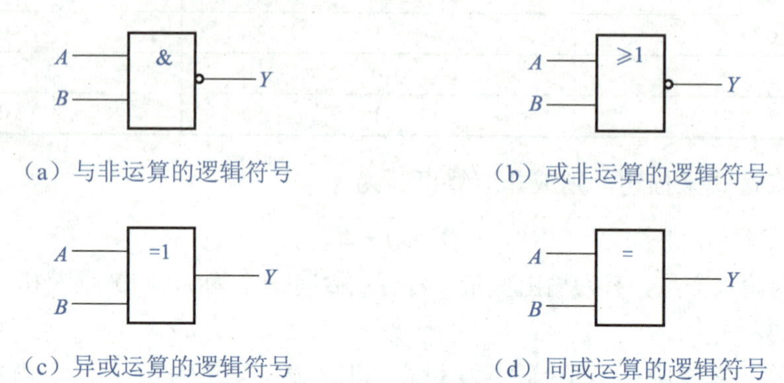

（a）与非运算的逻辑符号　（b）或非运算的逻辑符号

（c）异或运算的逻辑符号　（d）同或运算的逻辑符号

图 1-6　常用复合逻辑运算的逻辑符号

为便于理解逻辑函数的表示方法和逻辑运算，下面以比赛中常见的裁判电路为例进行介绍，如图 1-7 所示。

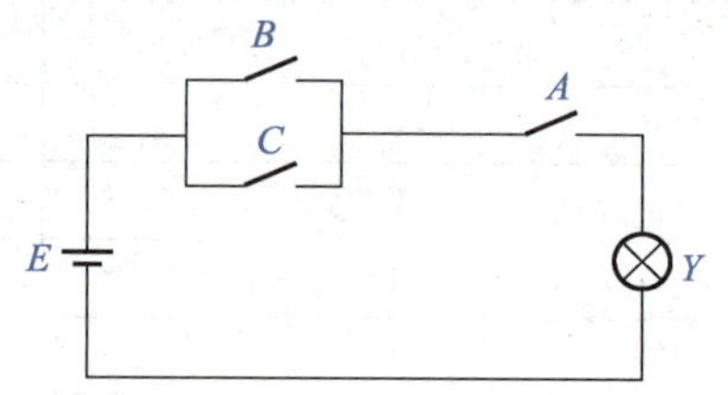

图 1-7　比赛中常见的裁判电路

比赛规则：在一名主裁判和两名副裁判中，必须有两人以上（其中必须包括主裁判）表决通过，参赛者才算获胜。比赛过程中，主裁判控制开关 A，两名副裁判分别控制开关 B 和 C。显然，指示灯 Y 的状态（亮和灭）是 A、B、C 的二值逻辑函数。因此，可得裁判电路的真值表，如表 1-14 所示。

表 1-14　裁判电路的真值表

输入			输出
A	B	C	Y
0	0	0	0
0	0	1	0
0	1	0	0
0	1	1	0
1	0	0	0
1	0	1	1
1	1	0	1
1	1	1	1

由表 1-14 可知，只有当 B 和 C 至少有一个闭合且 A 同时闭合时，Y 才会亮。因此，裁判电路的逻辑表达式为

$$Y = A(B + C)$$

根据裁判电路的逻辑表达式，可得其逻辑电路，如图 1-8 所示。

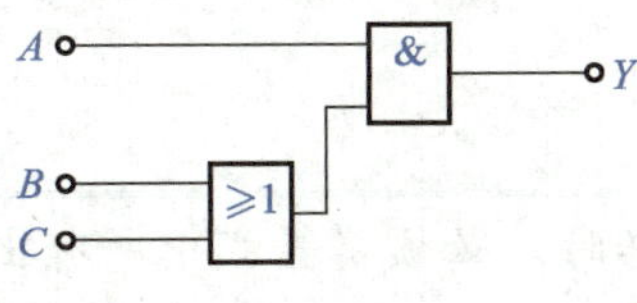

图 1-8　裁判电路的逻辑电路

1.3.3　逻辑代数的基本公式

如表 1-15 所示为逻辑代数的基本公式。根据逻辑代数的基本公式，可对逻辑表达式进行化简。

表 1-15　逻辑代数的基本公式

序号	公式	序号	公式
1	$0 \cdot A = 0$	10	$\overline{1} = 0$，$\overline{0} = 1$
2	$1 \cdot A = A$	11	$1 + A = 1$
3	$A \cdot A = A$	12	$0 + A = A$
4	$A \cdot \overline{A} = 0$	13	$A + A = A$
5	$A \cdot B = B \cdot A$	14	$A + \overline{A} = 1$
6	$A \cdot (B \cdot C) = (A \cdot B) \cdot C$	15	$A + B = B + A$
7	$A \cdot (B + C) = A \cdot B + A \cdot C$	16	$A + (B + C) = (A + B) + C$
8	$\overline{A \cdot B} = \overline{A} + \overline{B}$	17	$A + (B \cdot C) = (A + B) \cdot (A + C)$
9	$\overline{\overline{A}} = A$	18	$\overline{A + B} = \overline{A} \cdot \overline{B}$

在表 1-15 中，序号为 1、2、11 和 12 的公式给出了变量与常量之间的运算规则；序号为 3 和 13 的公式表示的是同一变量的运算规律，又称**重叠律**；序号为 4 和 14 的公式表示的是变量与它的反变量之间的运算规律，又称**互补律**；序号为 5 和 15 的公式为**交换律**；序号为 6 和 16 的公式为**结合律**；序号为 7 和 17 的公式为**分配律**；序号为 8 和 18 的公式为德·摩根定理，又称**反演律**；序号为 9 的公式为**还原律**；序号为 10 的公式表示的是 0 和 1 的反运算。

1.3.4　逻辑代数的基本定理

逻辑代数有三条基本定理：代入定理、反演定理和对偶定理。

1. 代入定理

在任何一个包含变量 A 的逻辑等式中，若用一个逻辑表达式代替所有变量 A，则该等

式依然成立，这就是代入定理。

【例 1-7】 利用代入定理，将逻辑表达式 BC 代替变量 B，对 $\overline{AB}=\overline{A}+\overline{B}$ 进行化简。

解：根据代入定理，将 BC 代入 B 后可得

$$\overline{ABC}=\overline{A}+\overline{BC}=\overline{A}+\overline{B}+\overline{C}$$

注 意

使用代入定理进行逻辑运算时，必须将等式中所有出现同一变量的地方均用同一逻辑表达式代替，否则代入后的等式就不会成立。

2. 反演定理

对于任何一个逻辑表达式 Y，若将其中所有的“·”换成“+”，“+”换成“·”，0 换成 1，1 换成 0，原变量换成反变量，反变量换成原变量，则得到的结果就是 $\overline{Y}$，这就是反演定理。

【例 1-8】 利用反演定理，求解 $Y=\overline{A}C+B\overline{D}$ 的反函数。

解：根据反演定理，有

$$\overline{Y}=\overline{\overline{A}C+B\overline{D}}=\overline{\overline{A}C}\cdot\overline{B\overline{D}}=(\overline{\overline{A}}+\overline{C})\cdot(\overline{B}+\overline{\overline{D}})=(A+\overline{C})\cdot(\overline{B}+D)$$

注 意

使用反演定理时，要遵守以下两个规则：

（1）要遵守“先括号、再乘除、后加减”的运算顺序；

（2）不属于单个变量上的反号应保留不变。

3. 对偶定理

若两个逻辑表达式相等，则它们的对偶式也相等，这就是对偶定理。对于任何一个逻辑表达式 Y，若将其中所有的“·”换成“+”，“+”换成“·”，0 换成 1，1 换成 0，则得到一个新的逻辑表达式 Y^{D}，Y^{D} 称为 Y 的对偶式。

【例 1-9】 利用对偶定理，求解 $Y=A(B+C)$ 的对偶式。

解：根据对偶定理，有

$$Y^{D}=A+BC$$

笔记

1.4 逻辑函数的化简方法

在进行逻辑运算时，同一个逻辑函数可列成不同的逻辑表达式，而这些逻辑表达式的繁简程度相差甚远。逻辑表达式越简单，所表示的逻辑关系就越明显，同时也便于用最少的元件来实现这个逻辑函数。逻辑函数的化简方法主要包括公式化简法和卡诺图化简法。

1.4.1 公式化简法

公式化简法是指利用逻辑代数的基本公式来消去逻辑表达式中多余的乘积项和多余的因子，以得到最简逻辑表达式的化简方法。它主要有以下四种。

1. 并项法

并项法利用公式 $A+\overline{A}=1$，可将两项合为一项，消去一个变量。

【例 1-10】 利用并项法，化简逻辑表达式 $Y=A(BC+\overline{B}\,\overline{C})+A(B\overline{C}+\overline{B}C)$。

解：

$$\begin{aligned}Y&=A(BC+\overline{B}\,\overline{C})+A(B\overline{C}+\overline{B}C)\\&=ABC+A\overline{B}\,\overline{C}+AB\overline{C}+A\overline{B}C\\&=AB(C+\overline{C})+A\overline{B}(\overline{C}+C)\\&=AB+A\overline{B}\\&=A(B+\overline{B})\\&=A\end{aligned}$$

2. 吸收法

吸收法利用公式 $A+AB=A$，可消去多余的项。

【例 1-11】 利用吸收法，化简逻辑表达式 $Y=A\overline{B}+A\overline{B}(C+DE)$。

解：

$$\begin{aligned}Y&=A\overline{B}+A\overline{B}(C+DE)\\&=A\overline{B}(1+C+DE)\\&=A\overline{B}\end{aligned}$$

3. 消去法

消去法利用公式 $A+\overline{A}B=A+B$，可消去多余的因子。

【例 1-12】 利用消去法，化简逻辑表达式 $Y=AB+\overline{A}C+\overline{B}C$。

解：

$$\begin{aligned}Y&=AB+\overline{A}C+\overline{B}C\\&=AB+(\overline{A}+\overline{B})C\\&=AB+\overline{AB}C\\&=AB+C\end{aligned}$$

4．配项法

配项法先通过乘以 $(A+\overline{A})$ 或加上 $A\overline{A}$，增加必要的乘积项，再用以上三种化简方法进行化简。

【例 1-13】 利用配项法，化简逻辑表达式 $Y=AB+\overline{A}C+BCD$。

解：

$$
\begin{aligned}
Y &= AB+\overline{A}C+BCD \\
&= AB+\overline{A}C+BCD(A+\overline{A}) \\
&= AB+\overline{A}C+ABCD+\overline{A}BCD \\
&= AB+\overline{A}C
\end{aligned}
$$

由于逻辑函数有多种化简方法，因此逻辑函数的化简结果不是唯一的。

1.4.2 卡诺图化简法

1．卡诺图概述

卡诺图是一种用小方格来表示逻辑函数最小项的平面方格图。逻辑函数的最小项是指其最小乘积项。在含有 n 个变量的逻辑函数中，每个变量在一个最小项中以原变量或反变量的形式出现，且仅出现一次。

以三变量逻辑函数 $Y=F(A,B,C)$ 为例，其最小项及其对应的编号如表 1-16 所示。

表 1-16 三变量逻辑函数 $Y=F(A,B,C)$ 的最小项及其对应的编号

最小项	输入			编号
	A	B	C	
$\overline{A}\overline{B}\overline{C}$	0	0	0	m_0
$\overline{A}\overline{B}C$	0	0	1	m_1
$\overline{A}B\overline{C}$	0	1	0	m_2
$\overline{A}BC$	0	1	1	m_3
$A\overline{B}\overline{C}$	1	0	0	m_4
$A\overline{B}C$	1	0	1	m_5
$AB\overline{C}$	1	1	0	m_6
ABC	1	1	1	m_7

由表 1-16 可知，三变量逻辑函数共有 2^3 个最小项。那么，含有 n 个变量的逻辑函数共有 2^n 个最小项。任何一个逻辑函数都可表示为若干个最小项之和的形式，这种逻辑表达式

称为最小项表达式。例如，若将逻辑函数 $Y(A,B,C)=AB+\overline{A}C$ 转换成最小项表达式，则有

$$\begin{aligned}Y(A,B,C)&=AB+\overline{A}C\\&=AB(C+\overline{C})+\overline{A}C(B+\overline{B})\\&=ABC+AB\overline{C}+\overline{A}BC+\overline{A}\overline{B}C\\&=m_7+m_6+m_3+m_1\end{aligned} \tag{1-13}$$

为简化表示，也可用最小项的下标编号来表示最小项。因此，式（1-13）也可写为

$$Y(A,B,C)=\sum m(1,3,6,7) \tag{1-14}$$

用卡诺图表示逻辑函数时，一个小方格表示逻辑函数的一个最小项，可根据图内小方格的位置关系来判断对应的最小项是否相邻，而相邻方格各变量组合之间只能有一个变量的取值不同。二变量、三变量、四变量卡诺图分别如图 1-9、图 1-10、图 1-11 所示。

A \ B	0	1
0	m_0 $\overline{A}\overline{B}$	m_1 $\overline{A}B$
1 (A)	m_2 $A\overline{B}$	m_3 AB

（a）含有最小项的二变量卡诺图

A \ B	0	1
0	0	1
1	2	3

（b）含有最小项位置关系的二变量卡诺图

图 1-9　二变量卡诺图

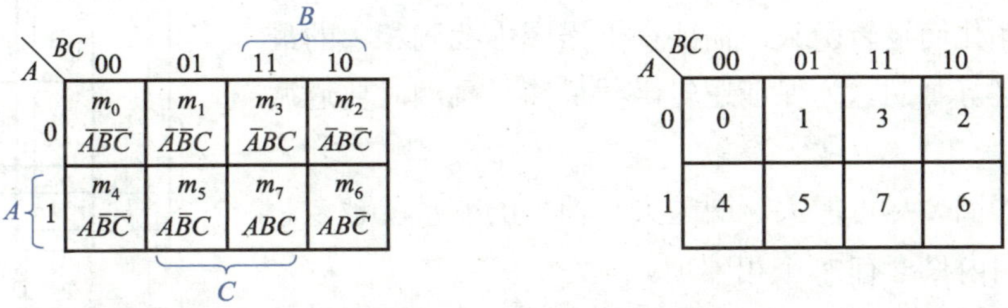

A \ BC	00	01	11	10
0	m_0 $\overline{A}\overline{B}\overline{C}$	m_1 $\overline{A}\overline{B}C$	m_3 $\overline{A}BC$	m_2 $\overline{A}B\overline{C}$
1 (A)	m_4 $A\overline{B}\overline{C}$	m_5 $A\overline{B}C$	m_7 ABC	m_6 $AB\overline{C}$

（a）含有最小项的三变量卡诺图

A \ BC	00	01	11	10
0	0	1	3	2
1	4	5	7	6

（b）含有最小项位置关系的三变量卡诺图

图 1-10　三变量卡诺图

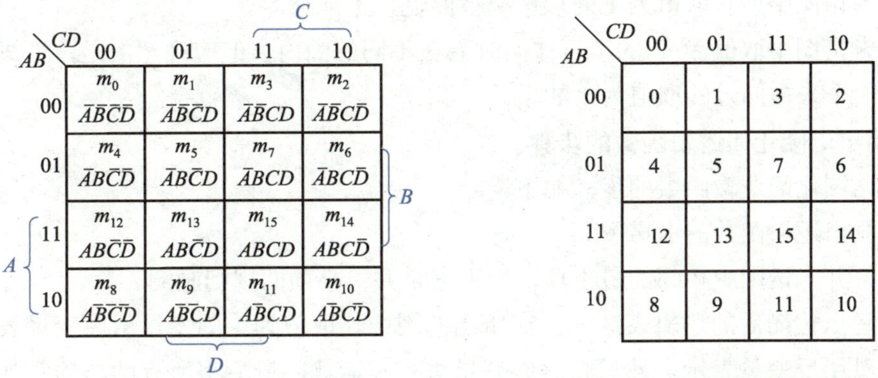

AB \ CD	00	01	11	10
00	m_0 $\overline{A}\overline{B}\overline{C}\overline{D}$	m_1 $\overline{A}\overline{B}\overline{C}D$	m_3 $\overline{A}\overline{B}CD$	m_2 $\overline{A}\overline{B}C\overline{D}$
01	m_4 $\overline{A}B\overline{C}\overline{D}$	m_5 $\overline{A}B\overline{C}D$	m_7 $\overline{A}BCD$	m_6 $\overline{A}BC\overline{D}$
11	m_{12} $AB\overline{C}\overline{D}$	m_{13} $AB\overline{C}D$	m_{15} $ABCD$	m_{14} $ABC\overline{D}$
10	m_8 $A\overline{B}\overline{C}\overline{D}$	m_9 $A\overline{B}\overline{C}D$	m_{11} $A\overline{B}CD$	m_{10} $A\overline{B}C\overline{D}$

（a）含有最小项的四变量卡诺图

AB \ CD	00	01	11	10
00	0	1	3	2
01	4	5	7	6
11	12	13	15	14
10	8	9	11	10

（b）含有最小项位置关系的四变量卡诺图

图 1-11　四变量卡诺图

2. 卡诺图化简法的原理

（1）将 2 个相邻最小项合并，可在消去 1 个取值不同的变量后将其合并为 1 项，如图 1-12 所示。

（2）将 4 个相邻最小项合并，可在消去 2 个取值不同的变量后将其合并为 1 项，如图 1-13 所示。

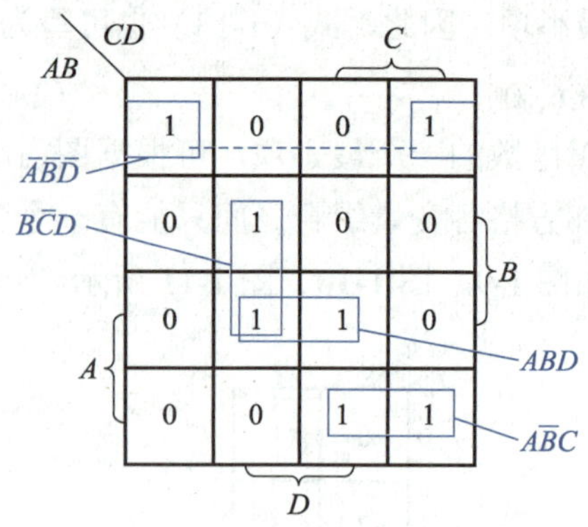

图 1-12 将 2 个相邻最小项合并

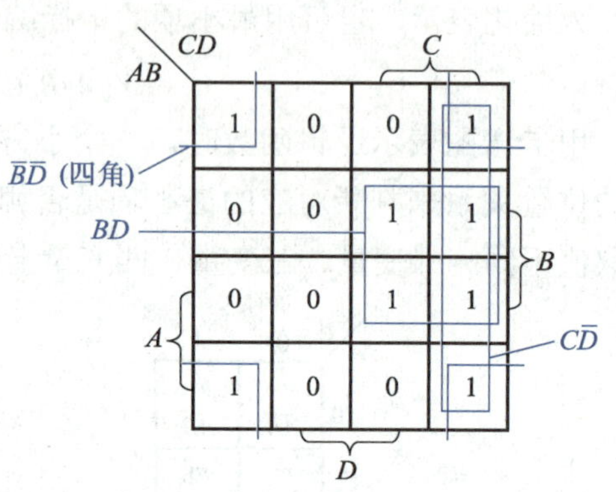

图 1-13 将 4 个相邻最小项合并

（3）将 8 个相邻最小项合并，可在消去 3 个取值不同的变量后将其合并为 1 项，如图 1-14 所示。

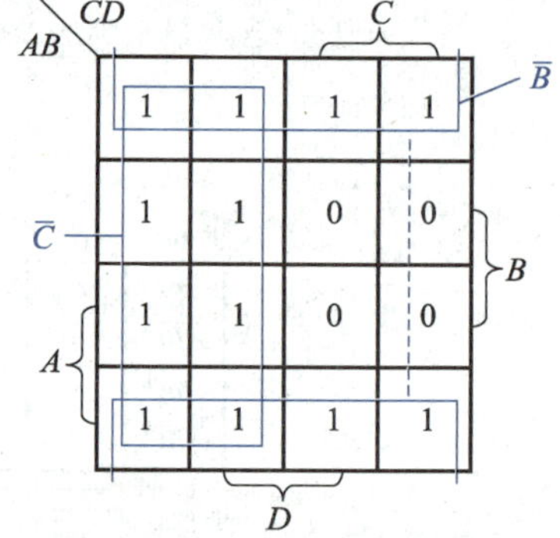

图 1-14 将 8 个相邻最小项合并

3. 用卡诺图合并最小项的规则

用卡诺图化简逻辑函数，需要在卡诺图中找到相邻的最小项，然后进行画圈。为保证逻辑函数最简，画圈时要遵循以下规则。

（1）画的圈要尽可能大。圈越大，消去的变量就越多。要保证每个圈内只含有 2^n 个相邻项。

（2）画圈的数量要尽量少。圈数越少，化简后的逻辑函数中的“与”项就越少。

（3）卡诺图中所有取值为 1 的项都要被圈过，不能遗漏。

（4）卡诺图中取值为 1 的项可被同时圈在不同的圈内，但应注意的是，新画的圈中至少要含有 1 个未被圈过的取值为 1 的项。

4. 用卡诺图化简逻辑函数的步骤

用卡诺图化简逻辑函数的步骤如下。

（1）画出逻辑函数的卡诺图。

（2）合并卡诺图中相邻的最小项，即根据合并最小项的规则画圈。

（3）写出化简后的逻辑表达式。在所画的圈中，取值为 1 的变量用原变量表示，取值为 0 的变量用反变量表示，然后将这些变量进行与运算，最后将所有的与项相加，即可得到最简与或表达式。

学思践悟

化简逻辑函数可帮助我们简化电路结构，减少元件数量，提高电路的可靠性和稳定性。在使用公式化简法和卡诺图化简法对逻辑函数进行化简时，需要遵循一定的化简规则，这样才能得到最简逻辑表达式。

在生活中，我们每个人都需要遵守各种各样的规则。虽然规则在某种程度上限制了我们的自由，但它们却保护了我们的权益，为我们提供了一个公平、有序、和谐的环境。因此，我们应正确认识规则的重要性，自觉遵守规则，携手共创美好社会。

项目实施——设计三人裁判电路

设计三人裁判电路

1. 实施目标

（1）熟悉 74LS00 和 74LS20 的引脚排列及逻辑功能。

（2）会用 Multisim 14 对三人裁判电路进行仿真。

（3）能对仿真结果进行分析。

2. 实施要求

设计三人裁判电路的要求如下。

（1）用 74LS00 和 74LS20 设计三人裁判电路。

（2）用不同颜色发光二极管的亮灭情况表示裁判结果。

3. 实施内容

1）分析电路

（1）描述电路功能。当三名裁判中至少有两人同意时，裁判结果才成立。

（2）定义输入输出函数变量。假设三名裁判分别为变量 A、B 和 C，裁判结果为变量 Y。各裁判同意为 1，不同意为 0；Y 为 1 表示裁判结果成立，Y 为 0 表示裁判结果不成立。

（3）列真值表。根据逻辑关系和上述假设，列出三人裁判电路的真值表，如表 1-17 所示。

表 1-17　三人裁判电路的真值表

输入			输出
A	B	C	Y
0	0	0	0
0	0	1	0
0	1	0	0
0	1	1	1
1	0	0	0

（续表）

输入			输出
A	B	C	Y
1	0	1	1
1	1	0	1
1	1	1	1

（4）列逻辑表达式。根据真值表，列出三人裁判电路的逻辑表达式，即

$$Y = m_3 + m_5 + m_6 + m_7 = \overline{A}BC + A\overline{B}C + AB\overline{C} + ABC \tag{1-15}$$

将式（1-15）化简成与非形式，即

$$Y = AB + BC + AC = \overline{\overline{AB + BC + AC}} = \overline{\overline{AB}\,\overline{BC}\,\overline{AC}} \tag{1-16}$$

（5）画逻辑电路。根据逻辑表达式画出三人裁判电路的逻辑电路，如图 1-15 所示。

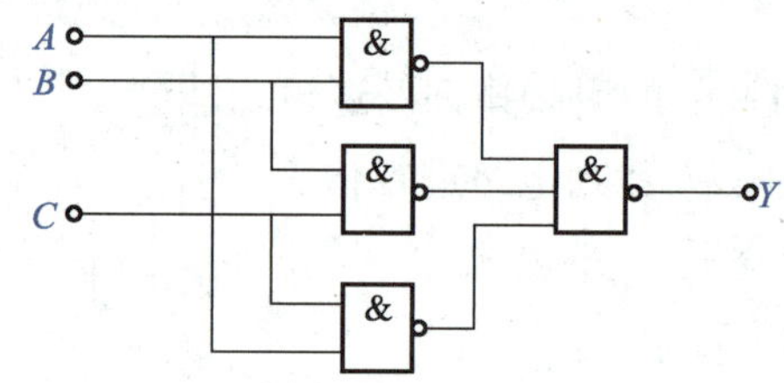

图 1-15　三人裁判电路的逻辑电路

2）仿真

（1）创建工程文件。打开 Multisim 14 仿真软件，单击菜单栏中的“文件”菜单，执行“设计”命令，在弹出的对话框中单击“Create”按钮，就可得到一个工程文件，如图 1-16 所示。

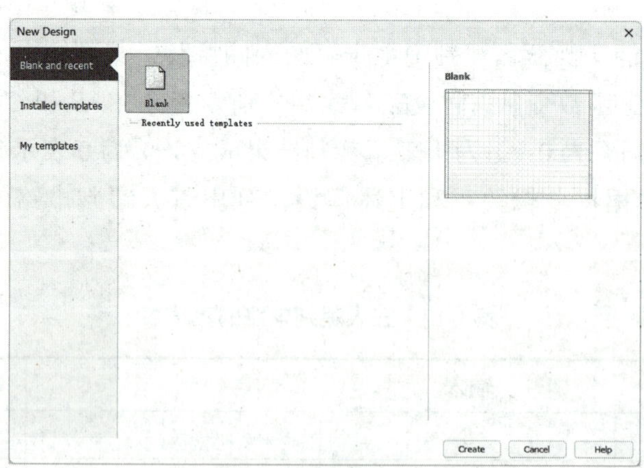

图 1-16　创建工程文件

（2）选择元件。单击菜单栏中的“绘制”菜单，执行“元件”命令，按表 1-18 选择三人裁判电路仿真所需元件。如图 1-17、图 1-18、图 1-19 所示分别为选择与非门、发光二极管和电阻的界面。

表 1-18　三人裁判电路仿真所需元件

序号	名称	规格	型号	数量
1	电源	5 V		1
2	开关			3
3	四 2 输入与非门		74LS00D	3
4	双 4 输入与非门		74LS20D	1
5	电阻	400 Ω		4
6	发光二极管			4

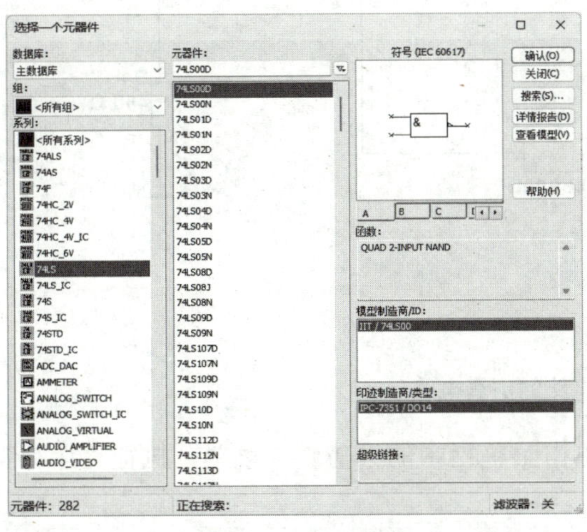

（a）选择 74LS00D 的界面

（b）选择 74LS20D 的界面

图 1-17　选择与非门的界面

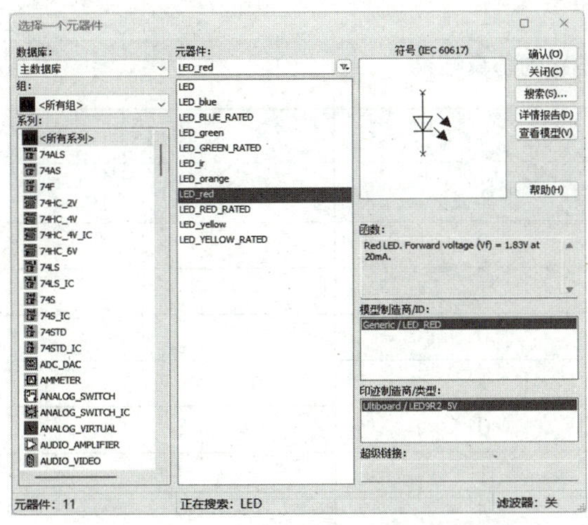

图 1-18　选择发光二极管的界面

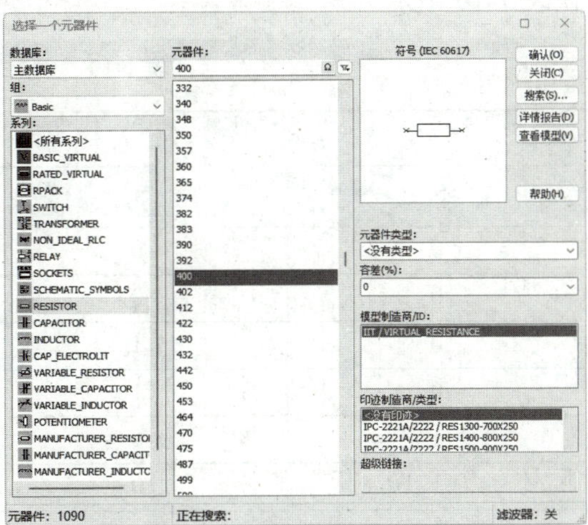

图 1-19　选择电阻的界面

（3）连接仿真电路。按图 1-20 所示的三人裁判电路的仿真电路将各元件连接起来。

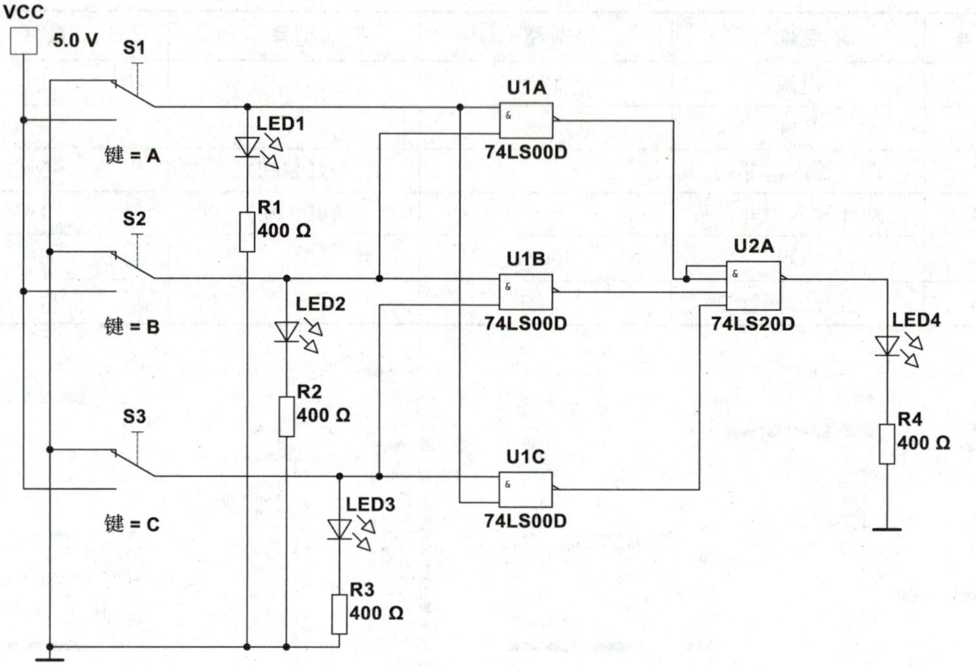

图 1-20　三人裁判电路的仿真电路

（4）开启仿真开关。将电路连接完毕后，单击菜单栏中的“仿真”菜单，执行“运行”命令，开启仿真开关。

（5）观察并记录仿真结果。改变 S_1 ～ S_3 的开闭状态（开关闭合记为 1，开关断开记为 0），观察 LED_4 的亮灭情况（灯亮记为 1，灯灭记为 0），将三人裁判电路的仿真结果记录在表 1-19 中。

表 1-19　三人裁判电路的仿真结果

输入			输出
S_1	S_2	S_3	LED_4
0	0	0	
0	0	1	
0	1	0	
0	1	1	
1	0	0	
1	0	1	
1	1	0	
1	1	1	

3）分析仿真结果

根据仿真结果可知：当三名裁判中________同意时，裁判结果才成立。

4. 实施报告

根据实施过程及结果撰写实施报告，实施报告应包括以下内容。

（1）画出三人裁判电路的仿真电路。

（2）记录三人裁判电路的仿真结果。

（3）分析三人裁判电路的仿真结果。

项目知识检测

1. 填空题

（1）在时间和幅度上__________的信号称为模拟信号。在时间或幅度上__________的信号称为数字信号。

（2）常用的数制有__________、__________、__________、__________等。

（3）常用的二进制编码主要有__________、__________、__________、__________等。其中，BCD码包括__________、__________和__________。

（4）逻辑函数常用的表示方法有__________、__________、__________等。

（5）逻辑函数的化简方法主要包括__________和__________。

2. 简答题

（1）为什么在计算机中通常采用二进制数？

（2）为什么说格雷码是一种可靠编码？

（3）含有n个变量的逻辑函数有几个最小项？

（4）如何用卡诺图化简逻辑函数？

3. 综合题

（1）将下列二进制数分别转换为十进制数。

① $(10.01)_B$　　② $(110.101)_B$

③ $(1110.1001)_B$　　④ $(10111.011)_B$

（2）将下列二进制数分别转换为八进制数和十六进制数。

① $(101001)_B$　　② $(1011.0101)_B$

③ $(11010.11001)_B$　　④ $(110111.011101)_B$

（3）将下列十进制数分别转换为二进制数、八进制数和十六进制数。

① $(43)_D$　　② $(59)_D$

③ $(127)_D$　　④ $(234)_D$

（4）分别写出下列二进制数的原码、反码和补码。

① $(+1110)_B$　　② $(+10110)_B$

③ $(-1110)_B$　　④ $(-10110)_B$

（5）已知逻辑电路如图 1-21 所示，试求 Y 的逻辑表达式。

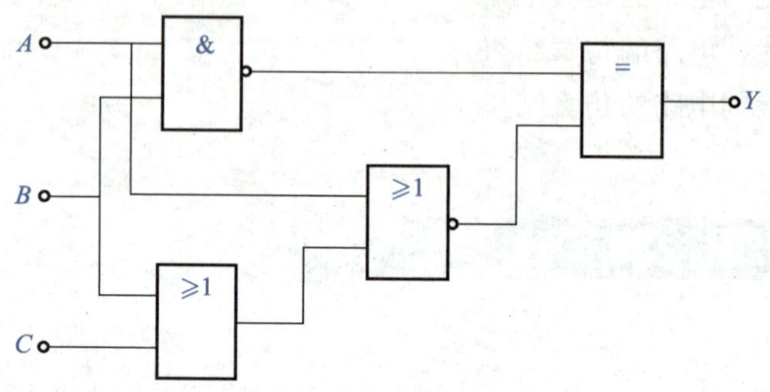

图 1-21　题图

（6）已知逻辑函数 $Y(A,B,C)=A+\overline{B}C+\overline{A}B\overline{C}$，试求其对应的真值表。

（7）应用反演定理和对偶定理，求下列逻辑函数的非函数和对偶函数。

① $Y(A,B)=AB+\overline{A}\,\overline{B}$

② $Y(A,B,C,D)=AB+\overline{C+D}$

③ $Y(A,B,C,D)=\overline{A}\,\overline{B}+\overline{\overline{A}B\overline{C}}D$

（8）用卡诺图化简法，求下列逻辑函数的最简与或表达式。

① $Y(A,B,C,D)=A\overline{C}+AD+\overline{B}\,\overline{C}+\overline{B}D$

② $Y(A,B,C,D)=\sum m(3,4,5,7,13,14,15)$

学习成果评价

指导教师对学生的实际学习成果进行评价，学生配合指导教师共同完成表 1-20。

表 1-20　学习成果评价

<table>
<tr><td>班级</td><td></td><td>组号</td><td></td><td>日期</td><td></td></tr>
<tr><td>姓名</td><td></td><td>学号</td><td></td><td>指导教师</td><td></td></tr>
<tr><td>学习成果名称</td><td colspan="5">认识数制与逻辑代数</td></tr>
<tr><td>评价项目</td><td colspan="2">评价内容</td><td>评价方式</td><td>满分/分</td><td>评分/分</td></tr>
<tr><td rowspan="4">知识
（40%）</td><td colspan="2">数字电路概述</td><td rowspan="4">理论测试</td><td>5</td><td></td></tr>
<tr><td colspan="2">数制与编码</td><td>10</td><td></td></tr>
<tr><td colspan="2">逻辑代数基础</td><td>15</td><td></td></tr>
<tr><td colspan="2">逻辑函数的化简方法</td><td>10</td><td></td></tr>
<tr><td rowspan="3">技能
（40%）</td><td colspan="2">分析电路</td><td rowspan="3">实践操作</td><td>15</td><td></td></tr>
<tr><td colspan="2">仿真</td><td>15</td><td></td></tr>
<tr><td colspan="2">分析仿真结果</td><td>10</td><td></td></tr>
<tr><td rowspan="5">素养
（20%）</td><td colspan="2">积极参加教学活动，主动学习和思考</td><td rowspan="5">综合评判</td><td>5</td><td></td></tr>
<tr><td colspan="2">认真完成学习和实践任务</td><td>5</td><td></td></tr>
<tr><td colspan="2">团结协作，与组员合作默契</td><td>4</td><td></td></tr>
<tr><td colspan="2">遵守课堂纪律，维护课堂秩序</td><td>4</td><td></td></tr>
<tr><td colspan="2">守正创新，自信自强</td><td>2</td><td></td></tr>
<tr><td colspan="4">合计</td><td>100</td><td></td></tr>
<tr><td>自我评价</td><td colspan="5"></td></tr>
<tr><td>指导教师评价</td><td colspan="5"></td></tr>
</table>

项目 2 应用门电路

知识目标

- 熟悉分立元件门电路和集成门电路。
- 掌握门电路的开关特性。
- 掌握 TTL 与非门的电路结构、工作原理和基本参数。
- 掌握其他 TTL 门电路的电路结构。
- 掌握 CMOS 反相器及其他 CMOS 门电路的电路结构。
- 掌握使用 TTL 门电路、CMOS 门电路的注意事项。

技能目标

- 能分析 TTL 门电路的逻辑功能。
- 能测试 TTL 门电路。

素质目标

- 牢记科技报国、科技强国的历史使命。
- 弘扬追求真理、勇攀高峰的创新精神。

项目导入

随着数字电子技术的迅猛发展，门电路从早期的电子管电路到小规模逻辑电路、中规模逻辑电路，再到如今的超大规模数字集成电路，其性能发生了翻天覆地的变化。将门电路集成化，即将各种能实现逻辑运算的元件集成到一个芯片上，组成数字集成电路。数字集成电路具有体积小、质量小、寿命长、可靠性高、性能好等优点。如今，数字集成电路已广泛应用于通信、医疗、汽车电子、物联网等领域，推动着我国经济的数字化转型升级。

本项目要求学生掌握门电路的基本知识，并在此基础上测试 TTL 门电路，知识与技能要求如表 2-1 所示。

表 2-1　知识与技能要求

项目内容	应用门电路	学习程度		
		识记	理解	应用
学习任务	门电路概述	●		
	门电路的开关特性		●	
	TTL 门电路		●	
	CMOS 门电路		●	
实训任务	测试 TTL 门电路			●
自我勉励				

项目工单

1．学生分组

学生以3～5人为一组进行分组，各小组选出组长并进行任务分工，将小组成员及分工情况填入表2-2中。

表2-2 小组成员及分工情况

班级		组号		指导教师	
小组成员	姓名	学号	任务分工		
组长					
组员					

2．工作计划

各小组查阅资料，熟悉门电路的基本知识，制订工作计划，并将其填入表2-3中。

表2-3 工作计划

序号	工作内容	负责人

3．工作准备

各小组准备实施所需的工具和器材，并将其填入表 2-4 中。

表 2-4　实施所需的工具和器材

序号	名称	规格与型号	单位	数量	备注

4．工作实施

各小组按工作计划，测试 TTL 门电路，将实施步骤、实施内容及遇到的问题、解决办法等填入表 2-5 中。

表 2-5　工作实施过程记录表

序号	实施步骤	实施内容及遇到的问题	解决办法

2.1 门电路概述

门电路是一种用于实现基本逻辑运算和复合逻辑运算的单元电路，是组成各种数字电路的基本电路。在门电路中，常用逻辑 1 和逻辑 0 来表示电路中的高、低电平信号。通常情况下，可用半导体开关元件的导通和截止（即开和关）这两种工作状态，来获得电路中的高、低电平。

门电路可分为分立元件门电路和集成门电路两种。其中，分立元件门电路是由分立元件和导线连接而成的；而集成门电路则是将组成门电路的各元件都集成在一个芯片上，再封装而成的。

2.1.1 分立元件门电路

1. 二极管与门电路

二极管与门电路如图 2-1 所示。假设不考虑二极管 VD_1、VD_2 的正向电压降，若输入 A、B 均为 1（假设电压为+3 V），则 VD_1、VD_2 均导通，此时输出 Y 为 1（+3 V）；若 A、B 中一个为 1（+3 V）、另一个为 0（假设电压为 0 V），则 VD_1、VD_2 中一个导通，另一个截止（输入为 0 支路上的二极管导通），此时 Y 为 0（0 V）；若 A、B 均为 0（0 V），则 VD_1、VD_2 均导通，此时 Y 为 0（0 V）。

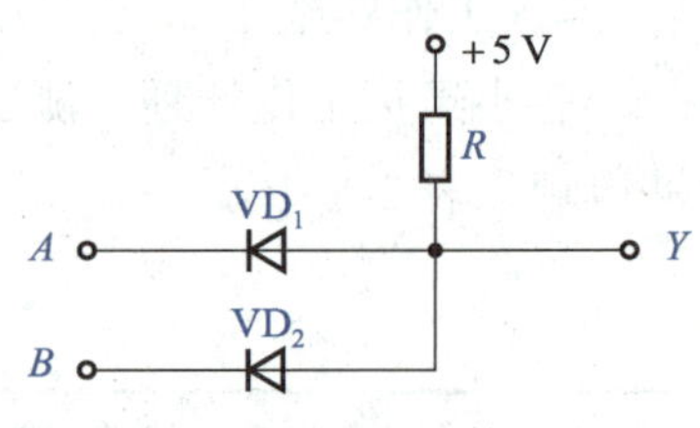

图 2-1 二极管与门电路

由以上分析可知，图 2-1 所示电路输入与输出的逻辑关系符合与逻辑，即只有当所有输入均为 1 时，输出才为 1，否则输出为 0。这样的电路称为与门电路，其逻辑表达式为

$$Y = AB$$

点 拨

二极管导通后，其阳极与阴极的电位差 $u_D = 0.7\text{ V}$（将二极管看作理想元件时，$u_D = 0\text{ V}$）。若其阴极电位不变，则其阳极电位将固定在比阴极电位高 0.7 V 的电位上；若其阳极电位不变，则其阴极电位将固定在比阳极电位低 0.7 V 的电位上。通常将二极管的这种作用称为钳位。

2. 二极管或门电路

二极管或门电路如图 2-2 所示。假设不考虑二极管的正向电压降，若 A、B 中一个或一个以上为 1（假设电压为+3 V），则 Y 为 1（+3 V）；若 A、B 全为 0（假设电压为 0 V），则 Y 为 0（0 V）。

由以上分析可知，图 2-2 所示电路输入与输出的逻辑关系符合或逻辑，即多个输入中只要有一个为 1，输出就为 1。这样的电路称为或门电路，其逻辑表达式为

$$Y = A + B$$

3. 三极管非门电路

三极管非门电路如图 2-3 所示。若 A 为 1（假设电压为+3 V），合理选择 R_B 的大小，使三极管 VT 处于饱和状态，饱和电压降 $U_{CES} = 0.3$ V，则 Y 为 0（0 V）；若 A 为 0，则 VT 截止，此时 VD 导通，Y 为 1（+3 V）。

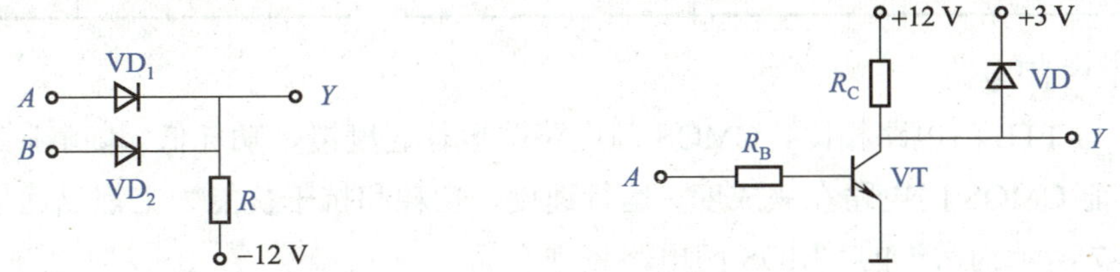

图 2-2　二极管或门电路　　　　图 2-3　三极管非门电路

由以上分析可知，图 2-3 所示电路输入与输出的逻辑关系符合非逻辑。这样的电路称为非门电路，其逻辑表达式为

$$Y = \overline{A}$$

2.1.2　集成门电路

在集成门电路的发展过程中，主要存在两类电路：一类是由三极管组成的双极型集成电路，如晶体管-晶体管逻辑（transistor-transistor logic, TTL）门电路和发射极耦合逻辑（emitter coupled logic, ECL）门电路；另一类是由金属-氧化物半导体（metal-oxide semiconductor, MOS）场效应晶体管组成的单极型集成电路，如 N 型 MOS（简称 NMOS）门电路和互补金属-氧化物半导体（complementary metal-oxide semiconductor, CMOS）门电路。目前，中小规模集成电路中最常用的是 TTL 门电路和 CMOS 门电路。

1. TTL 门电路

TTL 门电路是一种应用较早、技术较成熟的集成电路。大规模集成电路的快速发展要求集成电路中每个逻辑单元电路都结构简单且功耗低。TTL 门电路由于不能满足这个要求，因此逐渐被 CMOS 门电路取代。但由于 TTL 门电路的运行速度较快，在整个数字集成电路设计领域占有极其重要的地位，因此很多数字系统仍采用 TTL 门电路。如表 2-6 所示为常见的 TTL 门电路系列产品。

表 2-6　常见的 TTL 门电路系列产品

系列	代号	名称	传输延迟时间/ns	每门功耗/mW
TTL	74	普通 TTL 系列	10	10
HTTL	74H	高速 TTL 系列	6	22

（续表）

系列	代号	名称	传输延迟时间/ns	每门功耗/mW
LTTL	74L	低功耗 TTL 系列	33	1
STTL	74S	肖特基 TTL 系列	3	19
ASTTL	74AS	先进肖特基 TTL 系列	3	8
LSTTL	74LS	低功耗肖特基 TTL 系列	9.5	2
ALSTTL	74ALS	先进低功耗肖特基 TTL 系列	3.5	1
FTTL	74F	快速 TTL 系列	3.4	4

2. CMOS 门电路

早期，与 TTL 门电路相比，CMOS 门电路的运行速度慢、功耗低。随着制造工艺的不断改进，目前 CMOS 门电路在集成度、运行速度、功耗和抗干扰能力上都已远超 TTL 门电路。如表 2-7 所示为常见的 CMOS 门电路系列产品。

表 2-7　常见的 CMOS 门电路系列产品

系列	代号	名称	传输延迟时间/ns	工作电压/V	每门功耗/μW
CMOS	40/45	CMOS 系列	125	3～18	1.25
HCMOS	74HC	高速 CMOS 系列	8	2～6	2.5
HCTCMOS	74HCT	与 TTL 电平兼容型 HCMOS 系列	8	4.5～5.5	2.5
ACMOS	74AC	先进 CMOS 系列	5.5	2～5.5	2.5
ACTCMOS	74ACT	与 TTL 电平兼容型 ACMOS 系列	4.75	4.5～5.5	2.5

学思践悟

集成电路的发展开创了电子器件微型化的新纪元，引领人们走进了信息社会。目前，集成电路依旧是各国博弈的重要领域，是全球关注的焦点。我国集成电路产业正处于蓬勃发展时期，但在关键技术上依旧受制于人。因此，作为新时代青年，我们应不忘科技报国初心，牢记科技强国使命，肩负时代重任，高扬理想风帆，扎实本领，增长才干，为把我国建设成为科技强国添砖加瓦。

2.2　门电路的开关特性

开关元件通常具备两种开关状态：一种为导通状态，此时元件的阻抗很小，相当于短路；另一种为截止状态，此时元件的阻抗很大，相当于开路。

2.2.1　二极管的开关特性

1．二极管的静态特性

二极管的静态特性是指二极管在导通和截止这两种状态下的特性。如图 2-4 所示为典型二极管的静态特性曲线和开关电路。

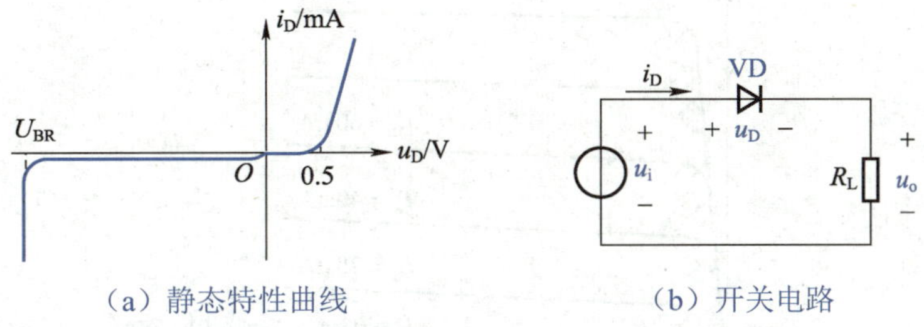

（a）静态特性曲线　　（b）开关电路

图 2-4　典型二极管的静态特性曲线和开关电路

由图 2-4 可知，当 $u_D < 0.5$ V 时，$i_D = 0$ mA，VD 截止；当 $u_D \geqslant 0.5$ V 时，$i_D > 0$ mA，VD 导通。

2．二极管的动态特性

二极管在导通和截止这两种工作状态之间相互转换的过程，体现出了它的开关特性。

由于二极管从截止到导通所需要的时间比其从导通到截止所需要的时间短，因此一般只讨论其从导通到截止时的特性。

如图 2-5 所示为典型二极管的动态特性曲线。

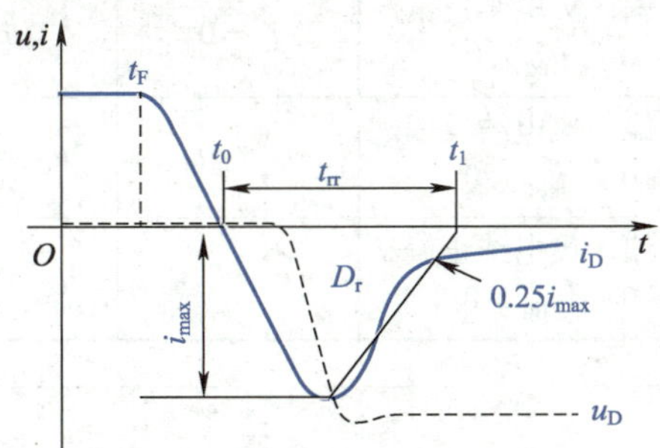

图 2-5　典型二极管的动态特性曲线

当 $t = t_F$ 时，VD 上的电压转为反向，但 VD 不是马上截止，而是需要经历以下几个过程。

（1）在 t_F—t_0 时段，正向电流减小。

（2）在 t_0—t_1 时段，反向电流先增大后减小。这段时间称为 VD 的反向恢复时间，记为 t_{rr}。

（3）当反向电流由峰值 i_{max} 减小至其 10%时，VD 截止。

2.2.2 三极管的开关特性

如图 2-6 所示为三极管的输出特性曲线。

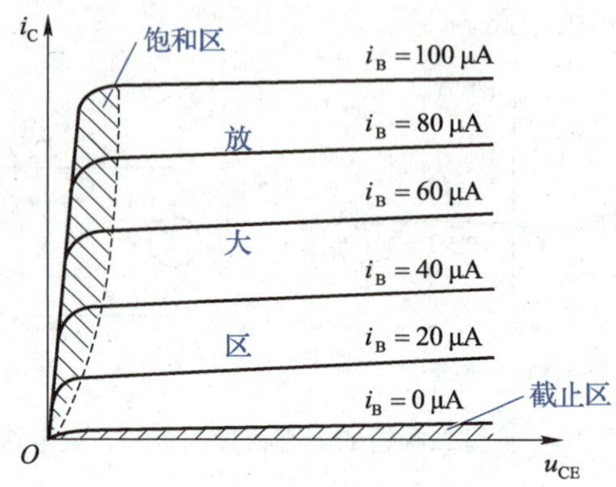

图 2-6 三极管的输出特性曲线

由图 2-6 可知，三极管的输出特性曲线可分为截止区、饱和区和放大区，分别对应三极管的三种工作状态。在门电路中，三极管通常工作在截止区或饱和区。三极管工作在截止区相当于开关断开，而工作在饱和区就相当于开关闭合。如表 2-8 所示为 NPN 型三极管三种工作状态的特点。

表 2-8 NPN 型三极管三种工作状态的特点

工作状态	条件	特点			
		偏置情况	集电极电流	CE 间电压	CE 间等效电阻
截止	$i_B=0$	发射结反偏，集电结反偏，$u_{BE}<0$，$u_{BC}<0$	$i_C=0$	$u_{CE}=U_{CC}$	很大，相当于开关断开
放大	$0<i_B<I_{BS}$	发射结正偏，集电结反偏，$u_{BE}>0$，$u_{BC}<0$	$i_C=\beta i_B$	$u_{CE}=U_{CC}-i_C R_C$	可变
饱和	$i_B>I_{BS}$	发射结正偏，集电结正偏，$u_{BE}>0$，$u_{BC}>0$	$i_C=I_{CS}$	$u_{CE}=U_{CES}=0.3\ V$	很小，相当于开关闭合

笔记

2.3　TTL 门电路

2.3.1　TTL 与非门

1．TTL 与非门的电路结构

如图 2-7 所示为 TTL 与非门的电路结构。

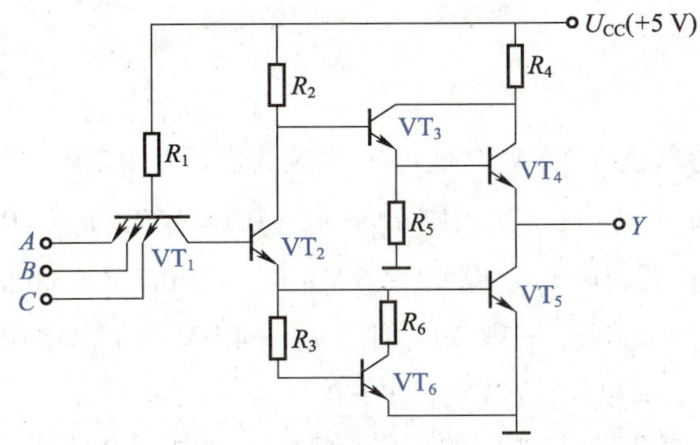

图 2-7　TTL 与非门的电路结构

TTL 与非门主要由以下三部分组成。

（1）输入级，由多发射极三极管 VT_1 和基极电阻 R_1 组成，可实现 A、B、C 的与运算。

（2）放大级，由 VT_2、VT_6、R_2、R_3、R_6 组成。其中，VT_6、R_3、R_6 组成了有源泄放电路，VT_2 的集电极和发射极可提供两个相位相反的电压信号。

（3）输出级，由 VT_3、VT_4、VT_5 和 R_4、R_5 组成。其中，VT_3、VT_4 先组成了复合管，再与 VT_5 组成了推挽式输出结构，从而使输出级具有较强的负载能力。

若电路的输出级有两个三极管，且始终处于一个导通、另一个截止的状态，也就是两个三极管推挽相连，则这样的电路结构称为推挽式输出结构。

2．TTL 与非门的工作原理

1）VT_1 的等效电路

由图 2-7 可知，VT_1 在靠近基极处具有多个发射结，因此可将每一组发射结、集电结都视为一个二极管。VT_1 可实现 A、B、C 的与运算，其等效电路如图 2-8 所示。

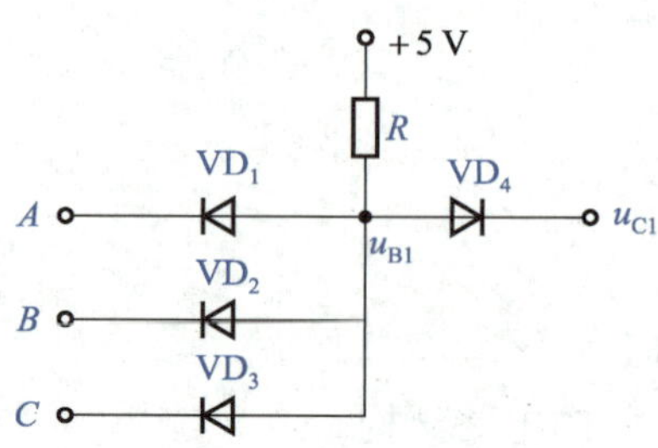

图 2-8　VT_1 的等效电路

2）工作状态分析

假设高电平对应的电压为3.6 V，低电平对应的电压为0.3 V，当输入电压不全为高电平时，若 $u_A = 0.3\text{ V}$，$u_B = u_C = 3.6\text{ V}$，则 $u_{B1} = u_A + 0.7 = 1\text{ V}$，$u_{C1} = 0.3\text{ V}$，此时 VT_2 和 VT_5 截止，VT_3 和 VT_4 导通；若忽略 i_{B3}，则 $u_Y \approx 5\text{ V} - 0.7\text{ V} - 0.7\text{ V} = 3.6\text{ V}$，此时 $Y = 1$。当输入电压全为高电平（即 $u_A = u_B = u_C = 3.6\text{ V}$）时，$u_{B1} = 4.3\text{ V}$，$u_{C1} = 3.6\text{ V}$，此时 VT_2 和 VT_5 导通，VT_3 和 VT_4 截止，$u_Y = U_{CES} = 0.3\text{ V}$，$Y = 0$。

通过以上分析，可得 TTL 与非门的工作状态表，如表 2-9 所示。

表 2-9　TTL 与非门的工作状态表

输入电压/V			输出电压/V	三极管的工作状态			
u_A	u_B	u_C	u_Y	VT_2	VT_3	VT_4	VT_5
0.3	0.3	0.3	3.6	截止	导通	导通	截止
0.3	0.3	3.6	3.6	截止	导通	导通	截止
0.3	3.6	0.3	3.6	截止	导通	导通	截止
0.3	3.6	3.6	3.6	截止	导通	导通	截止
3.6	0.3	0.3	3.6	截止	导通	导通	截止
3.6	0.3	3.6	3.6	截止	导通	导通	截止
3.6	3.6	0.3	3.6	截止	导通	导通	截止
3.6	3.6	3.6	0.3	导通	截止	截止	导通

由此可见，对于 TTL 与非门，当输入不全为 1 时，输出为 1；当输入全为 1 时，输出为 0。因此，可得 TTL 与非门的逻辑表达式为

$$Y = \overline{ABC}$$

3．TTL 与非门的基本参数

1）输出高电平电压

输出高电平电压是指 TTL 与非门的输出为 1 时的电压，用 U_{OH} 表示。U_{OH} 的典型值为 3.6 V，一般产品规定 $U_{OH} \geqslant 2.4$ V。

2）输出为高电平时的电源电流

输出为高电平时的电源电流是指 TTL 与非门的输出为 1 时，提供给外接负载的最大输出电流，用 I_{CCH} 表示，超过该值会使输出高电平电压减小。I_{CCH} 反映了电路的带负载能力。

3）输出低电平电压

输出低电平电压是指 TTL 与非门的输出为 0 时的电压，用 U_{OL} 表示。U_{OL} 的典型值为 0.3 V，一般规定 $U_{OL} \leqslant 0.4$ V。

4）输出为低电平时的电源电流

输出为低电平时的电源电流是指 TTL 与非门的输出为 0 时，外接负载的最大输出电流，用 I_{CCL} 表示，超过该值会使输出低电平电压增大。I_{CCL} 反映了电路的灌电流负载能力。

5）阈值电压

阈值电压是指 TTL 与非门的电压传输特性曲线转折区中点所对应的输入电压，用 U_{TH} 表示。U_{TH} 是引起 TTL 与非门输出状态发生转换的分界线。

6）扇出系数

扇出系数是指 TTL 与非门输出端带动同类门电路的个数，用 N_O 表示。N_O 反映了 TTL 与非门的带负载能力。N_O 越大，TTL 与非门的带负载能力就越强。一般情况下，TTL 与非门的 $N_O \geqslant 8$。

7）输入高电平电流

输入高电平电流是指当 TTL 与非门的输入为 1 时，从前级门电路输出端流入本级门电路输入端的电流，用 I_{IH} 表示。

8）输入低电平电流

输入低电平电流是指当作为负载的门电路在输入为 0 时，流入前级门电路输出端的电流，用 I_{IL} 表示。

9）输出高电平电流

输出高电平电流是指当 TTL 与非门的输出为 1 时，从输出端流出的电流，用 I_{OH} 表示。I_{OH} 又称拉电流。

10）输出低电平电流

输出低电平电流是指当 TTL 与非门的输出为 0 时，流入输出端的电流，用 I_{OL} 表示。I_{OL} 又称灌电流。

11）最大工作频率

最大工作频率是指 TTL 与非门在正常工作时的最大频率，用 f_{max} 表示。当超出此频率时，TTL 与非门将会出现逻辑错误或性能下降的情况。

4. TTL 与非门集成电路

常见的 TTL 与非门集成电路主要有 74LS00 和 74LS20 两种。其中，74LS00 是四 2 输入与非门，其引脚排列如图 2-9（a）所示；74LS20 是双 4 输入与非门，其引脚排列如图 2-9（b）所示。

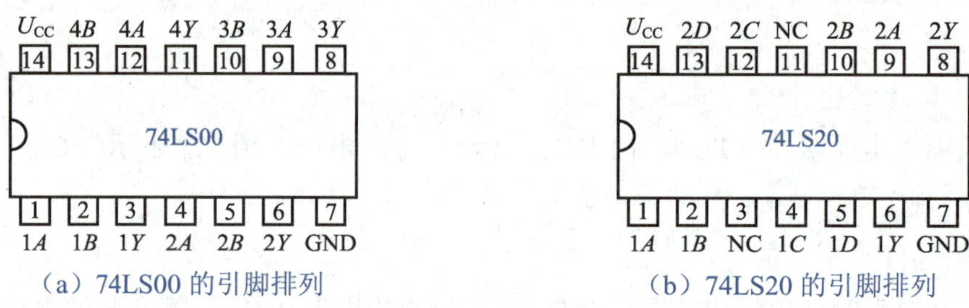

（a）74LS00 的引脚排列　　（b）74LS20 的引脚排列

图 2-9　74LS00 和 74LS20 的引脚排列

2.3.2　其他 TTL 门电路

其他常用的 TTL 门电路包括集电极开路（open collector, OC）与非门、或非门、与或非门、三态（tristate logic, TSL）门等。下面主要介绍 OC 与非门和 TSL 门。

1. OC 与非门

1）OC 与非门的电路结构

一般来说，由两个或两个以上普通 TTL 与非门组成的逻辑电路，其输出端是不能直接连接在一起的。为克服这种局限性，可将 TTL 与非门内部的输出级改为集电极开路的三极管结构，这样就组成了 OC 与非门。

如图 2-10 所示为 OC 与非门的电路结构和逻辑符号。

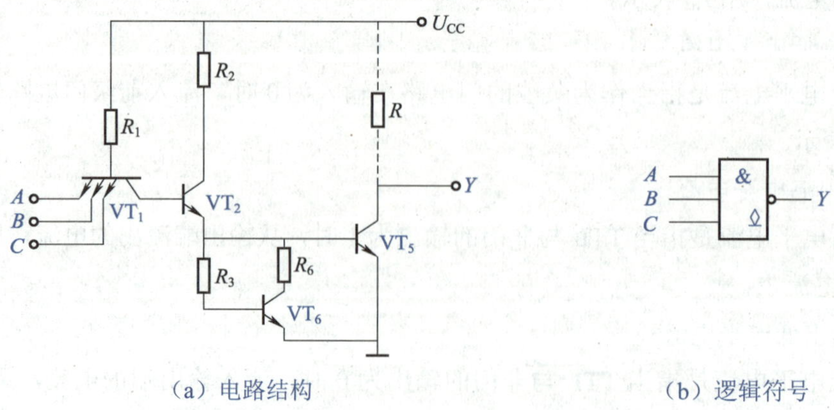

（a）电路结构　　（b）逻辑符号

图 2-10　OC 与非门的电路结构和逻辑符号

OC 与非门输入与输出的逻辑关系：当输入不全为 1 时，输出为 1；当输入全为 1 时，输出为 0。

2）OC 与非门的主要逻辑功能

由于 OC 与非门的输出端是三极管集电极悬空电路，因此在使用时需要给电源 U_{CC} 外接一个上拉电阻 R，从而使 OC 与非门输出为 1。

在选择上拉电阻时，从降低功耗、减小电路灌电流的方面考虑，上拉电阻的阻值应足够大；而从确保电路有足够驱动电流的方面考虑，上拉电阻的阻值应足够小。因此，在选择上拉电阻时，应综合考虑这两个方面。

OC 与非门主要具有以下逻辑功能。

（1）实现线与逻辑。如图 2-11 所示为 OC 与非门线与电路及其等效电路。

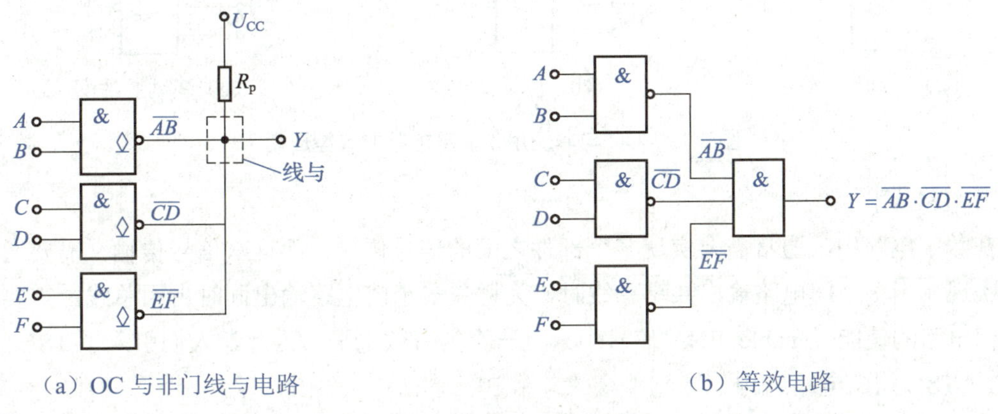

（a）OC 与非门线与电路　　（b）等效电路

图 2-11　OC 与非门线与电路及其等效电路

在图 2-11 所示的电路中，当所有 OC 与非门的输出都为 1 时，Y 才为 1，因此 OC 与非门输出的逻辑表达式为

$$Y=\overline{AB}\cdot\overline{CD}\cdot\overline{EF}$$

OC 与非门线与电路需要将各 OC 与非门的输出线相连，才能实现与逻辑功能，因此这样的电路又称线与电路。

（2）实现电平转换。如图 2-12 所示为 OC 与非门电平转换电路，OC 与非门的输出经负载电阻 R_L 与 +10 V 的 U_{CC} 相连。当电路输出为 0 时，$u_Y=0.3\,\text{V}$；当电路输出为 1 时，$u_Y=10\,\text{V}$。

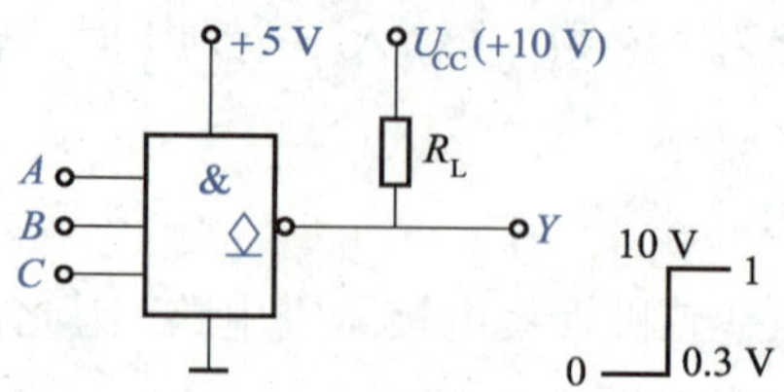

图 2-12　OC 与非门电平转换电路

（3）用作驱动电路。OC 与非门具有较强的电流驱动能力，可直接用于驱动指示灯、继电器、脉冲变压器等。如图 2-13 所示为 OC 与非门用作驱动电路的典型应用。

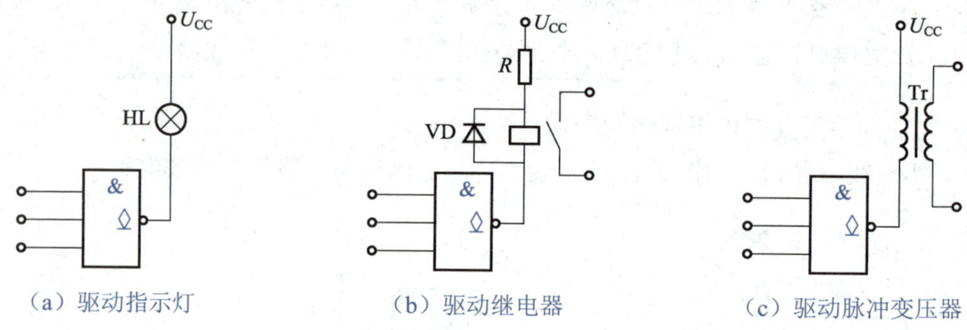

（a）驱动指示灯　（b）驱动继电器　（c）驱动脉冲变压器

图 2-13　OC 与非门用作驱动电路的典型应用

2．TSL 门

在数字电路中，通常需要实现多个部件之间的信号传输，而这些信号传输又需要通过总线来实现。当多个门电路输出共享总线时，为避免多个门电路输出同时占用总线，需要确保这些门电路的使能（enable, EN）信号中只有一个为有效电平。为此，人们引入了 TSL 门。

1）TSL 门的电路结构

如图 2-14 所示为 TSL 门的电路结构和逻辑符号。

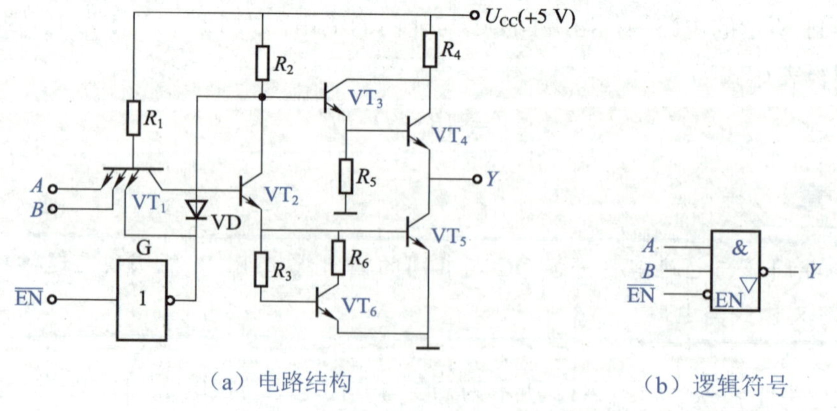

（a）电路结构　（b）逻辑符号

图 2-14　TSL 门的电路结构和逻辑符号

在图 2-14（a）所示的电路中，VT_4、VT_5 始终保持一个导通、另一个截止的状态。当 VT_4 导通、VT_5 截止时，$Y=1$；当 VT_4 截止、VT_5 导通时，$Y=0$。TSL 门除了会出现上述两种状态，还会出现 VT_4、VT_5 同时截止的第三种状态。此时，由于晶体管在截止时其 C、E 两极之间的阻抗很大，输出端对地和对电源的阻抗也很大，因此第三种状态又称高阻态。

当 $\overline{EN}=0$ 时，VT_1 正常工作，不受影响；同时，VD 截止，但对其他三极管无影响，原 TTL 与非门正常工作。当 $\overline{EN}=1$ 时，VT_1 被封锁，VT_2、VT_5 截止；同时，VD 导通，VT_3、VT_4 截止。由于 VT_4、VT_5 均截止，因此电路为高阻态。

2）TSL 门的典型应用

TSL 门的典型应用如下。

（1）用作多路开关，如图 2-15（a）所示。当 $\overline{EN}=0$ 时，G_1 使能，G_2 封锁，$Y=\overline{A}$；当 $\overline{EN}=1$ 时，G_2 使能，G_1 封锁，$Y=\overline{B}$。

（2）用作信号双向传输，如图 2-15（b）所示。当 $\overline{EN}=0$ 时，信号从左向右传输，$B=\overline{A}$；当 $\overline{EN}=1$ 时，信号从右向左传输，$A=\overline{B}$。

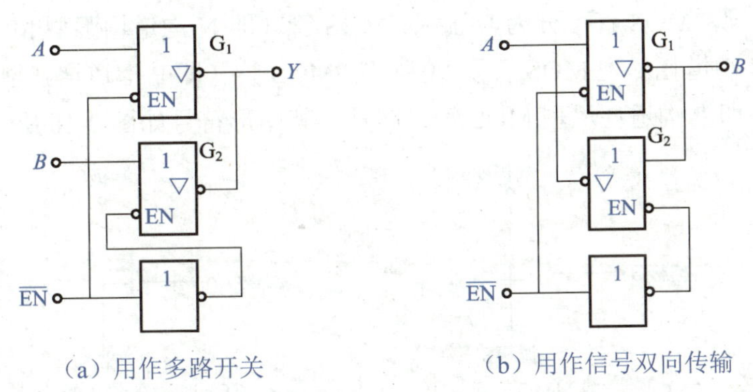

图 2-15　TSL 门的典型应用

2.3.3　使用 TTL 门电路的注意事项

在使用 TTL 门电路时，应注意以下事项。

（1）电源电压及电源干扰的消除。不同的 TTL 门电路对电源电压稳定性的要求有所不同，使用时一定要确保电路工作在允许的电压范围内，否则将导致电路性能下降或电路内部器件损坏。

（2）多余输入端的处理。对 TTL 门电路多余输入端的处理，应以不影响 TTL 门电路逻辑功能为前提。具体方法如下：与门、与非门的多余输入端接高电平端或电源正极；或门、或非门的多余输入端接地或电源负极。不宜将 TTL 门电路的多余输入端悬空，以防止引入干扰信号。

（3）输出端的连接。输出端不可与电源或地短路，否则可能造成电路内部器件损坏。在使用过程中，TTL 门电路的输出电流应小于产品手册规定的最大值。各 TSL 门的输出端可并联，但在同一时刻只能有一个 TSL 门工作，其他 TSL 门都处于高阻态。各 OC 与非门的输出端可并联，但公共端和电源之间应串联负载电阻。

笔记

2.4 CMOS 门电路

2.4.1 MOS 管的类型及图形符号

按结构的不同，MOS 管可分为增强型 NMOS 管（即 N 沟道增强型 MOS 管）、耗尽型 NMOS 管（即 N 沟道耗尽型 MOS 管）、增强型 PMOS 管（即 P 沟道增强型 MOS 管）和耗尽型 PMOS 管（即 P 沟道耗尽型 MOS 管）四种，其图形符号如图 2-16 所示。

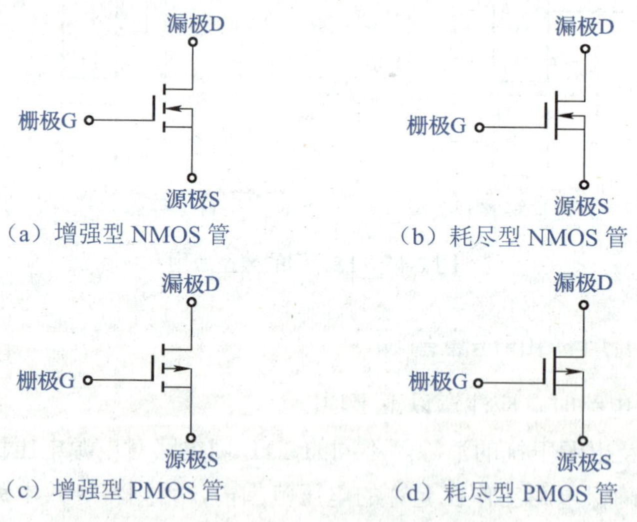

图 2-16　MOS 管的图形符号

2.4.2 CMOS 反相器

1. CMOS 反相器的电路结构

CMOS 反相器的电路结构如图 2-17 所示。CMOS 反相器采用了由增强型 PMOS 管和增强型 NMOS 管组成的互补结构，两管的栅极连在一起作为输入端，漏极连在一起作为输出端。

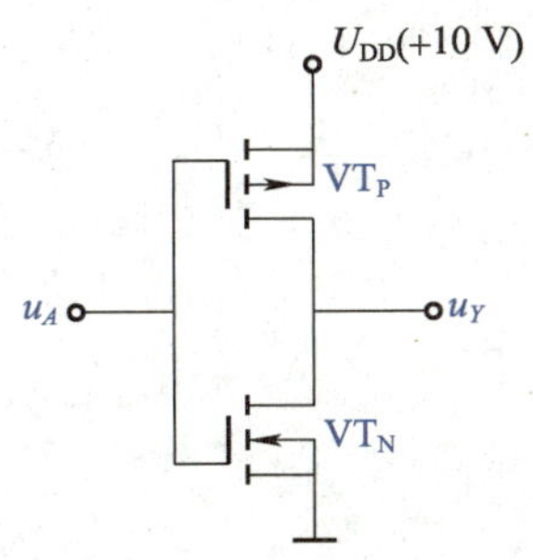

图 2-17　CMOS 反相器的电路结构

当$u_A = 10$ V时，VT_N导通，VT_P截止，此时$u_Y = 0$ V；当$u_A = 0$ V时，VT_N截止，VT_P导通，此时$u_Y = 10$ V。由此可见，CMOS 反相器具有非逻辑功能。

2．CMOS 反相器的特点

CMOS 反相器主要具有以下特点。

（1）CMOS 反相器的输入阻抗高，带负载能力强。

（2）当电路稳定时，CMOS 反相器中总有一个 MOS 管处于截止状态，流过的电流为极小的漏电流。因此，CMOS 反相器的静态功耗很低。

（3）CMOS 反相器的$U_{TH} \approx 0.5U_{DD}$，当输入信号发生变化时，CMOS 反相器的抗干扰能力随电源电压的增大而增强。因此，CMOS 反相器的抗干扰能力较强。

（4）在 CMOS 反相器中，由于$U_{OH} = U_{DD}$，同时U_{TH}随U_{DD}的变化而变化，且允许U_{DD}有较大的变化范围（一般为 3～18 V），因此 CMOS 反相器的电源利用率较高。

2.4.3　其他 CMOS 门电路

1．CMOS 与非门

如图 2-18 所示为 CMOS 与非门的电路结构。CMOS 与非门由两个并联的增强型 PMOS 管VT_1、VT_3，和两个串联的增强型 NMOS 管VT_2、VT_4组成。

当$A = 1$、$B = 0$时，VT_3导通、VT_4截止，$Y = 1$；当$A = 0$、$B = 1$时，VT_1导通、VT_2截止，$Y = 1$；当$A = B = 1$时，VT_1、VT_3同时截止，VT_2、VT_4同时导通，$Y = 0$。因此，这种电路具有与非逻辑功能，即

$$Y = \overline{AB}$$

有n个输入端的与非门必须由n个并联的增强型 PMOS 管和n个串联的增强型 NMOS 管组成。

2．CMOS 或非门

如图 2-19 所示为 CMOS 或非门的电路结构。CMOS 或非门由两个并联的增强型 NMOS 管VT_2、VT_4，和两个串联的增强型 PMOS 管VT_1、VT_3组成。

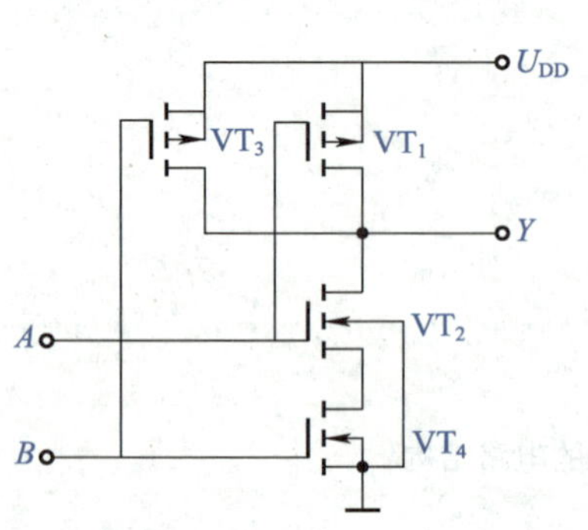

图 2-18　CMOS 与非门的电路结构

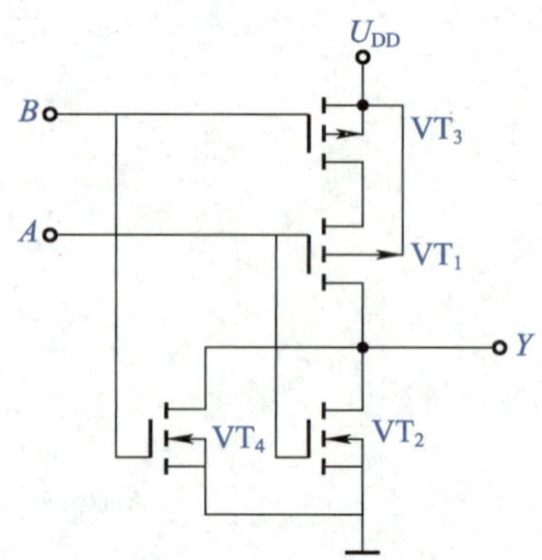

图 2-19　CMOS 或非门的电路结构

当 $A=1$ 或 $B=1$ 时，$Y=0$；当 $A=B=0$ 时，VT_2、VT_4 同时截止，VT_1、VT_3 同时导通，$Y=1$。因此，这种电路具有或非逻辑功能，即

$$Y=\overline{(A+B)}$$

有 n 个输入端的或非门必须由 n 个并联的增强型 NMOS 管和 n 个串联的增强型 PMOS 管组成。

点 拨

根据 CMOS 与非门和 CMOS 或非门的工作原理，输入端的数量越多，串联的增强型 MOS 管就越多。若串联的增强型 MOS 管全部导通，则其总的导通电阻会增加，甚至会影响输出电平，使与非门的低电平增大，或非门的高电平减小。

3. CMOS 传输门

CMOS 传输门是一种传输模拟信号的开关，由 1 个增强型 PMOS 管和 1 个增强型 NMOS 管并联而成，其电路结构和逻辑符号如图 2-20 所示。其中，逻辑符号中的 TG 代表 CMOS 传输门。

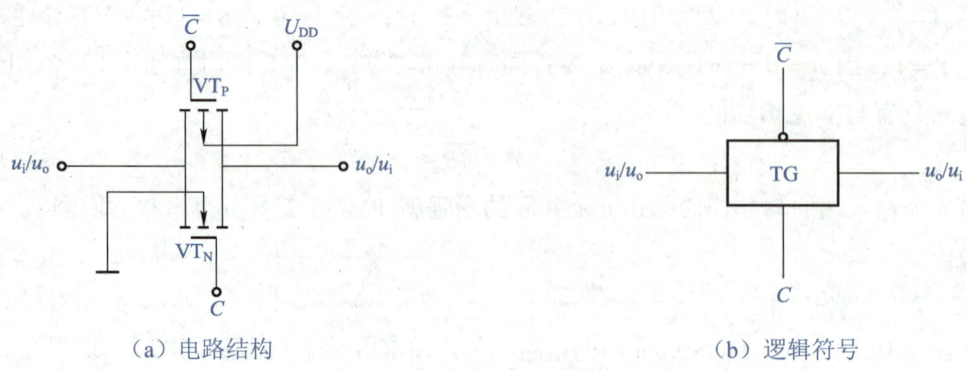

图 2-20　CMOS 传输门的电路结构和逻辑符号

假设 $U_{DD}=10\text{ V}$，VT_P、VT_N 开启电压的绝对值均为 3 V，当控制信号 $C=1$、$0\text{ V}<u_i<7\text{ V}$ 时，VT_N 导通；当 $3\text{ V}<u_i<10\text{ V}$ 时，VT_P 导通。因此，当 $0\text{ V}<u_i<10\text{ V}$ 时，至少有一个 MOS 管导通，相当于开关闭合。反之，当 $C=0$ 时，VT_N、VT_P 两管均截止，相当于开关断开。

由上述可知，CMOS 传输门相当于一个双向开关，是一种传输信号可控的开关电路，它的闭合与断开取决于控制端所加的信号。

2.4.4　使用 CMOS 门电路的注意事项

在使用 CMOS 门电路时，应注意以下事项。

（1）电源电压的控制。CMOS 门电路的电源电压不能超过限值，必须在规定范围内，同时一定不能接反，否则会造成电路永久性失效。

（2）多余输入端的处理。CMOS 门电路的输入阻抗非常大，若将输入端悬空，则 CMOS 门电路会受到感应信号的干扰，进而出现输出错误。因此，禁止将 CMOS 门电路的多余输入端悬空，而应根据实际要求接入适当的电压。对于 CMOS 与门和 CMOS 与非门，多余输入端应接高电平端或电源正极；对于 CMOS 或门和 CMOS 或非门，多余输入端应接地或电源负极。

（3）输入电路的静电防护。CMOS 门电路的输入阻抗大，易受外界干扰，易产生静电，从而造成栅极击穿，所以要做好输入电路的静电防护。在存储、运输 CMOS 器件时，应采用金属屏蔽层作为包装材料；在组装和调试时，应将工具、仪表和工作台接地。

（4）输出端的连接。CMOS 门电路的输出端不应直接接电源或接地。除 CMOS 传输门外，其他 CMOS 门电路不应将两个器件的输出端并联使用。为提高电路的驱动能力，可将同一块芯片上同类门电路的输入端和输出端并联使用。

项目实施——测试 TTL 门电路

测试 TTL 门电路

1. 实施目标

（1）熟悉 74LS20 的引脚排列及逻辑功能。

（2）会用 Multisim 14 测试 TTL 门电路的逻辑功能。

（3）掌握 TTL 门电路逻辑功能的测试方法。

2. 实施器材

（1）74LS20 芯片 1 片。

（2）逻辑开关 4 个。

（3）发光二极管 1 个。

（4）阻值为 510 Ω 的电阻 1 个。

（5）数字电路实验箱 1 台。

（6）导线若干。

3．实施内容

1）分析电路

74LS20 是一种双 4 输入与非门，主要用于与非运算，其逻辑功能测试电路如图 2-21 所示。

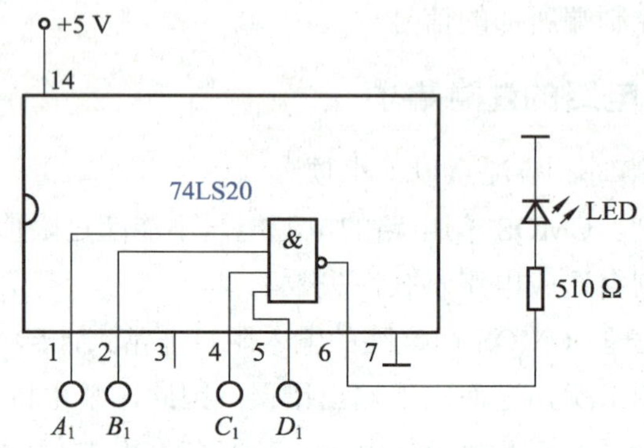

图 2-21　74LS20 逻辑功能测试电路

在图 2-21 中，A_1、B_1、C_1、D_1 为 74LS20 的 4 个输入端，在测试时分别与逻辑开关相连。逻辑开关用于提供数字信号“0”和“1”。74LS20 的输出端与发光二极管 LED 相连，LED 的亮灭用于表示 74LS20 的输出状态。

2）仿真

（1）创建工程文件。打开 Multisim 14 仿真软件，单击菜单栏中的“文件”菜单，执行“设计”命令，在弹出的对话框中单击“Create”按钮，就可得到一个工程文件。

（2）选择元件。单击菜单栏中的“绘制”菜单，执行“元件”命令，按表 2-10 选择 74LS20 逻辑功能测试电路仿真所需元件。

表 2-10　74LS20 逻辑功能测试电路仿真所需元件

序号	名称	规格	型号	数量
1	电源	5 V		1
2	逻辑开关			4
3	双 4 输入与非门		74LS20D	1
4	电阻	510 Ω		1
5	发光二极管（红）			1

（3）连接仿真电路。按图 2-22 所示的 74LS20 逻辑功能测试的仿真电路将各元件连接起来。

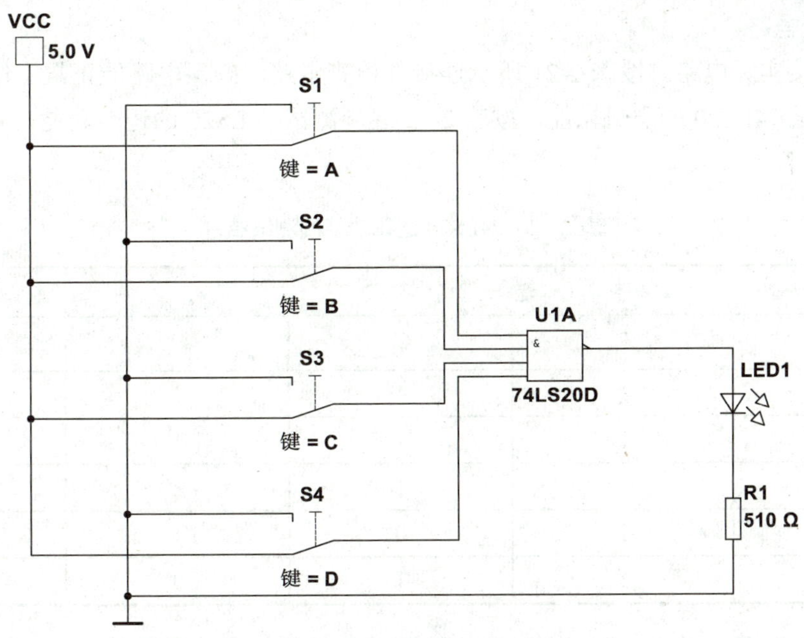

图 2-22　74LS20 逻辑功能测试的仿真电路

（4）开启仿真开关。将电路连接完毕后，单击菜单栏中的“仿真”菜单，执行“运行”命令，开启仿真开关。

（5）观察并记录仿真结果。改变 $S_1 \sim S_4$ 的开闭状态（开关闭合为 1，开关断开为 0），观察输出信号指示灯的状态（指示灯亮为 1，指示灯灭为 0），将 74LS20 逻辑功能测试的仿真结果记录在表 2-11 中。

表 2-11　74LS20 逻辑功能测试的仿真结果

序号	输入				输出	序号	输入				输出
	S_1	S_2	S_3	S_4	指示灯状态（亮/灭）		S_1	S_2	S_3	S_4	指示灯状态（亮/灭）
1	0	0	0	0		9	1	0	0	0	
2	0	0	0	1		10	1	0	0	1	
3	0	0	1	0		11	1	0	1	0	
4	0	0	1	1		12	1	0	1	1	
5	0	1	0	0		13	1	1	0	0	
6	0	1	0	1		14	1	1	0	1	
7	0	1	1	0		15	1	1	1	0	
8	0	1	1	1		16	1	1	1	1	

（6）分析 74LS20 的逻辑功能。根据仿真结果，对 74LS20 的逻辑功能进行分析。经过分析可知，74LS20 具有____________________的逻辑功能。

3）测试电路

（1）连接实际电路。按图 2-21 所示连接并检查电路，确保电路能正常工作。

（2）测试 74LS20 的逻辑功能。按表 2-12 逐步测试 74LS20 的逻辑功能，并将测试结果填入表 2-12 中。

表 2-12　74LS20 逻辑功能的测试结果

输入				输出
A_1	B_1	C_1	D_1	Y_1
1	1	1	1	
0	1	1	1	
1	0	1	1	
1	1	0	1	
1	1	1	0	

（3）分析结果。将 74LS20 逻辑功能的测试结果与仿真结果进行对比，判断测试结果是否正确。若测试结果与仿真结果不符，则应找出故障原因并排除故障，然后再次进行测试。

4. 实施报告

根据实施过程及结果撰写实施报告，实施报告应包括以下内容。

（1）画出 74LS20 的逻辑功能仿真电路和测试电路。

（2）记录 74LS20 的逻辑功能仿真结果和测试结果。

（3）分析 74LS20 的逻辑功能。

项目知识检测

1. 填空题

（1）门电路是一种用于实现__________和__________的单元电路，常用逻辑__________和__________来表示电路中的高、低电平信号。

（2）门电路可分为________门电路和________门电路两种。

（3）使用 TTL 门电路时，应注意__________、__________和__________。

（4）按结构的不同，MOS 管可分为__________、__________、__________和__________四种。

2. 简答题

（1）TTL 门电路和 CMOS 门电路分别具有什么特点？

（2）开关元件具备哪几种开关状态？

（3）TTL 与非门主要由哪几部分组成？

（4）CMOS 门电路主要有哪几种？

3. 综合题

（1）一个反相器的输入和输出波形如图 2-23 所示。试计算：

① 输入信号的周期和频率；

② 输入信号的上升时间 t_r 和下降时间 t_f 。

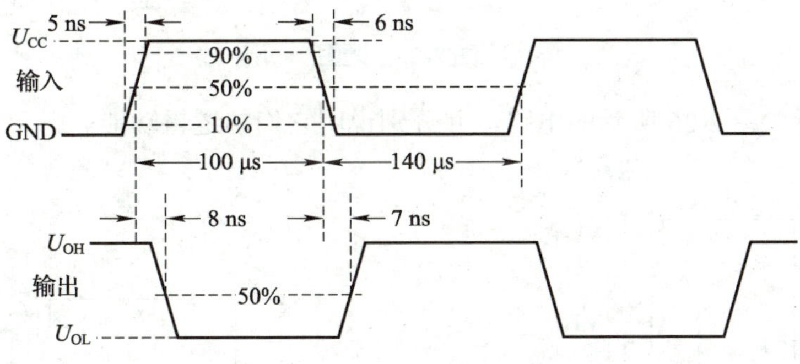

图 2-23　题图

（2）由双极型三极管组成的反相器如图 2-24 所示。其中，$U_{CC}=5\text{ V}$，$U_{BE}=0.7\text{ V}$，$U_{CES}=0.3\text{ V}$，$\beta=100$ 。当 $u_i=5\text{ V}$ 时，$u_o=0.2\text{ V}$，试计算 R_B/R_C 的最大值。

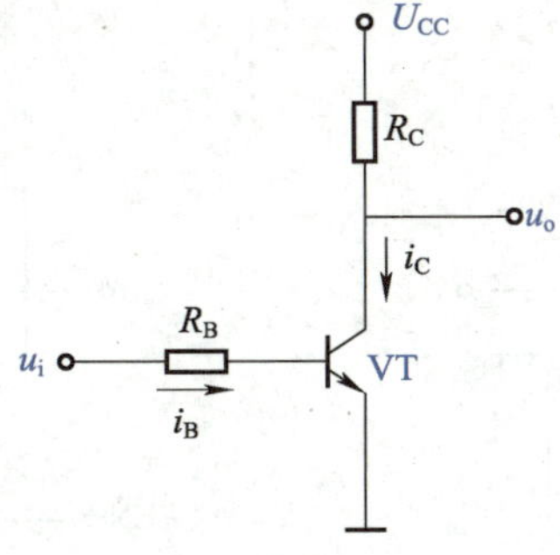

图 2-24　题图

（3）试分析如图 2-25 所示的电路，写出 Y 的逻辑表达式，并说明其逻辑功能。

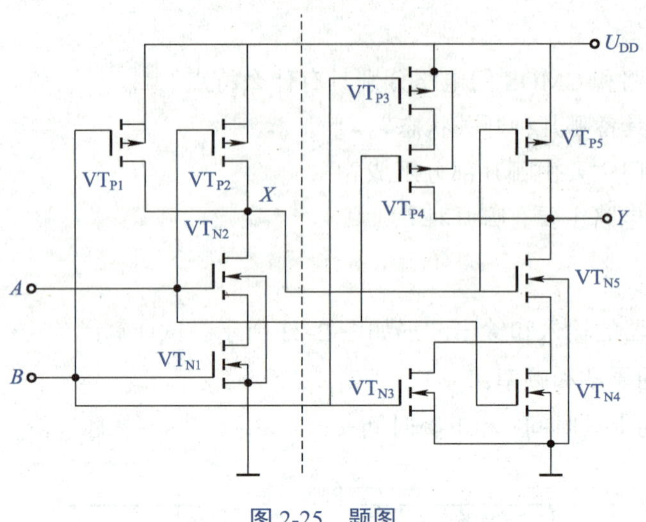

图 2-25　题图

（4）试分析如图 2-26 所示的电路，并分别说明它们的逻辑功能。

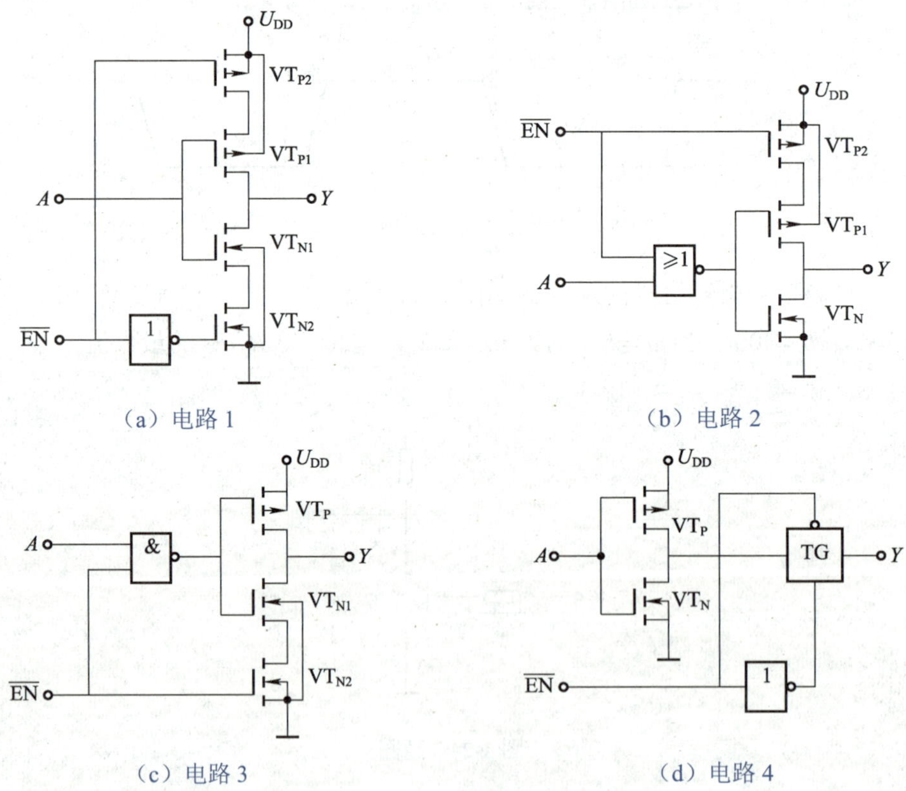

图 2-26　题图

学习成果评价

指导教师对学生的实际学习成果进行评价，学生配合指导教师共同完成表 2-13。

表 2-13　学习成果评价

<table>
<tr><td>班级</td><td></td><td>组号</td><td colspan="2"></td><td>日期</td><td></td></tr>
<tr><td>姓名</td><td></td><td>学号</td><td colspan="2"></td><td>指导教师</td><td></td></tr>
<tr><td>学习成果名称</td><td colspan="6">应用门电路</td></tr>
<tr><td>评价项目</td><td colspan="3">评价内容</td><td>评价方式</td><td>满分/分</td><td>评分/分</td></tr>
<tr><td rowspan="4">知识
（40%）</td><td colspan="3">门电路概述</td><td rowspan="4">理论测试</td><td>6</td><td></td></tr>
<tr><td colspan="3">门电路的开关特性</td><td>10</td><td></td></tr>
<tr><td colspan="3">TTL 门电路</td><td>12</td><td></td></tr>
<tr><td colspan="3">CMOS 门电路</td><td>12</td><td></td></tr>
<tr><td rowspan="3">技能
（40%）</td><td colspan="3">分析电路</td><td rowspan="3">实践操作</td><td>10</td><td></td></tr>
<tr><td colspan="3">仿真</td><td>15</td><td></td></tr>
<tr><td colspan="3">测试电路</td><td>15</td><td></td></tr>
<tr><td rowspan="5">素养
（20%）</td><td colspan="3">积极参加教学活动，主动学习和思考</td><td rowspan="5">综合评判</td><td>5</td><td></td></tr>
<tr><td colspan="3">认真完成学习和实践任务</td><td>5</td><td></td></tr>
<tr><td colspan="3">团结协作，与组员合作默契</td><td>4</td><td></td></tr>
<tr><td colspan="3">遵守课堂纪律，维护课堂秩序</td><td>4</td><td></td></tr>
<tr><td colspan="3">守正创新，自信自强</td><td>2</td><td></td></tr>
<tr><td colspan="5">合计</td><td>100</td><td></td></tr>
<tr><td>自我评价</td><td colspan="6"></td></tr>
<tr><td>指导教师评价</td><td colspan="6"></td></tr>
</table>

项目 3 分析与设计组合逻辑电路

知识目标

- 熟悉组合逻辑电路的分析和设计方法。
- 掌握常用组合逻辑器件的结构和逻辑功能。
- 掌握组合逻辑电路的竞争-冒险现象。
- 掌握组合逻辑电路竞争-冒险现象的判别和消除方法。

技能目标

- 能分析编译码显示电路的逻辑功能。
- 能用 Multisim 14 仿真编译码显示电路。
- 能测试编译码显示电路。

素质目标

- 培养一丝不苟、专心致志的学习习惯。
- 弘扬执着专注、精益求精的工匠精神。

项目导入

在现代电子科技领域，组合逻辑电路已成为推动技术发展、助力产品创新的重要工具。组合逻辑电路将若干个门电路组合在一起共同实现逻辑功能，它可将二进制代码转换为人们熟悉的信息并输出，从而实现人机交互功能。目前，组合逻辑电路已广泛应用于通信、家居、交通、医疗等多个领域。

本项目要求学生掌握组合逻辑电路的基本知识，并在此基础上测试编译码显示电路，知识与技能要求如表 3-1 所示。

表 3-1　知识与技能要求

项目内容	分析与设计组合逻辑电路	学习程度		
		识记	理解	应用
学习任务	组合逻辑电路	●		
	编码器		●	
	译码器		●	
	数据选择器		●	
	加法器		●	
	数值比较器		●	
	组合逻辑电路的竞争-冒险现象		●	
实训任务	测试编译码显示电路			●
自我勉励				

项目工单

1. 学生分组

学生以 3～5 人为一组进行分组，各小组选出组长并进行任务分工，将小组成员及分工情况填入表 3-2 中。

表 3-2　小组成员及分工情况

班级		组号		指导教师	
小组成员	姓名	学号	任务分工		
组长					
组员					

2. 工作计划

各小组查阅资料，熟悉组合逻辑电路的基本知识，制订工作计划，并将其填入表 3-3 中。

表 3-3　工作计划

序号	工作内容	负责人

3．工作准备

各小组准备实施所需的工具和器材，并将其填入表 3-4 中。

表 3-4　实施所需的工具和器材

序号	名称	规格与型号	单位	数量	备注

4．工作实施

各小组按工作计划，测试编译码显示电路，将实施步骤、实施内容及遇到的问题、解决办法等填入表 3-5 中。

表 3-5　工作实施过程记录表

序号	实施步骤	实施内容及遇到的问题	解决办法

3.1 组合逻辑电路

3.1.1 组合逻辑电路的定义

如果逻辑电路在任意时刻的输出状态仅取决于该时刻的输入状态，而与前一时刻的输出状态无关，那么这种逻辑电路称为组合逻辑电路。组合逻辑电路的结构如图 3-1 所示。

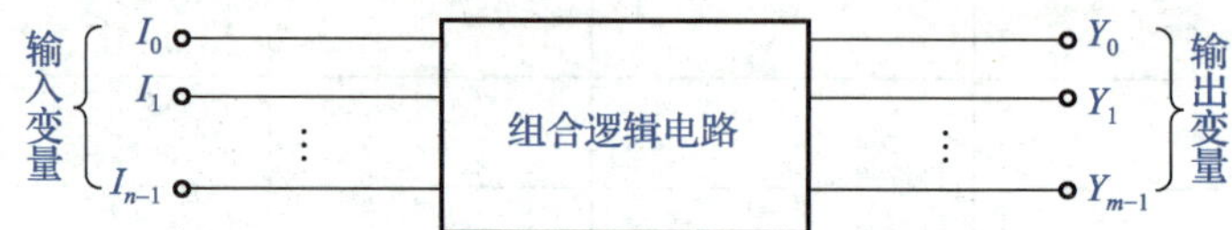

图 3-1 组合逻辑电路的结构

若 I_0、I_1、…、I_{n-1} 为 n 个输入信号，Y_0、Y_1、…、Y_{m-1} 为 m 个输出信号，则组合逻辑电路的逻辑函数可表示为

$$Y_i = F_i(I_0, I_1, \cdots, I_{n-1}) \quad (i = 0,1,2,\cdots,m-1) \tag{3-1}$$

头脑风暴

请思考：组合逻辑电路有什么特点？

3.1.2 组合逻辑电路的分析方法

分析组合逻辑电路的目的是根据给定的逻辑电路，确定其逻辑功能，分析方法如下。

（1）列出逻辑表达式。根据已知的逻辑电路，写出各级输入到输出的逻辑表达式，并化简或变换逻辑表达式，最终得到逻辑电路的逻辑表达式。

（2）列出逻辑电路的真值表。列出输入逻辑变量的全部取值组合，求出对应的输出值，并得到真值表。

（3）分析逻辑功能。根据逻辑表达式或真值表对逻辑电路进行分析，确定其逻辑功能。

【例 3-1】 某组合逻辑电路如图 3-2 所示。试分析该逻辑电路的逻辑功能。

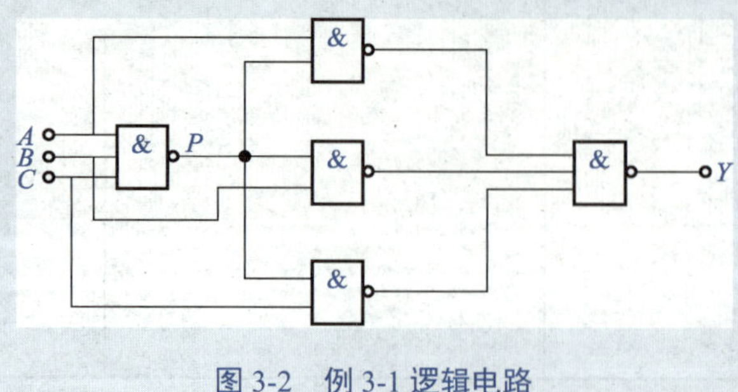

图 3-2 例 3-1 逻辑电路

解：（1）列逻辑表达式。为得到该逻辑电路的逻辑表达式，可借助中间变量 P，令 $P=\overline{ABC}$，则该逻辑电路的逻辑表达式为

$$
\begin{aligned}
Y &= \overline{\overline{AP}\,\overline{BP}\,\overline{CP}} \\
&= AP+BP+CP \\
&= A\overline{ABC}+B\overline{ABC}+C\overline{ABC} \\
&= \overline{ABC}(A+B+C) \\
&= \overline{ABC+\overline{A}\,\overline{B}\,\overline{C}}
\end{aligned}
$$

（2）列真值表。根据逻辑表达式，得到该逻辑电路的真值表，如表 3-6 所示。

表 3-6　例 3-1 真值表

输入			输出
A	B	C	Y
0	0	0	0
0	0	1	1
0	1	0	1
0	1	1	1
1	0	0	1
1	0	1	1
1	1	0	1
1	1	1	0

（3）分析逻辑功能。由表 3-6 可知，当 A、B、C 相同时，$Y=0$；而当 A、B、C 不同时，$Y=1$。因此，该组合逻辑电路可实现异或运算。

学思践悟

通过分析组合逻辑电路，可让我们更加深刻地理解组合逻辑电路的逻辑功能。在分析组合逻辑电路时，首先要根据逻辑电路列出逻辑表达式，然后根据逻辑表达式列出真值表，最后才能正确分析组合逻辑电路的逻辑功能。如果分析过程中的任一环节出现错误，那么就不能正确分析组合逻辑电路的逻辑功能，这就要求我们在分析组合逻辑电路时做到一丝不苟、专心致志。在工作中亦是如此，我们每个人都应养成执着专注、精益求精的工作习惯，从而不断提升自己的工作能力，以获得良好的职业发展。

3.1.3　组合逻辑电路的设计方法

设计组合逻辑电路的目的是根据逻辑功能的要求设计最佳的组合逻辑电路，设计方法如下。

（1）对实际逻辑问题进行逻辑抽象，确定输入、输出变量的个数，并确定逻辑 0 和逻辑 1 所代表的含义。

（2）按逻辑功能的要求，列出真值表。

（3）根据真值表，列出逻辑电路的逻辑表达式，并化简和变换逻辑表达式。

（4）根据化简和变换后的逻辑表达式，画出逻辑电路。

【例 3-2】 用与非门设计一个楼上、楼下开关控制的逻辑电路，来控制楼梯上的电灯。在上楼前用楼下开关打开电灯，上楼后用楼上开关关闭电灯；或者在下楼前用楼上开关打开电灯，下楼后用楼下开关关闭电灯。

解：（1）逻辑抽象。假设楼上开关的状态为 A，楼下开关的状态为 B，开关闭合为 1，开关断开为 0；另假设电灯的状态为 Y，电灯亮为 1，电灯灭为 0。

（2）列真值表。根据逻辑功能的要求列出真值表，如表 3-7 所示。

表 3-7 例 3-2 真值表

输入		输出
A	B	Y
0	0	0
0	1	1
1	0	1
1	1	0

（3）列逻辑表达式。由表 3-7 列出逻辑表达式，即

$$\begin{aligned} Y &= \overline{A}B + A\overline{B} \\ &= \overline{\overline{\overline{A}B}\;\overline{A\overline{B}}} \\ &= \overline{\overline{\overline{AB}B}\;\overline{A\overline{AB}}} \end{aligned}$$

（4）画逻辑电路。根据逻辑表达式画出逻辑电路，如图 3-3 所示。

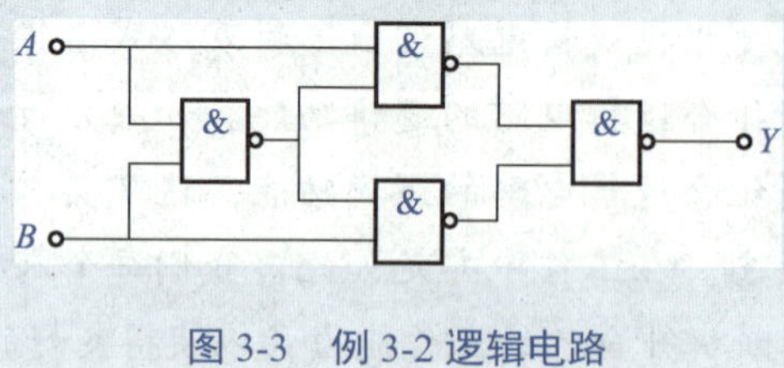

图 3-3 例 3-2 逻辑电路

头脑风暴

请思考：组合逻辑电路的分析与设计方法之间有什么区别？

3.2　编码器

可将具有特定含义的输入信号转换为二进制代码的逻辑电路称为编码器。按编码方式的不同，编码器可分为普通编码器和优先编码器两种，而普通编码器又可分为二进制编码器、二-十进制编码器等。

3.2.1　二进制编码器

二进制编码器可用 n 位二进制代码对 2^n 个信号进行编码。若二进制编码器的输入为 4 个信号，输出为 2 位代码，则该二进制编码器称为 4 线-2 线编码器，其功能表如表 3-8 所示。

表 3-8　4 线-2 线编码器的功能表

输入				输出	
I_3	I_2	I_1	I_0	Y_1	Y_0
0	0	0	1	0	0
0	0	1	0	0	1
0	1	0	0	1	0
1	0	0	0	1	1

4 线-2 线编码器输入高电平有效，并以原码的形式输出。因此，4 线-2 线编码器的逻辑表达式为

$$\begin{cases} Y_1 = \overline{I_3} I_2 \overline{I_1}\,\overline{I_0} + I_3 \overline{I_2}\,\overline{I_1}\,\overline{I_0} \\ Y_0 = \overline{I_3}\,\overline{I_2} I_1 \overline{I_0} + I_3 \overline{I_2}\,\overline{I_1}\,\overline{I_0} \end{cases} \tag{3-2}$$

根据式（3-2）可画出 4 线-2 线编码器的逻辑电路，如图 3-4 所示。

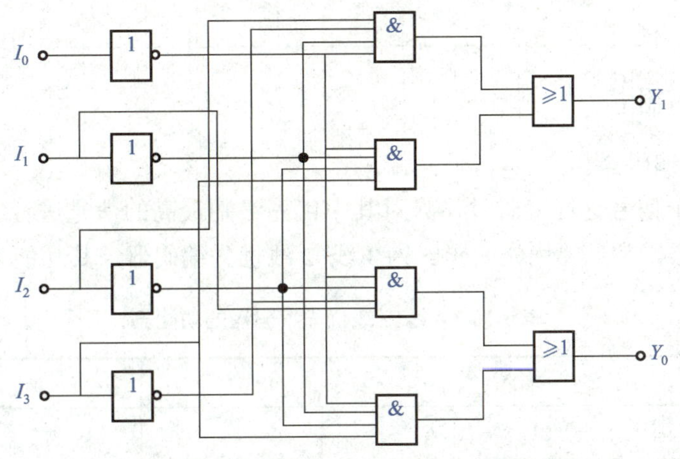

图 3-4　4 线-2 线编码器的逻辑电路

3.2.2 二-十进制编码器

二-十进制编码器是将 0～9 这 10 个十进制数转换为二进制代码的电路。常见的二-十进制编码器为 8421 BCD 码编码器，其功能表如表 3-9 所示。其中，输入 $I_0 \sim I_9$ 分别代表 0～9 这 10 个数，输出 $Y_3 \sim Y_0$ 为对应的二进制代码。8421 BCD 码编码器输入高电平有效，并以原码的形式输出。

表 3-9 8421 BCD 码编码器的功能表

输入										输出			
I_9	I_8	I_7	I_6	I_5	I_4	I_3	I_2	I_1	I_0	Y_3	Y_2	Y_1	Y_0
0	0	0	0	0	0	0	0	0	1	0	0	0	0
0	0	0	0	0	0	0	0	1	0	0	0	0	1
0	0	0	0	0	0	0	1	0	0	0	0	1	0
0	0	0	0	0	0	1	0	0	0	0	0	1	1
0	0	0	0	0	1	0	0	0	0	0	1	0	0
0	0	0	0	1	0	0	0	0	0	0	1	0	1
0	0	0	1	0	0	0	0	0	0	0	1	1	0
0	0	1	0	0	0	0	0	0	0	0	1	1	1
0	1	0	0	0	0	0	0	0	0	1	0	0	0
1	0	0	0	0	0	0	0	0	0	1	0	0	1

由表 3-9 可知，$I_0 \sim I_9$ 分别与十进制数 0～9 对应，且对应的输出代码正好是 8421 BCD 码。

若要对 10 个信号进行编码，则至少需要 4 位二进制代码。因此，二-十进制编码器的输出为 4 位。

3.2.3 优先编码器

1. 普通优先编码器

当同时对多个信号进行编码时，只对其中优先级别最高的信号进行编码，这样的编码器称为优先编码器。常见的优先编码器为 4 线-2 线优先编码器，其功能表如表 3-10 所示。

表 3-10 4 线-2 线优先编码器的功能表

输入				输出	
I_3	I_2	I_1	I_0	Y_1	Y_0
1	×	×	×	1	1
0	1	×	×	1	0

（续表）

输入				输出	
I_3	I_2	I_1	I_0	Y_1	Y_0
0	0	1	×	0	1
0	0	0	1	0	0

注：“×”表示无效输入，无论输入为 0 还是为 1，均不影响输出结果。

由表 3-10 可知，4 线-2 线优先编码器 4 个输入的优先级别从高到低依次为 I_3、I_2、I_1、I_0。对于 I_3，当其以有效电平（高电平）输入时，无论其他 3 个输入是否为有效电平，4 线-2 线优先编码器都只对 I_3 进行编码，且输出均为 11。因此，4 线-2 线优先编码器的逻辑表达式为

$$\begin{cases} Y_1 = I_3 + \overline{I_3} I_2 \\ Y_0 = I_3 + \overline{I_3}\,\overline{I_2} I_1 \end{cases} \tag{3-3}$$

注 意

优先编码器各输入之间有不同的优先级别，编码时优先编码器只对其中优先级别最高的输入进行编码。因此，在编码时要规定好各输入的优先级别。

2．集成优先编码器

74LS148 是一种常见的 8 线-3 线集成优先编码器，其逻辑符号和引脚排列如图 3-5 所示，功能表如表 3-11 所示。

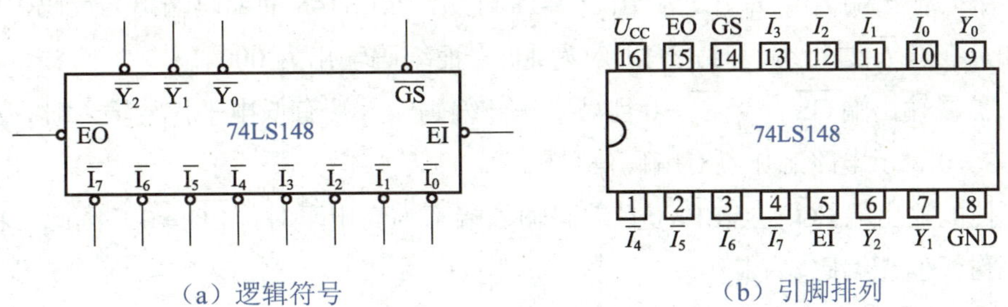

（a）逻辑符号　　（b）引脚排列

图 3-5　74LS148 的逻辑符号和引脚排列

表 3-11　74LS148 的功能表

输入									输出				
$\overline{EI}$	$\overline{I_7}$	$\overline{I_6}$	$\overline{I_5}$	$\overline{I_4}$	$\overline{I_3}$	$\overline{I_2}$	$\overline{I_1}$	$\overline{I_0}$	$\overline{Y_2}$	$\overline{Y_1}$	$\overline{Y_0}$	$\overline{GS}$	$\overline{EO}$
1	×	×	×	×	×	×	×	×	1	1	1	1	1
0	1	1	1	1	1	1	1	1	1	1	1	1	0
0	0	×	×	×	×	×	×	×	0	0	0	0	1

（续表）

输入									输出				
$\overline{EI}$	$\overline{I_7}$	$\overline{I_6}$	$\overline{I_5}$	$\overline{I_4}$	$\overline{I_3}$	$\overline{I_2}$	$\overline{I_1}$	$\overline{I_0}$	$\overline{Y_2}$	$\overline{Y_1}$	$\overline{Y_0}$	$\overline{GS}$	$\overline{EO}$
0	1	0	×	×	×	×	×	×	0	0	1	0	1
0	1	1	0	×	×	×	×	×	0	1	0	0	1
0	1	1	1	0	×	×	×	×	0	1	1	0	1
0	1	1	1	1	0	×	×	×	1	0	0	0	1
0	1	1	1	1	1	0	×	×	1	0	1	0	1
0	1	1	1	1	1	1	0	×	1	1	0	0	1
0	1	1	1	1	1	1	1	0	1	1	1	0	1

由表 3-11 可知，74LS148 输入低电平有效，其优先级别从高到低依次为$\overline{I_7}$、$\overline{I_6}$、$\overline{I_5}$、$\overline{I_4}$、$\overline{I_3}$、$\overline{I_2}$、$\overline{I_1}$、$\overline{I_0}$，且$\overline{Y_2}$、$\overline{Y_1}$、$\overline{Y_0}$以反码的形式输出。74LS148 各引脚的逻辑功能如下。

（1）使能输入端$\overline{EI}$。当$\overline{EI}=0$时，编码器正常工作；当$\overline{EI}=1$时，无论有无编码输入，所有的输出端均被锁定在高电平，即编码器不工作。

（2）编码输入端$\overline{I_7}\sim\overline{I_0}$。当$\overline{EI}=0$时，编码器允许$\overline{I_7}\sim\overline{I_0}$中同时有几个编码输入端为低电平，即有编码输入。当$\overline{I_7}=0$时，无论其他编码输入端有无编码输入，编码器只对$\overline{I_7}$进行编码；当$\overline{I_7}=1$、$\overline{I_6}=0$时，无论其他编码输入端是否有编码输入，编码器只对$\overline{I_6}$进行编码；其余依次类推。

（3）编码输出端$\overline{Y_2}$、$\overline{Y_1}$、$\overline{Y_0}$。由表 3-11 可知，74LS148 的编码输出为反码，低电平有效。例如，在对$\overline{I_7}$进行编码时，输出应为 111，而编码输出为 000。

（4）扩展输出端$\overline{GS}$。当$\overline{EI}=0$且只要任一编码输入端有低电平信号输入时，$\overline{GS}=0$。因此，$\overline{GS}=0$表示电路工作且有编码信号输入。

（5）使能输出端$\overline{EO}$。当$\overline{EI}=0$且编码输入端都为高电平时，$\overline{EO}=0$。因此，$\overline{EO}=0$表示电路工作，但无编码输入。

笔记

3.3　译码器

译码是将表示特定意义的二进制代码转换为另一种代码或高、低电平输出，因此译码是编码的反操作。实现译码功能的逻辑电路称为译码器。译码器可分为变量译码器和显示译码器两种。其中，变量译码器又可分为二进制译码器和非二进制译码器两种；按显示材料的不同，显示译码器可分为荧光译码器、发光二极管译码器、液晶显示译码器等，按显示内容的不同可分为文字译码器、数字译码器、符号译码器等。

3.3.1　二进制译码器

将输入二进制代码转换为相应输出信号的逻辑电路，称为二进制译码器。二进制译码器的输入是二进制代码，输出是与输入代码一一对应的有效电平信号。常用的集成二进制译码器有 2 线-4 线译码器、3 线-8 线译码器、4 线-16 线译码器等。下面以 3 线-8 线译码器为例进行介绍。

74LS138 是一种常见的 3 线-8 线集成二进制译码器，其逻辑符号和引脚排列如图 3-6 所示，功能表如表 3-12 所示。74LS138 设置了 G_1、$\overline{G_{2A}}$、$\overline{G_{2B}}$ 三个使能端，当 $G_1=1$、$\overline{G_{2A}}=\overline{G_{2B}}=0$ 时，74LS138 处于工作状态。

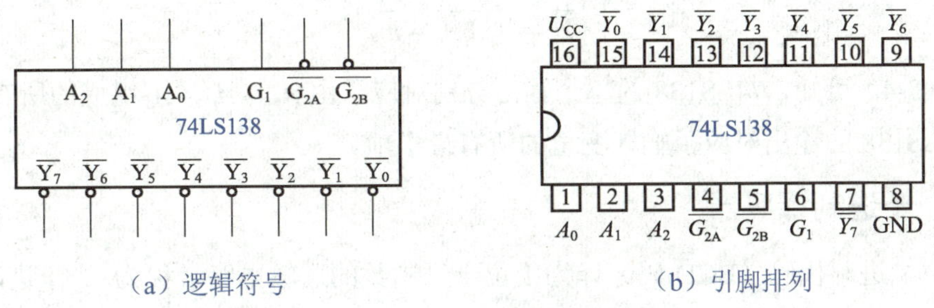

（a）逻辑符号　（b）引脚排列

图 3-6　74LS138 的逻辑符号和引脚排列

表 3-12　74LS138 的功能表

输入					输出							
G_1	$\overline{G_{2A}}+\overline{G_{2B}}$	A_2	A_1	A_0	$\overline{Y_7}$	$\overline{Y_6}$	$\overline{Y_5}$	$\overline{Y_4}$	$\overline{Y_3}$	$\overline{Y_2}$	$\overline{Y_1}$	$\overline{Y_0}$
×	1	×	×	×	1	1	1	1	1	1	1	1
0	×	×	×	×	1	1	1	1	1	1	1	1
1	0	0	0	0	1	1	1	1	1	1	1	0
1	0	0	0	1	1	1	1	1	1	1	0	1
1	0	0	1	0	1	1	1	1	1	0	1	1
1	0	0	1	1	1	1	1	1	0	1	1	1

（续表）

输入					输出							
G_1	$\overline{G_{2A}}+\overline{G_{2B}}$	A_2	A_1	A_0	$\overline{Y_7}$	$\overline{Y_6}$	$\overline{Y_5}$	$\overline{Y_4}$	$\overline{Y_3}$	$\overline{Y_2}$	$\overline{Y_1}$	$\overline{Y_0}$
1	0	1	0	0	1	1	1	0	1	1	1	1
1	0	1	0	1	1	1	0	1	1	1	1	1
1	0	1	1	0	1	0	1	1	1	1	1	1
1	0	1	1	1	0	1	1	1	1	1	1	1

74LS138 的逻辑表达式为

$$\begin{cases}\overline{Y_0}=\overline{\overline{A_2}\,\overline{A_1}\,\overline{A_0}}=\overline{m_0}\\ \overline{Y_1}=\overline{\overline{A_2}\,\overline{A_1}A_0}=\overline{m_1}\\ \overline{Y_2}=\overline{\overline{A_2}A_1\overline{A_0}}=\overline{m_2}\\ \overline{Y_3}=\overline{\overline{A_2}A_1A_0}=\overline{m_3}\\ \overline{Y_4}=\overline{A_2\overline{A_1}\,\overline{A_0}}=\overline{m_4}\\ \overline{Y_5}=\overline{A_2\overline{A_1}A_0}=\overline{m_5}\\ \overline{Y_6}=\overline{A_2A_1\overline{A_0}}=\overline{m_6}\\ \overline{Y_7}=\overline{A_2A_1A_0}=\overline{m_7}\end{cases} \tag{3-4}$$

由式（3-4）可知，74LS138 的每个输出分别对应了由 A_2、A_1、A_0 组成的所有最小项的非，即 74LS138 的输出对应了输入变量的所有最小项。

3.3.2　二-十进制译码器

将 4 位二进制代码（BCD 码）译为 1 位十进制数的逻辑电路，称为二-十进制译码器。以 8421 BCD 码译码器为例，它有 4 个输入端，10 个输出端，因此又称 4 线-10 线译码器。74LS42 是一种常见的 4 线-10 线 8421 BCD 码译码器，其逻辑符号和引脚排列如图 3-7 所示，功能表如表 3-13 所示。

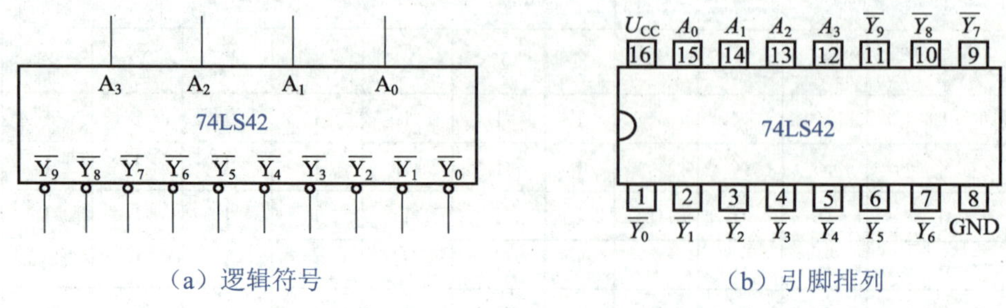

（a）逻辑符号　　（b）引脚排列

图 3-7　74LS42 的逻辑符号和引脚排列

表 3-13　74LS42 的功能表

十进制数	输入				输出									
	A_3	A_2	A_1	A_0	$\overline{Y_9}$	$\overline{Y_8}$	$\overline{Y_7}$	$\overline{Y_6}$	$\overline{Y_5}$	$\overline{Y_4}$	$\overline{Y_3}$	$\overline{Y_2}$	$\overline{Y_1}$	$\overline{Y_0}$
0	0	0	0	0	1	1	1	1	1	1	1	1	1	0
1	0	0	0	1	1	1	1	1	1	1	1	1	0	1
2	0	0	1	0	1	1	1	1	1	1	1	0	1	1
3	0	0	1	1	1	1	1	1	1	1	0	1	1	1
4	0	1	0	0	1	1	1	1	1	0	1	1	1	1
5	0	1	0	1	1	1	1	1	0	1	1	1	1	1
6	0	1	1	0	1	1	1	0	1	1	1	1	1	1
7	0	1	1	1	1	1	0	1	1	1	1	1	1	1
8	1	0	0	0	1	0	1	1	1	1	1	1	1	1
9	1	0	0	1	0	1	1	1	1	1	1	1	1	1

由表 3-13 可知，74LS42 的输入为 8421 BCD 码，输出分别与十进制数 0～9 对应。因此，74LS42 的逻辑表达式为

$$\begin{cases}
\overline{Y_0} = \overline{\overline{A_3}\,\overline{A_2}\,\overline{A_1}\,\overline{A_0}} = \overline{m_0} \\
\overline{Y_1} = \overline{\overline{A_3}\,\overline{A_2}\,\overline{A_1}A_0} = \overline{m_1} \\
\overline{Y_2} = \overline{\overline{A_3}\,\overline{A_2}A_1\overline{A_0}} = \overline{m_2} \\
\overline{Y_3} = \overline{\overline{A_3}\,\overline{A_2}A_1A_0} = \overline{m_3} \\
\overline{Y_4} = \overline{\overline{A_3}A_2\overline{A_1}\,\overline{A_0}} = \overline{m_4} \\
\overline{Y_5} = \overline{\overline{A_3}A_2\overline{A_1}A_0} = \overline{m_5} \\
\overline{Y_6} = \overline{\overline{A_3}A_2A_1\overline{A_0}} = \overline{m_6} \\
\overline{Y_7} = \overline{\overline{A_3}A_2A_1A_0} = \overline{m_7} \\
\overline{Y_8} = \overline{A_3\overline{A_2}\,\overline{A_1}\,\overline{A_0}} = \overline{m_8} \\
\overline{Y_9} = \overline{A_3\overline{A_2}\,\overline{A_1}A_0} = \overline{m_9}
\end{cases} \tag{3-5}$$

点拨

在 74LS42 的功能表中，没有使用代码 1010～1111，因此这些代码称为伪码。当输入伪码时，74LS42 的所有输出均为高电平，不会出现低电平，因此该译码器不会产生错误译码。

3.3.3 显示译码器

在数字电路中，经常需要将测量和运算的结果用数字或符号直观地显示出来，以便观测，因此需要用到数码显示电路。数码显示电路通常由数码显示器、驱动器、显示译码器等组成，其结构如图 3-8 所示。

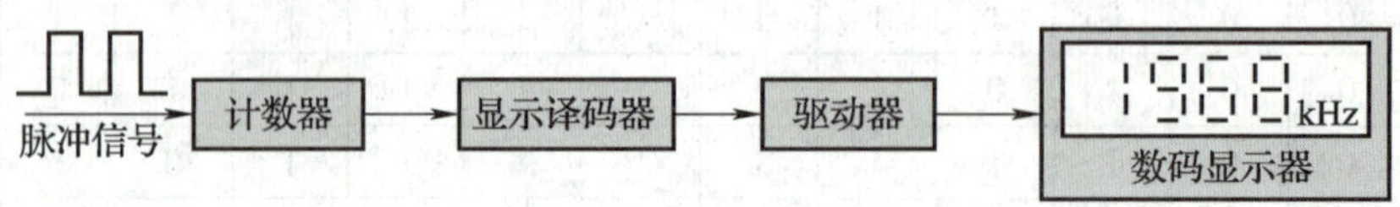

图 3-8 数码显示电路的结构

1. 七段数码显示器

七段数码显示器是由 7 个发光二极管（若加小数点则为 8 个）按一定的方式排列而成的，其引脚 *a*、*b*、*c*、*d*、*e*、*f*、*g* 和小数点 DP 各对应一个发光二极管。七段数码显示器的引脚排列和发光段组合如图 3-9 所示。

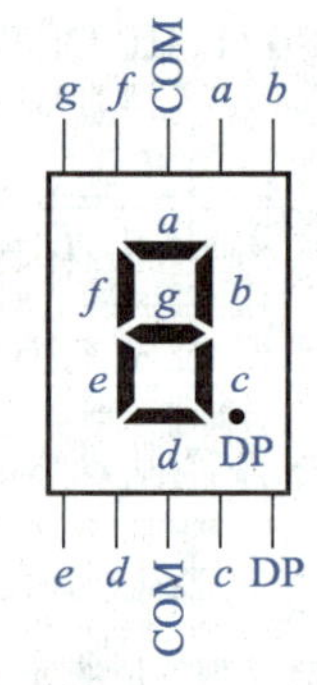

（a）引脚排列

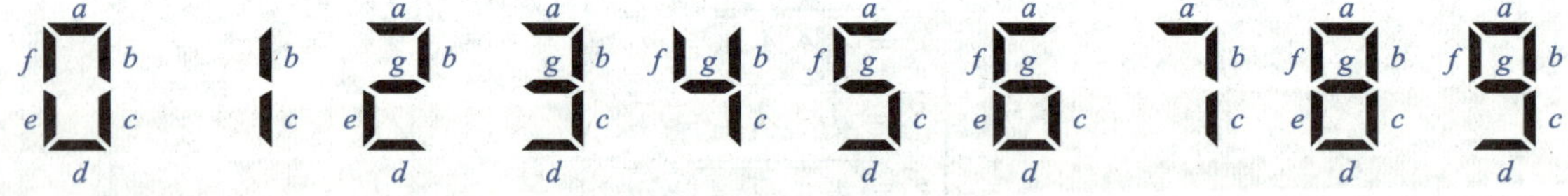

（b）发光段组合

图 3-9 七段数码显示器的引脚排列和发光段组合

七段数码显示器的内部有共阳极和共阴极两种接法，如图 3-10 所示。在将七段显示译码器与七段数码显示器连接时，应将输出低电平有效的七段显示译码器与共阳极七段数码显示器连接，而将输出高电平有效的七段显示译码器与共阴极七段数码显示器连接。

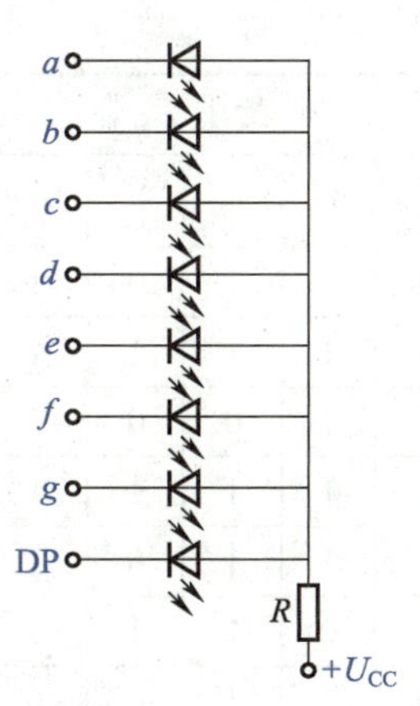

（a）共阳极接法

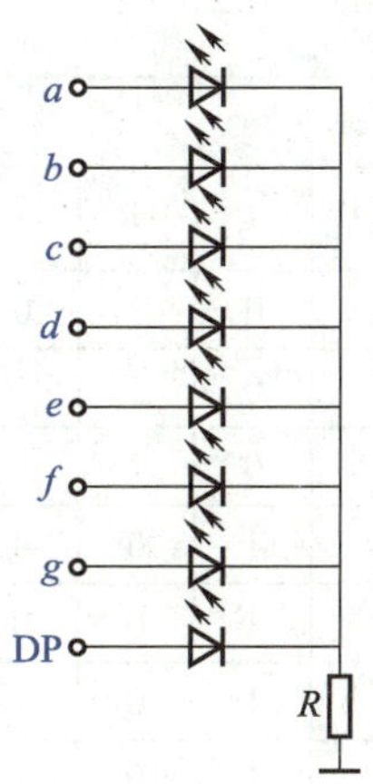

（b）共阴极接法

图 3-10　七段数码显示器的内部接法

2. 七段显示译码器

用于驱动七段数码显示器的译码器称为七段显示译码器。它主要有以下两种。

（1）输出低电平有效，可与共阳极七段数码显示器搭配，如 74LS47。

（2）输出高电平有效，可与共阴极七段数码显示器搭配，如 74LS48。

下面以 74LS48 为例来介绍七段显示译码器的逻辑功能。74LS48 的逻辑符号和引脚排列如图 3-11 所示，其功能表如表 3-14 所示。

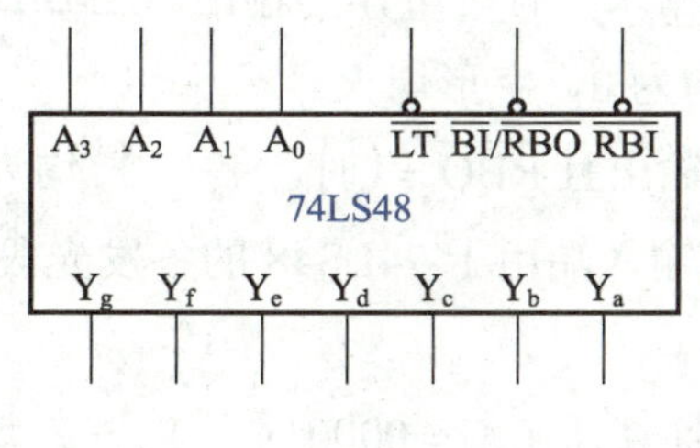

（a）逻辑符号

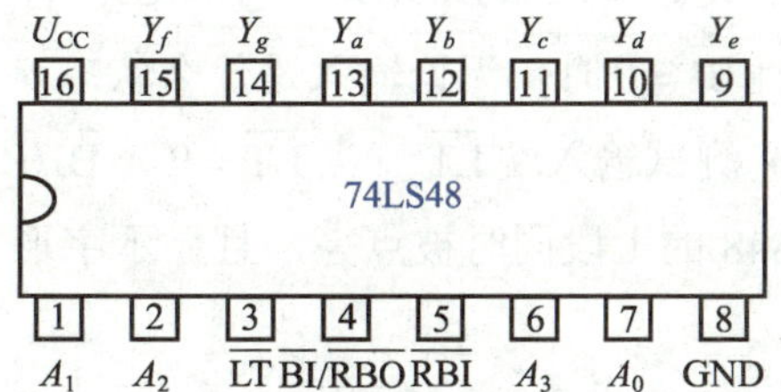

（b）引脚排列

图 3-11　74LS48 的逻辑符号和引脚排列

表 3-14　74LS48 的功能表

输入							输出							显示
$\overline{LT}$	$\overline{RBI}$	$\overline{BI}/\overline{RBI}$	A_3	A_2	A_1	A_0	Y_a	Y_b	Y_c	Y_d	Y_e	Y_f	Y_g	
1	1	1	0	0	0	0	1	1	1	1	1	1	0	0
1	×	1	0	0	0	1	0	1	1	0	0	0	0	1
1	×	1	0	0	1	0	1	1	0	1	1	0	1	2
1	×	1	0	0	1	1	1	1	1	1	0	0	1	3
1	×	1	0	1	0	0	0	1	1	0	0	1	1	4

（续表）

输入							输出							显示
$\overline{LT}$	$\overline{RBI}$	$\overline{BI}/\overline{RBI}$	A_3	A_2	A_1	A_0	Y_a	Y_b	Y_c	Y_d	Y_e	Y_f	Y_g	
1	×	1	0	1	0	1	1	0	1	1	0	1	1	5
1	×	1	0	1	1	0	1	0	1	1	1	1	1	6
1	×	1	0	1	1	1	1	1	1	0	0	0	0	7
1	×	1	1	0	0	0	1	1	1	1	1	1	1	8
1	×	1	1	0	0	1	1	1	1	1	0	1	1	9
1	×	1	1	0	1	0	0	0	0	1	1	0	1	无效
1	×	1	1	0	1	1	0	0	1	1	0	0	1	无效
1	×	1	1	1	0	0	0	1	0	0	0	1	1	无效
1	×	1	1	1	0	1	1	0	0	1	0	1	1	无效
1	×	1	1	1	1	0	0	0	0	1	1	1	1	无效
1	×	1	1	1	1	1	0	0	0	0	0	0	0	无效
×	×	0	×	×	×	×	0	0	0	0	1	0	0	全暗
1	0	0	0	0	0	0	0	0	0	0	0	0	0	全暗
0	×	1	×	×	×	×	1	1	1	1	1	1	1	8

74LS48 有三个辅助控制端，各自的逻辑功能如下。

（1）灭灯输入端 $\overline{BI}/\overline{RBO}$。$\overline{BI}/\overline{RBO}$ 有时可作为输入，有时可作为输出。当 $\overline{BI}/\overline{RBO}$ 作为输入且 $\overline{BI}=0$ 时，无论输入是什么状态，$Y_a \sim Y_g$ 均为 0，字形熄灭。

（2）测试输入端 $\overline{LT}$。当 $\overline{LT}=0$、$\overline{BI}/\overline{RBO}$ 作为输出且 $\overline{RBO}=1$ 时，$Y_a \sim Y_g$ 均为 1，此时 74LS48 的七段同时被点亮，且显示字形“8”。本输入端用于 74LS48 的各发光段能否正常发光。

（3）动态灭零输入端 $\overline{RBI}$。当 $\overline{RBI}=0$、$\overline{LT}=1$ 且 $A_3A_2A_1A_0=0000$ 时，$Y_a \sim Y_g$ 均为 0，74LS48 没有任何显示。此时，$\overline{BI}/\overline{RBO}$ 作为输出且 $\overline{RBO}=0$。

请思考：若用 74LS48 显示数字“5”，则其输入端该如何设置？

笔记

3.4　数据选择器

数据选择是指经过选择，将多个通道的数据传送到唯一的公共数据通道上去。实现数据选择功能的逻辑电路称为数据选择器，其功能示意如图 3-12 所示。

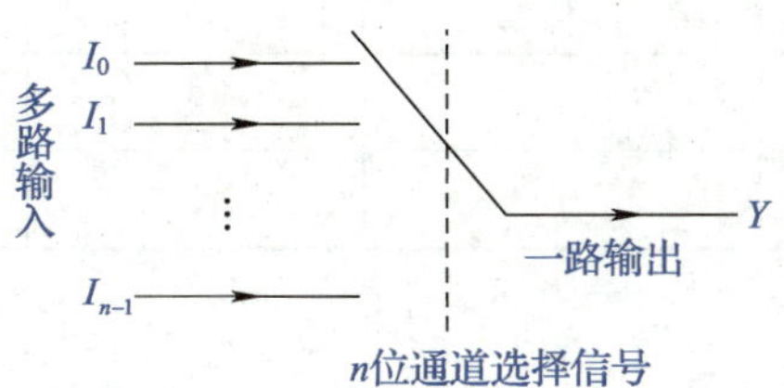

图 3-12　数据选择器的功能示意

数据选择器有地址输入信号（即图 3-12 中的 *n* 位通道选择信号），其作用是确定选择哪路数据输入或数据从哪路通道输出。

常用的集成数据选择器有 74LS151、74LS153 等，下面以 74LS151 为例进行介绍。74LS151 是一种典型的 8 选 1 集成数据选择器，它有 3 个地址输入端 A_2、A_1、A_0，可选择 D_0～D_7 共 8 个数据源，同时具有两个互补输出端 Y 和 $\overline{Y}$。$\overline{\text{EN}}$ 为使能端，低电平有效。如图 3-13 所示为 74LS151 的逻辑符号和引脚排列，其功能表如表 3-15 所示。

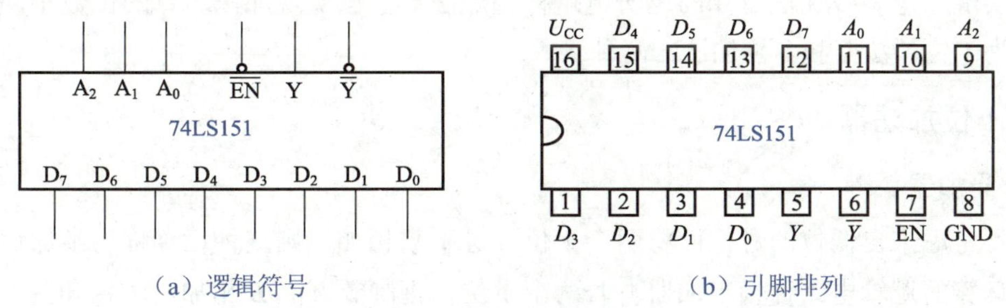

（a）逻辑符号　　（b）引脚排列

图 3-13　74LS151 的逻辑符号和引脚排列

表 3-15　74LS151 的功能表

输入				输出	
$\overline{\text{EN}}$	A_2	A_1	A_0	Y	$\overline{Y}$
1	×	×	×	0	1
0	0	0	0	D_0	$\overline{D_0}$
0	0	0	1	D_1	$\overline{D_1}$
0	0	1	0	D_2	$\overline{D_2}$
0	0	1	1	D_3	$\overline{D_3}$

（续表）

输入				输出	
$\overline{EN}$	A_2	A_1	A_0	Y	$\overline{Y}$
0	1	0	0	D_4	$\overline{D_4}$
0	1	0	1	D_5	$\overline{D_5}$
0	1	1	0	D_6	$\overline{D_6}$
0	1	1	1	D_7	$\overline{D_7}$

74LS151 的逻辑功能如下。

（1）当 $\overline{EN}=1$ 时，74LS151 被封锁，无论 A_2、A_1、A_0 取何值，Y 总为 0。

（2）当 $\overline{EN}=0$ 时，有

$$\begin{aligned}Y(A_2,A_1,A_0)=&\overline{A_2}\,\overline{A_1}\,\overline{A_0}D_0+\overline{A_2}\,\overline{A_1}A_0D_1+\overline{A_2}A_1\overline{A_0}D_2+\overline{A_2}A_1A_0D_3+A_2\overline{A_1}\,\overline{A_0}D_4+\\&A_2\overline{A_1}A_0D_5+A_2A_1\overline{A_0}D_6+A_2A_1A_0D_7\\=&m_0D_0+m_1D_1+m_2D_2+m_3D_3+m_4D_4+m_5D_5+m_6D_6+m_7D_7\end{aligned} \tag{3-6}$$

3.5 加法器

能实现二进制数加法运算的逻辑电路称为加法器。按实现加法运算的位数不同，加法器可分为 1 位加法器和多位加法器两种。

3.5.1 1 位加法器

1．半加器

若不考虑来自低位的进位而将两个 1 位二进制数相加，则这种运算称为半加运算。实现半加运算的逻辑电路称为半加器。若两个 1 位二进制数 A 和 B 相加，本位和为 S，向高位的进位为 C，则半加器的功能表如表 3-16 所示。

表 3-16 半加器的功能表

输入		输出	
A	B	S	C
0	0	0	0
0	1	1	0
1	0	1	0
1	1	0	1

由表 3-16 可得，半加器的逻辑表达式为

$$\begin{cases} S = \overline{A}B + A\overline{B} = A \oplus B \\ C = AB \end{cases} \tag{3-7}$$

半加器是由异或门和与门组成的，其逻辑电路和逻辑符号如图3-14所示。

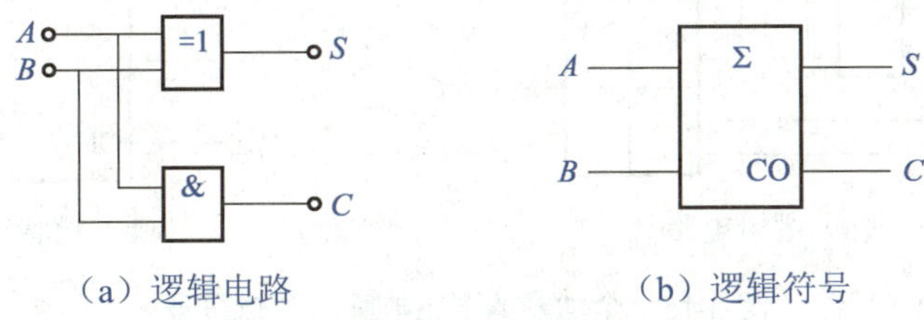

图3-14　半加器的逻辑电路和逻辑符号

2．全加器

若将两个多位二进制数相加，除了将两个同位数相加外，还加上来自相邻低位的进位，则这种运算称为全加运算。实现全加运算的逻辑电路称为全加器。若两个1位二进制数 A_i 和 B_i 相加，C_{i-1} 表示低位向本位的进位，本位和为 S_i，向高位的进位为 C_i，则全加器的功能表如表3-17所示。

表3-17　全加器的功能表

输入			输出	
A_i	B_i	C_{i-1}	S_i	C_i
0	0	0	0	0
0	0	1	1	0
0	1	0	1	0
0	1	1	0	1
1	0	0	1	0
1	0	1	0	1
1	1	0	0	1
1	1	1	1	1

全加器的逻辑表达式为

$$\begin{aligned} S_i &= \overline{A_i}\,\overline{B_i}C_{i-1} + \overline{A_i}B_i\overline{C_{i-1}} + A_i\overline{B_i}\,\overline{C_{i-1}} + A_iB_iC_{i-1} \\ &= (\overline{A_i}\,\overline{B_i} + A_iB_i)C_{i-1} + (\overline{A_i}B_i + A_i\overline{B_i})\overline{C_{i-1}} \\ &= \overline{(A_i \oplus B_i)}C_{i-1} + (A_i \oplus B_i)\overline{C_{i-1}} \\ &= A_i \oplus B_i \oplus C_{i-1} \end{aligned} \tag{3-8}$$

$$\begin{aligned} C_i &= \overline{A_i}B_iC_{i-1} + A_i\overline{B_i}C_{i-1} + A_iB_i\overline{C_{i-1}} + A_iB_iC_{i-1} \\ &= (\overline{A_i}B_i + A_i\overline{B_i})C_{i-1} + A_iB_i(\overline{C_{i-1}} + C_{i-1}) \\ &= (A_i \oplus B_i)C_{i-1} + A_iB_i \end{aligned} \tag{3-9}$$

全加器的逻辑电路和逻辑符号如图3-15所示。

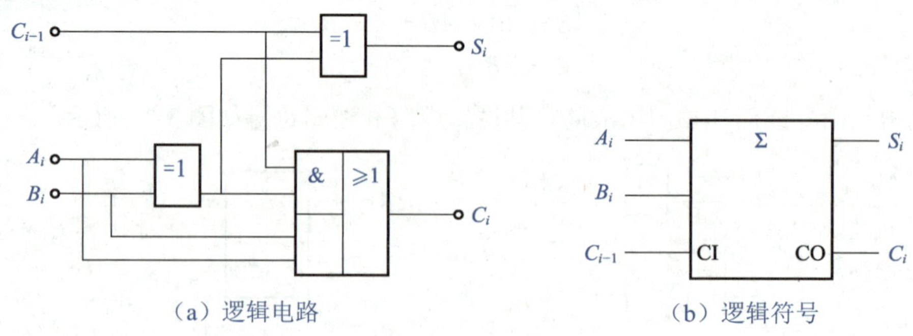

（a）逻辑电路　（b）逻辑符号

图 3-15　全加器的逻辑电路和逻辑符号

3.5.2　多位加法器

能实现多位二进制数加法运算的逻辑电路称为多位加法器。根据进位方法的不同，多位加法器可分为串行进位加法器和并行进位加法器两种。

1. 串行进位加法器

串行进位加法器是将 n 位全加器串联，并将低位全加器的进位输出连接相邻高位全加器的进位输入而组成的。如图 3-16 所示为 4 位二进制串行进位加法器的逻辑电路。其中，两个 4 位二进制加数 $A_3 \sim A_0$、$B_3 \sim B_0$ 的各位同时被送到相应全加器的输入端，且进位数进行串行传送。全加器的个数等于串行进位加法器的位数，最低位全加器的 C_{i-1} 端应接地。

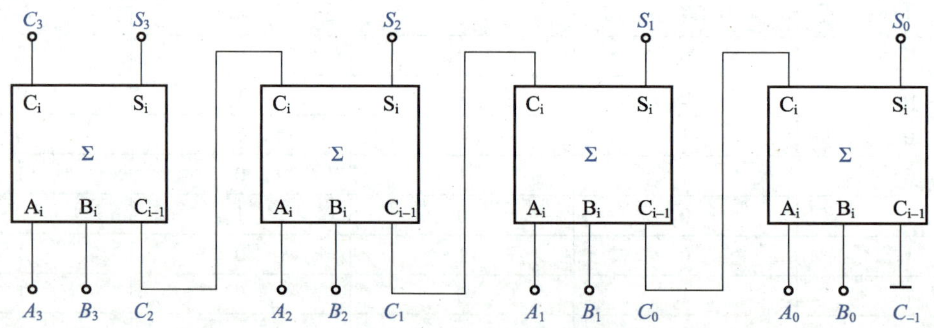

图 3-16　4 位二进制串行进位加法器的逻辑电路

注 意

串行进位加法器中的各全加器是按从低位到高位的顺序依次连接的，必须在低位的运算完成后才能进行高位的加法运算。因此，串行进位加法器的运算速度较慢，只能用于对工作速度要求不高的场合。

2. 并行进位加法器

为提高运算速度，减小由进位引起的时间延迟，人们通常使用并行进位加法器。并行进位是指在加法运算的过程中，各级进位信号同时送到各全加器的进位输入端。74LS283

是一种常用的 4 位集成并行进位加法器，其逻辑符号和引脚排列如图 3-17 所示。其中，$A_3 \sim A_0$、$B_3 \sim B_0$ 为两个 4 位二进制数的输入端，$S_3 \sim S_0$ 为 4 位二进制数相加之和的输出端，CI 为低位的进位输入端，CO 为向高位进位的输出端。

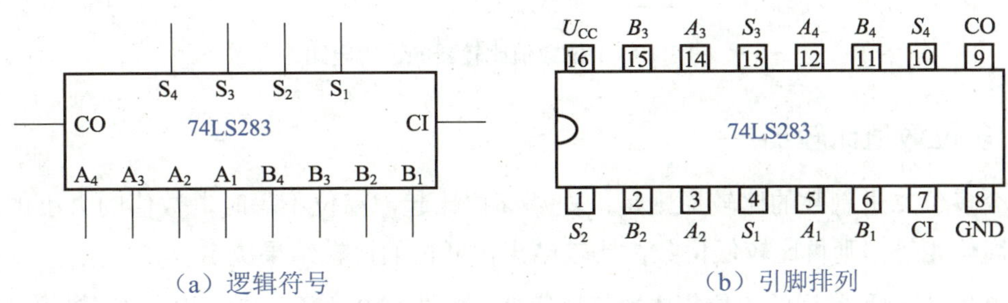

（a）逻辑符号　　（b）引脚排列

图 3-17　74LS283 的逻辑符号和引脚排列

3.6　数值比较器

在数字电路中，经常需要比较两个二进制数的大小。用于比较两个二进制数大小的逻辑电路称为数值比较器，它广泛用于计算机、仪器仪表、自动控制设备等领域。

3.6.1　1 位数值比较器

1 位数值比较器只能比较两个 1 位二进制数的大小。两个 1 位二进制数 A 和 B 的比较结果有 $A>B$、$A<B$、$A=B$ 三种，分别用 $Y(A>B)$、$Y(A<B)$、$Y(A=B)$ 来表示。

当 $A>B$ 时，$Y(A>B)=1$；当 $A<B$ 时，$Y(A<B)=1$；当 $A=B$ 时，$Y(A=B)=1$。由此可列出 1 位数值比较器的功能表，如表 3-18 所示。

表 3-18　1 位数值比较器的功能表

输入		输出		
A	B	$Y(A>B)$	$Y(A<B)$	$Y(A=B)$
0	0	0	0	1
0	1	0	1	0
1	0	1	0	0
1	1	0	0	1

由表 3-18 可得，1 位数值比较器的逻辑表达式为

$$\begin{cases} Y(A>B)=A\overline{B} \\ Y(A<B)=\overline{A}B \\ Y(A=B)=\overline{A}\,\overline{B}+AB \end{cases} \tag{3-10}$$

根据式（3-10），可画出 1 位数值比较器的逻辑电路，如图 3-18 所示。

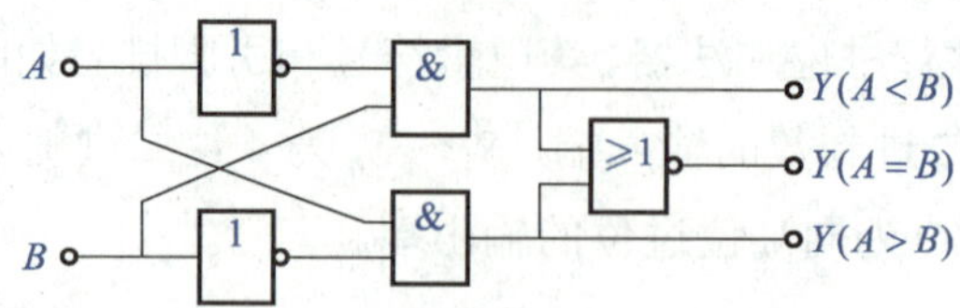

图 3-18　1 位数值比较器的逻辑电路

3.6.2　多位数值比较器

两个多位二进制数的比较原则是：先从高位比起，高位不等时，数值的大小由高位确定；若高位相等，则再比较低位数，比较结果由低位的比较结果决定。

74LS85 是一种常用的 4 位集成数值比较器。如图 3-19 所示为 74LS85 的逻辑符号和引脚排列，功能表如表 3-19 所示。其中，$A_3 \sim A_0$、$B_3 \sim B_0$ 为两个 4 位二进制数的输入端，$Y_{(A>B)}$、$Y_{(A<B)}$、$Y_{(A=B)}$ 为 3 个比较结果的输出端，$I_{(A>B)}$、$I_{(A<B)}$、$I_{(A=B)}$ 为 3 个级联输入端。

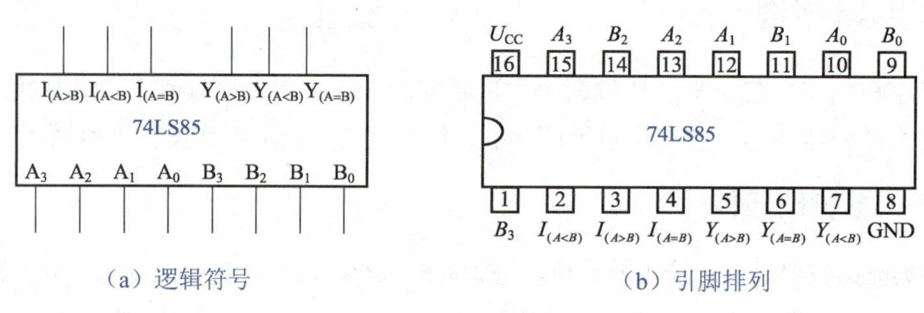

（a）逻辑符号　　（b）引脚排列

图 3-19　74LS85 的逻辑符号和引脚排列

表 3-19　74LS85 的功能表

比较输入				级联输入			比较输出		
A_3,B_3	A_2,B_2	A_1,B_1	A_0,B_0	$I_{(A>B)}$	$I_{(A<B)}$	$I_{(A=B)}$	$Y_{(A>B)}$	$Y_{(A<B)}$	$Y_{(A=B)}$
$A_3>B_3$	×	×	×	×	×	×	1	0	0
$A_3<B_3$	×	×	×	×	×	×	0	1	0
$A_3=B_3$	$A_2>B_2$	×	×	×	×	×	1	0	0
$A_3=B_3$	$A_2<B_2$	×	×	×	×	×	0	1	0
$A_3=B_3$	$A_2=B_2$	$A_1>B_1$	×	×	×	×	1	0	0
$A_3=B_3$	$A_2=B_2$	$A_1<B_1$	×	×	×	×	0	1	0
$A_3=B_3$	$A_2=B_2$	$A_1=B_1$	$A_0>B_0$	×	×	×	1	0	0
$A_3=B_3$	$A_2=B_2$	$A_1=B_1$	$A_0<B_0$	×	×	×	0	1	0
$A_3=B_3$	$A_2=B_2$	$A_1=B_1$	$A_0=B_0$	1	0	0	1	0	0
$A_3=B_3$	$A_2=B_2$	$A_1=B_1$	$A_0=B_0$	0	1	0	0	1	0

（续表）

比较输入				级联输入			比较输出		
A_3,B_3	A_2,B_2	A_1,B_1	A_0,B_0	$I_{(A>B)}$	$I_{(A<B)}$	$I_{(A=B)}$	$Y_{(A>B)}$	$Y_{(A<B)}$	$Y_{(A=B)}$
$A_3=B_3$	$A_2=B_2$	$A_1=B_1$	$A_0=B_0$	0	0	1	0	0	1
$A_3=B_3$	$A_2=B_2$	$A_1=B_1$	$A_0=B_0$	×	×	1	0	0	1
$A_3=B_3$	$A_2=B_2$	$A_1=B_1$	$A_0=B_0$	1	1	0	0	0	0
$A_3=B_3$	$A_2=B_2$	$A_1=B_1$	$A_0=B_0$	0	0	0	1	1	0

由表 3-19 可知，当两个 4 位二进制数不相等时，比较结果取决于两数本身，与级联输入端无关；当两个 4 位二进制数相等时，比较结果取决于级联输入端的状态。若仅对 4 位二进制数进行比较，则应对 $I_{(A=B)}$、$I_{(A<B)}$、$I_{(A=B)}$ 端进行适当处理，即令 $I_{(A>B)}=I_{(A<B)}=0$、$I_{(A=B)}=1$。

3.7　组合逻辑电路的竞争-冒险现象

3.7.1　产生竞争-冒险现象的原因

在实际中，组合逻辑电路从信号开始输入到电路稳定输出需要一定的时间，在此过程中，通路上门电路数量的不同或门电路平均延迟时间的差异，都会使信号从输入端传输至输出端所用的时间不同，这就可能会使逻辑电路产生错误输出，这种现象称为竞争-冒险现象。

如图 3-20 所示为竞争-冒险电路。假设其中非门 G_1 的传输延迟时间为 t_{pd}，其他门的传输延迟暂不考虑。

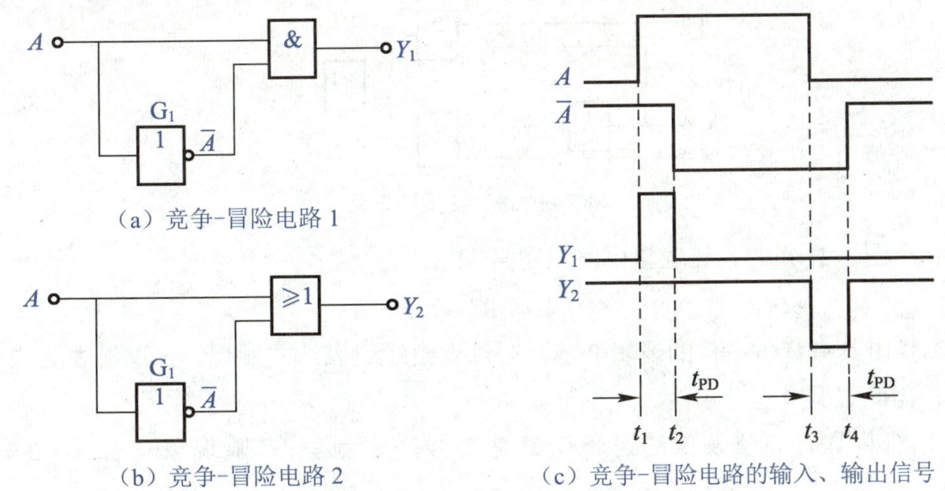

（a）竞争-冒险电路 1

（b）竞争-冒险电路 2

（c）竞争-冒险电路的输入、输出信号

图 3-20　竞争-冒险电路

若不考虑 G_1 的延迟时间，则电路的输出 $Y_1=A\overline{A}=0$、$Y_2=A+\overline{A}=1$。

若考虑 G_1 的延迟时间，则 $\overline{A}$ 与 A 反向，同时还存在 t_{pd}。在 t_1 时刻，当 A 发生从 $0\to1$ 的

变化时，由于G_1有延迟，因此在$t_1 \sim t_2$期间，$\overline{A}$和A同时为高电平，Y_1中出现了一个正向窄脉冲。同理，在$t_3 \sim t_4$期间，$\overline{A}$和A同时为低电平，Y_2中出现了一个负向窄脉冲。

由以上分析可知，对于同一个门的不同输入信号，由于通过导线长度的不同或通过门电路数量的不同，其到达输入端的时间有先有后，这种现象称为"竞争"。逻辑电路因输入端的竞争而导致输出产生本不该出现的干扰窄脉冲，后续有"记忆"功能的电路会将其当成有效信号并给予响应，从而使系统出现逻辑错误，这种现象称为"冒险"。

3.7.2 竞争-冒险现象的判别方法

当输入变量每次只有一个状态发生改变时，可通过代数法或卡诺图法来判断逻辑电路是否产生竞争-冒险现象。

1. 代数法

代数法是指通过组合逻辑电路的逻辑表达式来判断该逻辑电路是否具有产生竞争-冒险现象的条件。其判别方法如下。

（1）检查组合逻辑电路的逻辑表达式中是否存在具有竞争条件的逻辑变量，即是否存在某个逻辑变量同时以原变量和反变量的形式出现在逻辑表达式中。

（2）若组合逻辑电路的逻辑表达式中存在这样的逻辑变量，则消去逻辑表达式中的其他变量，即将这些变量的各种取值组合依次代入逻辑表达式中，从而将它们从逻辑表达式中消去，只留下具有竞争条件的变量。

（3）若逻辑表达式在一定条件下能化简为$Y = A\overline{A}$或$Y = A + \overline{A}$，则可能产生竞争-冒险现象；否则，不产生竞争-冒险现象。

【例 3-3】 试判断如图 3-21 所示的逻辑电路是否产生竞争-冒险现象。

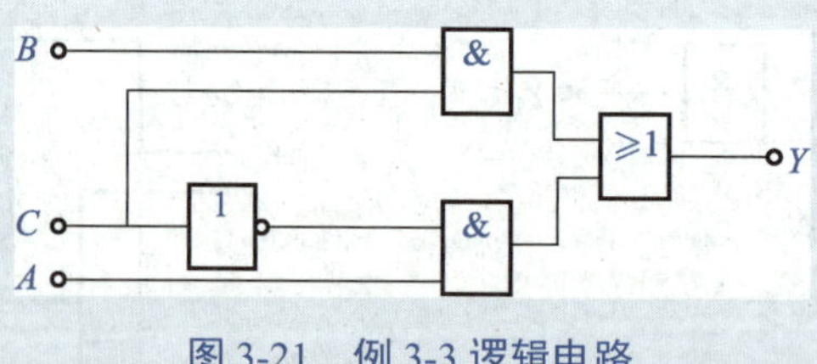

图 3-21　例 3-3 逻辑电路

解： 由图 3-21 可得，该逻辑电路的逻辑表达式为

$$Y = A\overline{C} + BC$$

（1）找出具有竞争条件的逻辑变量。通过观察逻辑表达式发现，该逻辑表达式中含有C和$\overline{C}$，因此C具有竞争条件。

（2）判断具有竞争条件的逻辑变量是否会产生竞争-冒险现象。若$A = B = 1$，则$Y = \overline{C} + C$。

因此，该逻辑电路可能产生竞争-冒险现象。

2. 卡诺图法

卡诺图法适用于输入变量为多变量的情况，具体判别方法如下。

（1）根据逻辑表达式画出对应的卡诺图。

（2）检查卡诺图中是否存在相邻但不相交的情况。若存在，则可能产生竞争-冒险现象；否则，不产生竞争-冒险现象。

【例 3-4】　试判断逻辑表达式 $Y = AC + \overline{A}B$ 是否产生竞争-冒险现象。

解：（1）画出卡诺图，如图 3-22 所示。

（2）由图 3-22 可知，卡诺图中存在相邻但不相交的情况，因此该逻辑表达式在 $B = C = 1$ 时会产生竞争-冒险现象。

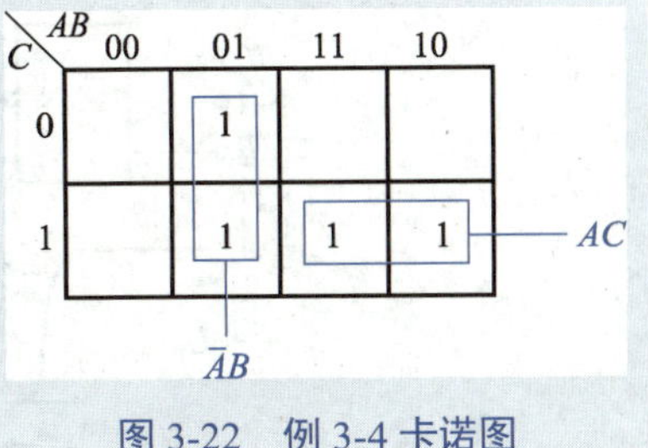

图 3-22　例 3-4 卡诺图

3.7.3　竞争-冒险现象的消除方法

1．增加冗余项

增加冗余项是指通过在逻辑表达式中加上多余的“与”项或乘上多余的“或”项，使逻辑表达式不能化简为 $Y = A\overline{A}$ 或 $Y = A + \overline{A}$ 的形式，从而消除竞争-冒险现象。增加冗余项的基本思想就是利用逻辑代数中常用的恒等式 $AB + \overline{A}C + BC = AB + \overline{A}C$ 来选择冗余项。

例如，在逻辑表达式 $Y = AB + \overline{A}C$ 中，当 $B = C = 1$ 时，$Y = A + \overline{A}$，逻辑电路可能产生竞争-冒险现象。若在逻辑表达式中增加乘积项 BC，则逻辑表达式变为 $Y = AB + \overline{A}C + BC$，当 $B = C = 1$ 时，$Y = \overline{A} + A + 1$，此时逻辑电路不会产生竞争-冒险现象。

如果逻辑表达式较复杂，则可使用卡诺图法来消除竞争-冒险现象。如图 3-23 所示为逻辑表达式 $Y = A\overline{B} + \overline{A}C + A\overline{C}$ 的卡诺图，由于卡诺图中存在两个相邻但不相交的合并项，因此会产生竞争-冒险现象。若在卡诺图上增加一个冗余项 $\overline{B}C$，使卡诺图上每个相邻的合并项均相交，则此时的逻辑表达式为 $Y = A\overline{B} + \overline{A}C + \overline{B}C + A\overline{C}$，这样便消除了竞争-冒险现象。

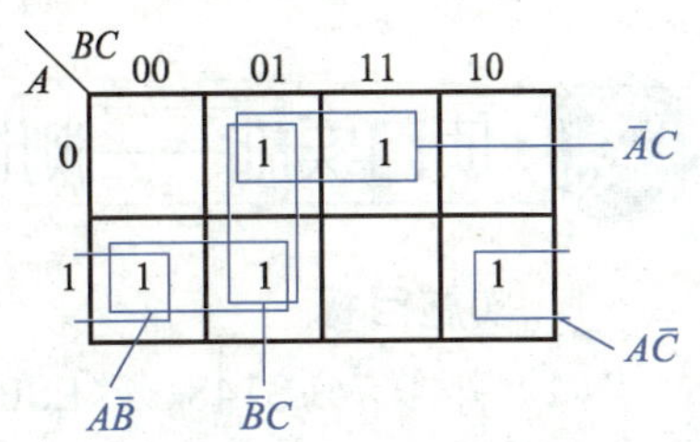

图 3-23　$Y = A\overline{B} + \overline{A}C + A\overline{C}$ 的卡诺图

2．输出端并联电容

如图 3-24 所示为采用输出端并联电容法消除竞争-冒险现象。由于竞争-冒险现象产生的干扰脉冲一般很窄，因此可在门电路的输出端并联一个容量不大的电容，与输出端的门电路组成低通滤波电路，从而消除尖峰脉冲。

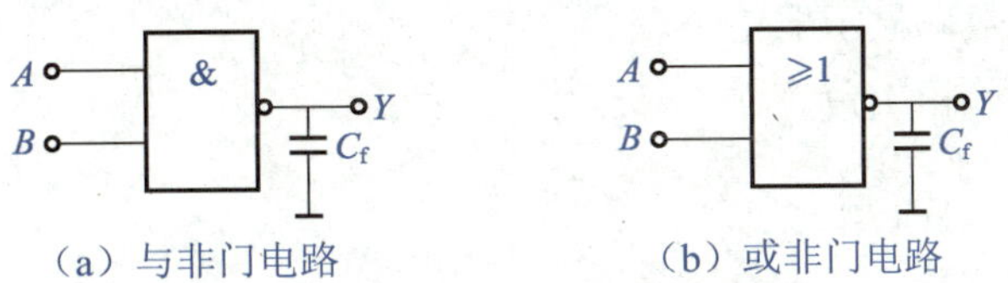

图 3-24　采用输出端并联电容法消除竞争-冒险现象

3. 增加选通脉冲

如图 3-25 所示为采用增加选通脉冲法消除竞争-冒险现象。当电路的输出端达到新的稳定状态时，可引入选通脉冲，使输出信号为正确的逻辑信号且不包含干扰脉冲。

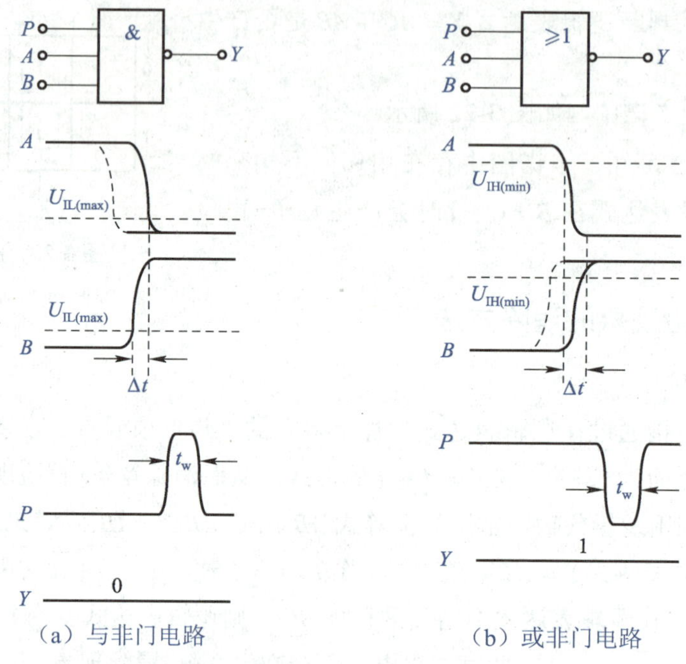

（a）与非门电路　　（b）或非门电路

图 3-25　采用增加选通脉冲法消除竞争-冒险现象

项目实施——测试编译码显示电路

测试编译码显示电路

1. 实施目标

（1）熟悉 74LS148、74LS04、74LS48 的引脚排列及逻辑功能。

（2）会用 Multisim 14 对编译码显示电路进行仿真。

（3）掌握测试编译码显示电路的方法。

2. 实施器材

（1）74LS148 芯片 1 片、74LS04 芯片 4 片、74LS48 芯片 1 片。

（2）逻辑开关 8 个。

（3）阻值为10 kΩ 的电阻 8 个，阻值为510 Ω 的电阻 7 个。

（4）共阴极七段数码显示器 1 个。

（5）数字电路实验箱 1 台。

（6）导线若干。

3. 实施内容

1）分析电路

对编译码显示电路中的 8 个逻辑开关进行编码，使 S_0 ～ S_7 分别代表数字 0～7。当某个逻辑开关被按下（置零）时，共阴极七段数码显示器将显示对应的数字。如图 3-26 所示为编译码显示电路的测试电路，其主要由编码电路、反相电路和编译码显示电路三部分组成。

（1）编码电路，由 74LS148、$S_0 \sim S_7$ 和电阻 $R_1 \sim R_8$ 组成，其作用是实现编码。

（2）反相电路，主要由 74LS04 组成，其作用是将 74LS148 输出的 8421 BCD 反码转换为 8421 BCD 原码。

（3）译码显示电路，由 74LS48、电阻 $R_9 \sim R_{15}$ 和共阴极七段数码显示器组成，其作用是将反相电路输出的 8421 BCD 码以十进制数码的形式显示出来。

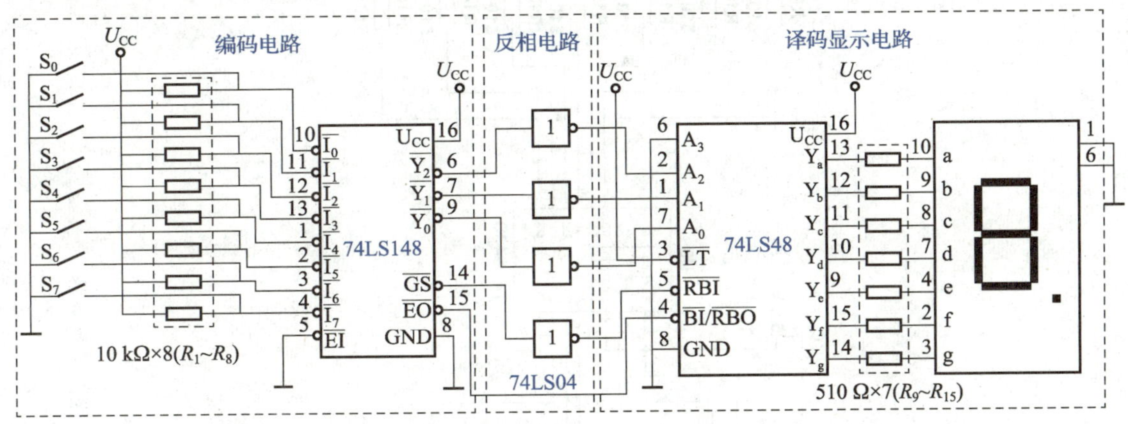

图 3-26　编译码显示电路的测试电路

2）仿真

（1）创建工程文件。打开 Multisim 14 仿真软件，单击菜单栏中的“文件”菜单，执行“设计”命令，在弹出的对话框中单击“Create”按钮，就可得到一个工程文件。

（2）选择元件。单击菜单栏中的“绘制”菜单，执行“元件”命令，按表 3-20 选择编译码显示电路仿真所需元件。

表 3-20　编译码显示电路仿真所需元件

序号	名称	规格	型号	数量
1	电源	5 V		2
2	逻辑开关			8
3	电阻	10 kΩ		8
		510 Ω		7
4	8 线–3 线优先编码器		74LS148N	1
5	六反相器		74LS04N	4
6	BCD–七段显示译码器		74LS48N	1
7	共阴极七段数码显示器			1

（3）连接仿真电路。按图 3-27 所示的编译码显示电路的仿真电路将各元件连接起来。

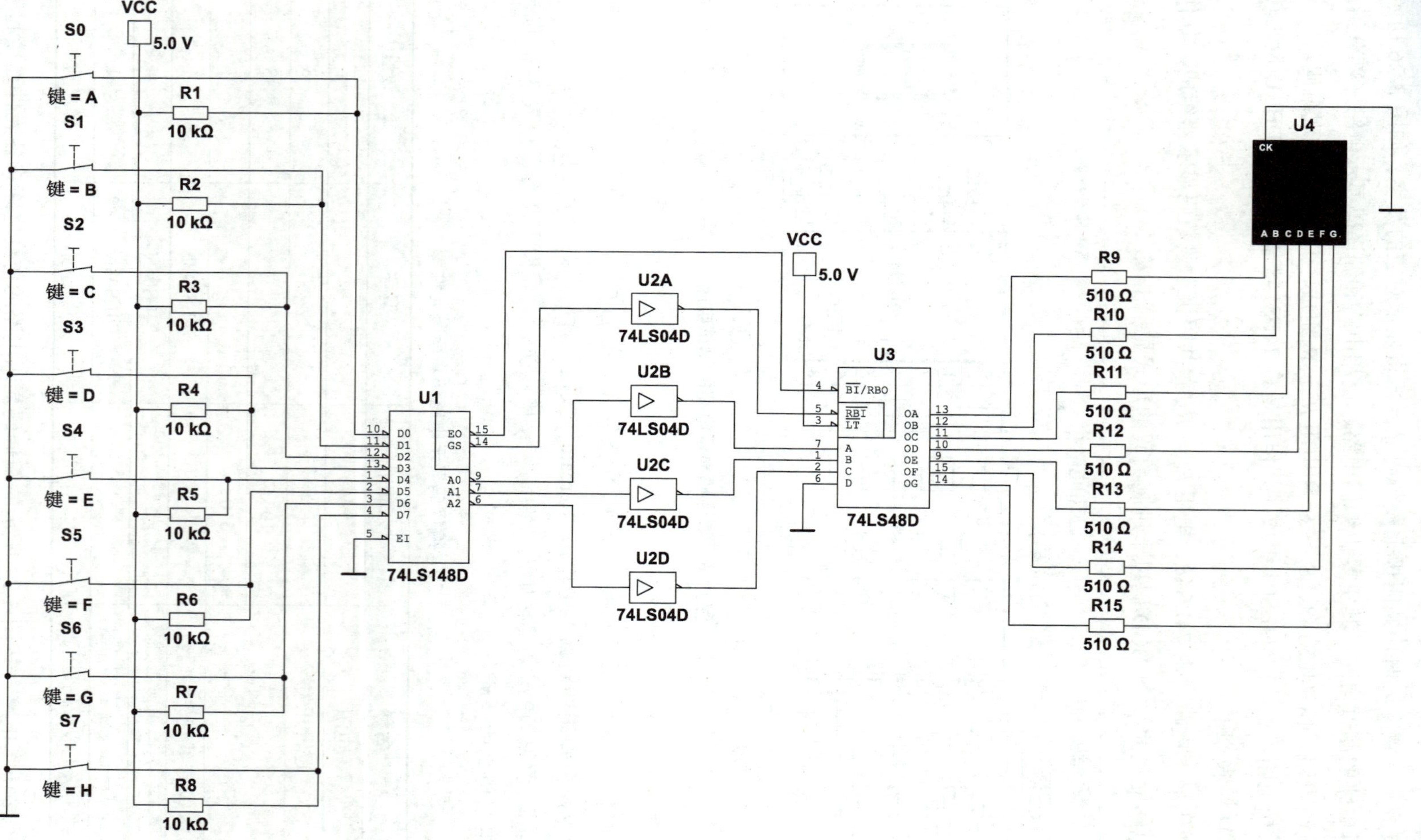

图 3-27 编译码显示电路的仿真电路

（4）开启仿真开关。将电路连接完毕后，单击菜单栏中的“仿真”菜单，执行“运行”命令，开启仿真开关。

（5）观察并记录仿真结果。改变 $S_0 \sim S_7$ 的开闭状态（开关闭合记为 0，开关断开记为 1），观察共阴极七段数码显示器显示的数值，将编译码显示电路的仿真结果记录在表 3-21 中。

表 3-21　编译码显示电路的仿真结果

输入								输出
S_0	S_1	S_2	S_3	S_4	S_5	S_6	S_7	七段数码显示器显示的数值
0	1	1	1	1	1	1	1	
1	0	1	1	1	1	1	1	
1	1	0	1	1	1	1	1	
1	1	1	0	1	1	1	1	
1	1	1	1	0	1	1	1	
1	1	1	1	1	0	1	1	
1	1	1	1	1	1	0	1	
1	1	1	1	1	1	1	0	

（6）分析编译码显示电路的逻辑功能。根据编译码显示电路的仿真结果，对编译码显示电路的逻辑功能进行分析。经过分析可知，编译码显示电路可实现________________的逻辑功能。

3）测试电路

（1）连接实际电路。按图 3-26 连接电路，并进行检查，确保电路能正常工作。

（2）测试编译码显示电路的逻辑功能。依次按下 $S_0 \sim S_7$，观察共阴极七段数码显示器显示的数值，同时测量 $Y_a \sim Y_g$ 的高低电平（高电平记为 1，低电平记为 0），将编译码显示电路的测试结果记录在表 3-22 中。

表 3-22　编译码显示电路的测试结果

输入								输出							
S_0	S_1	S_2	S_3	S_4	S_5	S_6	S_7	Y_a	Y_b	Y_c	Y_d	Y_e	Y_f	Y_g	共阴极七段数码显示器显示的数值
0	1	1	1	1	1	1	1								
1	0	1	1	1	1	1	1								
1	1	0	1	1	1	1	1								
1	1	1	0	1	1	1	1								
1	1	1	1	0	1	1	1								
1	1	1	1	1	0	1	1								
1	1	1	1	1	1	0	1								
1	1	1	1	1	1	1	0								

（3）分析结果。将编译码显示电路的测试结果与仿真结果进行对比，判断测试结果是否正确。若共阴极七段数码显示器未能正确显示数字 0～7，则电路存在故障，应找出故障原因并排除故障，然后再次进行测试。

4. 实施报告

根据实施过程及结果撰写实施报告，实施报告应包括以下内容。

（1）画出编译码显示电路的仿真电路和测试电路。

（2）记录编译码显示电路的仿真结果和测试结果。

（3）分析编译码显示电路的逻辑功能。

项目知识检测

1. 填空题

（1）组合逻辑电路在任意时刻的输出状态仅取决于__________________，而与__________________无关。

（2）编码器是指将________________转换为________________的逻辑电路。按编码方式的不同，编码器可分为________________和________________两种。

（3）二进制译码器是指将________________转换为________________的逻辑电路。

（4）加法器是指能实现________________的逻辑电路。按实现加法运算的位数不同，加法器可分为________________和________________两种。

（5）数值比较器是指________________的逻辑电路。

2. 简答题

（1）常用的组合逻辑器件有哪些？

（2）组合逻辑电路的分析和设计方法是什么？

（3）什么是组合逻辑电路的竞争-冒险现象？

（4）竞争-冒险现象的消除方法有哪些？

3. 综合题

（1）如图 3-28 所示为某组合逻辑电路，试写出该逻辑电路的逻辑表达式，并分析该逻辑电路的逻辑功能。

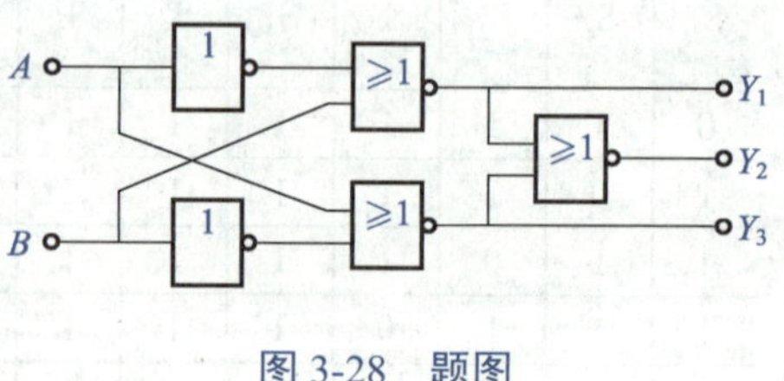

图 3-28 题图

（2）试分析下列逻辑函数是否有可能产生竞争-冒险现象，如果有，则应如何消除。

① $Y_1(A,B,C,D)=\sum(5,7,13,15)$

② $Y_2(A,B,C,D)=\sum(5,7,8,9,10,11,13,15)$

③ $Y_3(A,B,C,D)=\sum(0,2,4,6,8,10,12,14)$

④ $Y_4(A,B,C,D)=\sum(0,2,4,6,12,13,14,15)$

（3）画出逻辑表达式 $Y=(A+\overline{B})(B+C)$ 的逻辑电路，并分析在什么条件下该逻辑电路会产生竞争-冒险现象，怎样修改电路才能消除竞争-冒险现象。

学习成果评价

指导教师对学生的实际学习成果进行评价，学生配合指导教师共同完成表 3-23。

表 3-23　学习成果评价

班级		组号		日期	
姓名		学号		指导教师	
学习成果名称	分析与设计组合逻辑电路				
评价项目	评价内容		评价方式	满分/分	评分/分
知识（40%）	组合逻辑电路		理论测试	6	
	编码器			6	
	译码器			6	
	数据选择器			6	
	加法器			6	
	数值比较器			6	
	组合逻辑电路的竞争-冒险现象			4	
技能（40%）	分析电路		实践操作	10	
	仿真			15	
	测试电路			15	
素养（20%）	积极参加教学活动，主动学习和思考		综合评判	5	
	认真完成学习和实践任务			5	
	团结协作，与组员合作默契			4	
	遵守课堂纪律，维护课堂秩序			4	
	守正创新，自信自强			2	
合计				100	
自我评价					
指导教师评价					

项目 4

认识触发器

知识目标

- 掌握触发器逻辑功能的描述方法。
- 掌握 RS 触发器、D 触发器、JK 触发器、T 触发器和 T'触发器的电路结构、逻辑功能、特性表和特性方程。
- 掌握不同类型触发器之间的转换方法。

技能目标

- 能分析四人抢答器电路。
- 能用 Multisim 14 仿真四人抢答器电路。
- 能测试四人抢答器电路。

素质目标

- 树立勇于探索、奋勇向前的理想信念。
- 培养取长补短、不断完善的工作作风。

项目导入

触发器是时序逻辑电路的基本单元，其输出状态不仅与当前时刻的输入状态有关，还与前一时刻的输出状态有关，因此触发器是一种典型的具有记忆功能的逻辑器件。触发器是组成复杂数字电路的基石，也是数字电路发展的助推剂，在数字电路中占据重要地位。随着集成电路技术的快速发展，触发器展现出了新的活力，不断推动我国电子行业的发展。

本项目要求学生掌握触发器的基本知识，并在此基础上测试四人抢答器电路，知识与技能要求如表 4-1 所示。

表 4-1　知识与技能要求

项目内容	认识触发器	学习程度		
		识记	理解	应用
学习任务	触发器概述		●	
	RS 触发器		●	
	D 触发器		●	
	JK 触发器		●	
	T 触发器和 T'触发器		●	
	不同类型触发器的相互转换			●
实训任务	测试四人抢答器电路			●
自我勉励				

项目工单

1. 学生分组

学生以3～5人为一组进行分组，各小组选出组长并进行任务分工，将小组成员及分工情况填入表4-2中。

表4-2　小组成员及分工情况

班级		组号		指导教师	
小组成员	姓名	学号	任务分工		
组长					
组员					

2. 工作计划

各小组查阅资料，熟悉触发器的基本知识，制订工作计划，并将其填入表4-3中。

表4-3　工作计划

序号	工作内容	负责人

3. 工作准备

各小组准备实施所需的工具和器材，并将其填入表 4-4 中。

表 4-4　实施所需的工具和器材

序号	名称	规格与型号	单位	数量	备注

4. 工作实施

各小组按工作计划，测试四人抢答器电路，将实施步骤、实施内容及遇到的问题、解决办法等填入表 4-5 中。

表 4-5　工作实施过程记录表

序号	实施步骤	实施内容及遇到的问题	解决办法

4.1 触发器概述

4.1.1 触发器的特点

触发器主要具备以下两个特点。

（1）具备两种能保持稳定的状态（0 和 1）。

（2）在触发信号的作用下，可由一种稳定状态转换为另一种稳定状态（即状态翻转）或保持原状态。

4.1.2 触发器逻辑功能的描述方法

触发器逻辑功能的描述方法主要有特性表、特性方程和波形图。

（1）特性表是指含有状态变量的真值表。

（2）特性方程是指触发器的次态与当前输入变量及现态之间的逻辑表达式。现态是指触发器在触发信号作用前的状态，用 Q^n 表示；次态是指触发器在触发信号作用后的新状态，用 Q^{n+1} 表示。

（3）波形图是指用波形描述触发器输入信号取值与触发器状态之间对应关系的图形。

4.1.3 触发器的分类

触发器的种类繁多，可从以下方面进行分类。

（1）按逻辑功能的不同，触发器可分为 RS 触发器、D 触发器、JK 触发器、T 触发器和 T'触发器五种。

（2）按结构形式的不同，触发器可分为基本触发器、同步触发器、主从触发器和维持-阻塞触发器四种。

（3）按触发方式的不同，触发器可分为电平（正电平、负电平）触发器、边沿（上升沿、下降沿）触发器和脉冲触发器三种。

4.2 RS 触发器

4.2.1 基本 RS 触发器

1．电路结构

如图 4-1（a）所示，基本 RS 触发器由两个与非门 G_1、G_2 组成，它有两个输入端 $\overline{S_D}$、$\overline{R_D}$ 和两个互补输出端 Q、$\overline{Q}$。如图 4-1（b）所示为基本 RS 触发器的逻辑符号。其中，输入端的小圆圈表示低电平有效，即当 $\overline{S_D}$ 和 $\overline{R_D}$ 为低电平时表示有输入信号，反之则无输入信号；Q 和 $\overline{Q}$ 的状态是互补的，即一个为高电平时，另一个就为低电平。

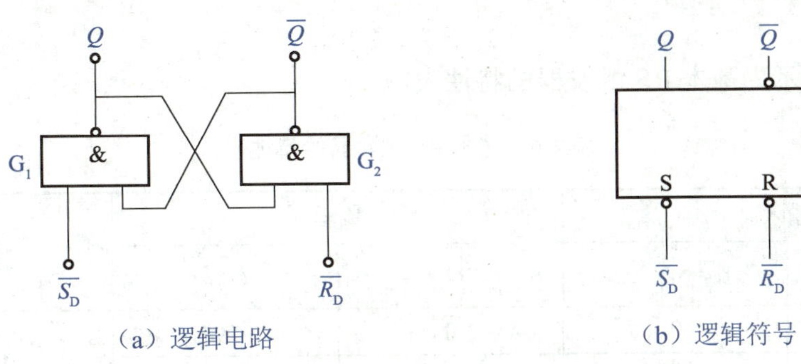

（a）逻辑电路　　（b）逻辑符号

图 4-1　基本 RS 触发器的逻辑电路和逻辑符号

2．逻辑功能

通常情况下，触发器的状态是用 Q 的状态来表示的。因此，基本 RS 触发器共有以下两种状态。

（1）当 $Q=1$、$\overline{Q}=0$ 时，基本 RS 触发器的状态为 1。

（2）当 $Q=0$、$\overline{Q}=1$ 时，基本 RS 触发器的状态为 0。

基本 RS 触发器具有置 0、置 1、保持等逻辑功能。

1）置 0

当 $\overline{R_D}=0$、$\overline{S_D}=1$ 时，无论基本 RS 触发器原来处于什么状态，均有 $Q^{n+1}=0$、$\overline{Q^{n+1}}=1$，此时基本 RS 触发器的状态为 0。该功能为基本 RS 触发器的置 0 功能，又称复位功能；$\overline{R_D}$ 又称置 0 端或复位端。

2）置 1

当 $\overline{R_D}=1$、$\overline{S_D}=0$ 时，无论基本 RS 触发器原来处于什么状态，均有 $Q^{n+1}=1$、$\overline{Q^{n+1}}=0$，此时基本 RS 触发器的状态为 1。该功能为基本 RS 触发器的置 1 功能，又称置位功能；$\overline{S_D}$ 又称置 1 端或置位端。

3）保持

当 $\overline{R_D}=\overline{S_D}=1$ 时，若基本 RS 触发器的现态 $Q^n=1$、$\overline{Q^n}=0$，则 $Q^{n+1}=1$、$\overline{Q^{n+1}}=0$，此时基本 RS 触发器保持原状态；同理，若基本 RS 触发器的现态 $Q^n=0$、$\overline{Q^n}=1$，则 $Q^{n+1}=0$、$\overline{Q^{n+1}}=1$，此时基本 RS 触发器也保持原状态。因此，当 $\overline{R_D}=\overline{S_D}=1$ 时，基本 RS 触发器的状态保持不变。该功能为基本 RS 触发器的保持功能，又称记忆功能。

注 意

对于基本 RS 触发器，当 $\overline{R_D}=\overline{S_D}=0$ 时，G_1 和 G_2 的输出均为 1（即 Q 和 $\overline{Q}$ 均为高电平），此时基本 RS 触发器不具备输出互补的逻辑关系。若 $\overline{R_D}=\overline{S_D}=0$ 的信号同时撤去后，则基本 RS 触发器的下一个状态将无法确定。因此，为确保基本 RS 触发器正常工作，应避免这种输入方式出现。

3. 特性表

如表 4-6 所示为基本 RS 触发器的特性表。

表 4-6　基本 RS 触发器的特性表

输入		输出		逻辑功能
$\overline{R_D}$	$\overline{S_D}$	Q^n	Q^{n+1}	
0	0	0	×	状态不定
0	0	1	×	
0	1	0	0	置 0
0	1	1	0	
1	0	0	1	置 1
1	0	1	1	
1	1	0	0	保持
1	1	1	1	

4. 特性方程

根据表 4-6 可得基本 RS 触发器的特性方程，即

$$\begin{cases} Q^{n+1} = S_D + \overline{R_D}Q^n \\ \overline{R_D} + \overline{S_D} = 1 \end{cases} \tag{4-1}$$

其中，$\overline{R_D} + \overline{S_D} = 1$ 为约束条件。

头脑风暴

请思考：为什么基本 RS 触发器要以 $\overline{R_D} + \overline{S_D} = 1$ 为约束条件？

5. 波形图

如图 4-2 所示为基本 RS 触发器的波形。

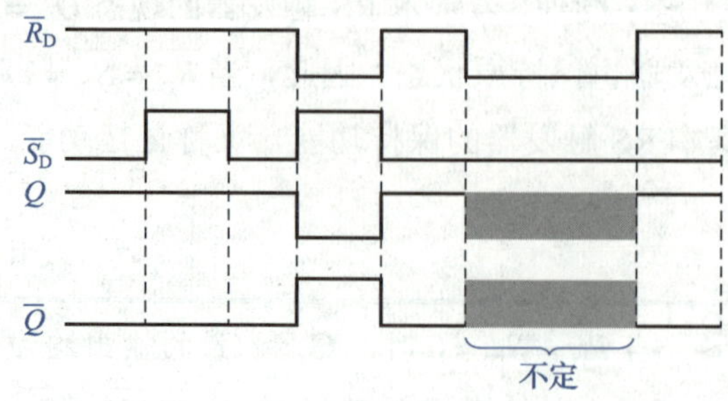

图 4-2　基本 RS 触发器的波形

【例 4-1】　假设基本 RS 触发器的现态为 0，已知 $\overline{R_D}$ 、$\overline{S_D}$ 的波形如图 4-3 所示，试画出 Q、$\overline{Q}$ 的波形。

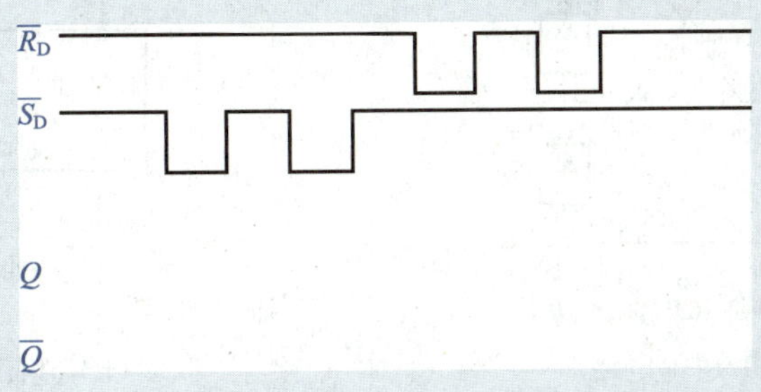

图 4-3　例 4-1 $\overline{R_D}$ 、$\overline{S_D}$ 的波形

解：由表 4-6 可画出 Q、$\overline{Q}$ 的波形，如图 4-4 所示。其中，虚线所示为考虑门电路延迟时间的情况。

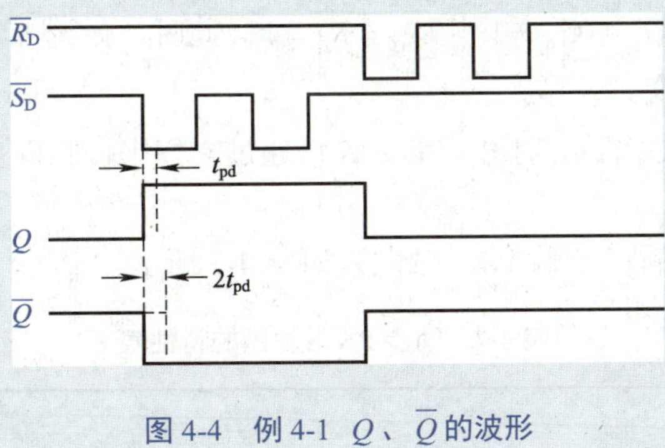

图 4-4　例 4-1 Q、$\overline{Q}$ 的波形

基本 RS 触发器的输入信号在其全部作用时间内都能影响 Q 或 $\overline{Q}$ 的输出状态。

4.2.2　同步 RS 触发器

基本 RS 触发器的输出状态受 $\overline{R_D}$ 、$\overline{S_D}$ 的直接控制。为保证两个输入端的状态同步变化，可在基本 RS 触发器的基础上，加上一个时钟脉冲（clock pulse, CP）端，此时只有当 CP 到来时，RS 触发器的状态才能随 $\overline{R_D}$ 、$\overline{S_D}$ 取值的变化而变化。这种由 CP 控制的 RS 触发器称为同步 RS 触发器。

1. 电路结构

如图 4-5（a）所示，同步 RS 触发器由两部分组成：一部分是由 G_1 和 G_2 组成的基本 RS 触发器，另一部分是由 G_3 和 G_4 组成的输入控制电路。如图 4-5（b）所示为同步 RS 触发器的逻辑符号。其中，R 、S 为高电平有效；1R 、1S 表示 R 、S 受 CP 的控制，与 CP 同步。

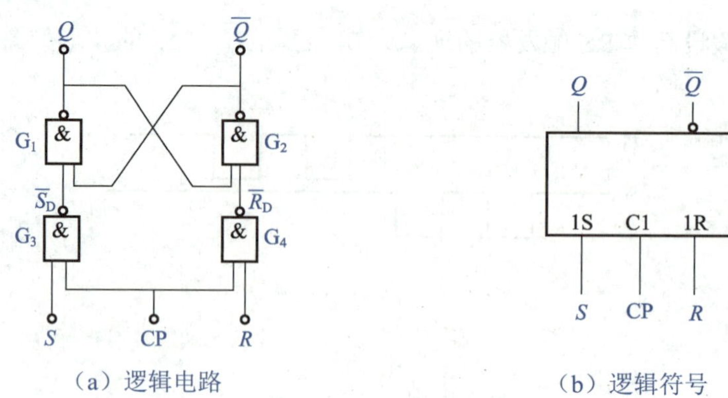

（a）逻辑电路　　　　（b）逻辑符号

图 4-5　同步 RS 触发器的逻辑电路和逻辑符号

2. 逻辑功能

同步 RS 触发器具有以下两种逻辑功能。

（1）当 CP = 0 时，G_3、G_4 关闭，$\overline{S_D} = \overline{R_D} = 1$。此时，无论 R、S 如何变化，同步 RS 触发器的状态都保持不变。

（2）当 CP = 1 时，G_3、G_4 打开，R、S 可通过它们来控制同步 RS 触发器的状态。

3. 特性表

同步 RS 触发器的特性表（CP = 1 触发）如表 4-7 所示。

表 4-7　同步 RS 触发器的特性表

输入		输出		逻辑功能
R	S	Q^n	Q^{n+1}	
0	0	0	0	保持
0	0	1	1	
0	1	0	1	置 1
0	1	1	1	
1	0	0	0	置 0
1	0	1	0	
1	1	0	×	状态不定
1	1	1	×	

由表 4-7 可知，同步 RS 触发器的状态转换是由 R、S 和 CP 共同控制的。其中，R、S 控制同步 RS 触发器状态转换的方向，即转换为哪种次态；CP 控制同步 RS 触发器状态转换的时刻，即何时转换。

4. 特性方程

根据表 4-7 可得同步 RS 触发器的特性方程，即

$$\begin{cases} Q^{n+1} = S + \overline{R}Q^n \\ RS = 0 \end{cases} \tag{4-2}$$

其中，$Q^{n+1} = S + \overline{R}Q^n$ 仅在 CP = 1 期间有效，$RS = 0$ 为约束条件。

请思考：为什么同步 RS 触发器要以 $RS = 0$ 为约束条件？

5．波形图

如图 4-6 所示为同步 RS 触发器的波形。

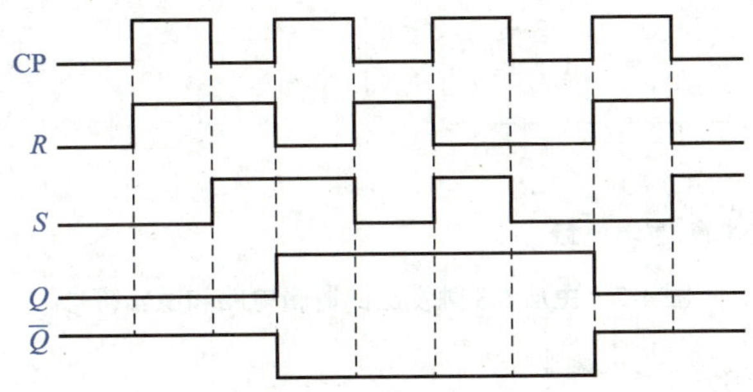

图 4-6　同步 RS 触发器的波形

同步 RS 触发器在 CP = 0 期间，其输出状态保持不变；在 CP = 1 期间，其输出状态随着 R、S 的变化而变化，此时同步 RS 触发器具有置 0、置 1、保持等逻辑功能。由于同步 RS 触发器在 CP = 1 期间会出现空翻，因此其抗干扰能力较差。

触发器采用 CP 控制的目的是保证电路统一动作，这就要求触发器的状态在一个 CP 的作用下只能翻转一次。而对于同步 RS 触发器，在一个 CP 的作用下（即 CP = 1 期间），若 R、S 多次发生变化，则可能引起触发器的状态翻转两次或两次以上，这种现象称为空翻。

4.2.3　主从 RS 触发器

1．电路结构

如图 4-7（a）所示，主从 RS 触发器是由两个同步 RS 触发器串联而成的，其时钟信号分别为 CP 和 $\overline{\text{CP}}$ 。如图 4-7（b）所示为主从 RS 触发器的逻辑符号。其中，符号“⅂”为延迟输出指示符；R、S 为同步输入，与 CP 同步。

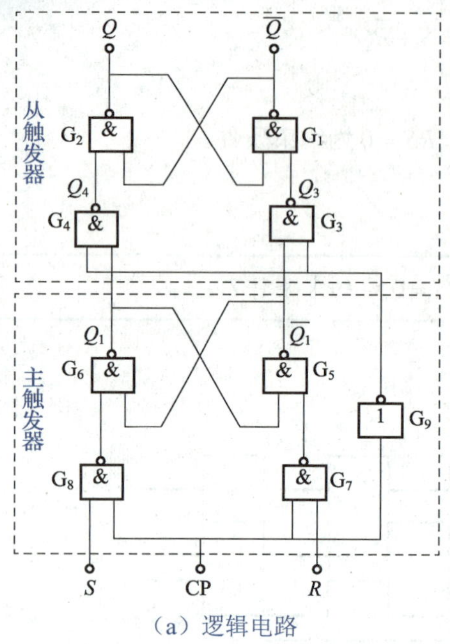

（a）逻辑电路

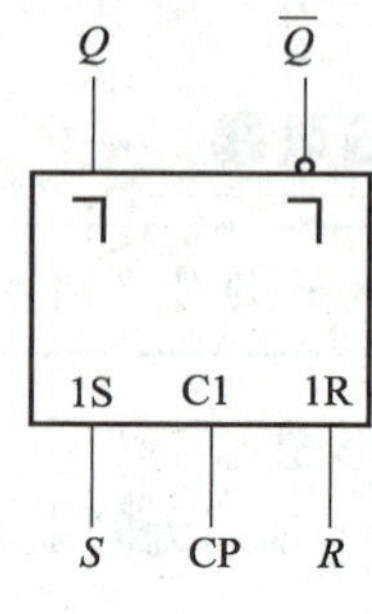

（b）逻辑符号

图 4-7　主从 RS 触发器的逻辑电路和逻辑符号

2．逻辑功能

主从 RS 触发器的主触发器用于接收输入信号，其状态直接由输入信号决定；从触发器的输入端与主触发器的输出端相连，其状态由主触发器决定。

在一个 CP 周期内，主从 RS 触发器的工作过程可分为以下两个阶段。

（1）当 CP = 0 时，主从 RS 触发器不接收输入信号。

（2）当 CP = 1 时，主从 RS 触发器的主触发器接收 R、S 信号。在 CP 由 1 变为 0（即下降沿到来）时，主从 RS 触发器的从触发器接收 Q_1、$\overline{Q_1}$ 信号。因此，主从 RS 触发器的有效触发条件是 CP 的下降沿。

3．特性表

如表 4-8 所示为主从 RS 触发器（CP 下降沿触发）的特性表。

表 4-8　主从 RS 触发器的特性表

输入		输出		逻辑功能
R	S	Q^n	Q^{n+1}	
0	0	0	0	保持
0	0	1	1	
0	1	0	1	置 1
0	1	0	1	
1	0	0	0	置 0
1	0	1	0	
1	1	0	×	状态不定
1	1	1	×	

由表 4-8 可知，主从 RS 触发器的逻辑关系与同步 RS 触发器的逻辑关系完全一致。

4．特性方程

根据表 4-8 可得主从 RS 触发器的特性方程，即

$$\begin{cases} Q^{n+1} = S + \overline{R}Q^n \\ RS = 0 \end{cases} \tag{4-3}$$

其中，$Q^{n+1} = S + \overline{R}Q^n$ 仅在 CP 的下降沿到来时有效，$RS = 0$ 为约束条件。

5．波形图

如图 4-8 所示为主从 RS 触发器的波形。

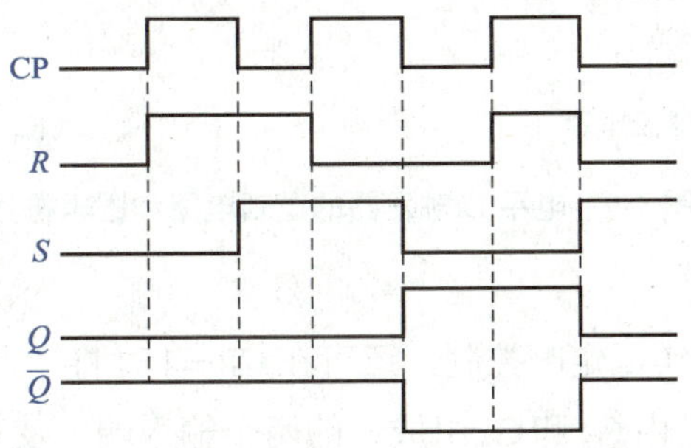

图 4-8　主从 RS 触发器的波形

主从 RS 触发器实现状态翻转主要分为以下两步。

（1）当 CP＝1 时，主从 RS 触发器主触发器的状态发生翻转。

（2）当 CP 由 1 变为 0 时，主从 RS 触发器从触发器的状态按主触发器的状态进行翻转，从而使主从 RS 触发器的输出状态发生改变。因此，在每个 CP 周期内，主从 RS 触发器的输出状态只能改变一次。

4.3　D 触发器

按触发方式的不同，D 触发器可分为电平 D 触发器和边沿 D 触发器两种。

4.3.1　电平 D 触发器

1．电路结构

为解决同步 RS 触发器中 R、S 之间存在约束条件的问题，可将同步 RS 触发器的 R 端

与 G_1 的输出端连接，并将 S 端改为 D 端，这样便形成了只有一个输入端的电平 D 触发器。如图 4-9 所示为电平 D 触发器的逻辑电路和逻辑符号。

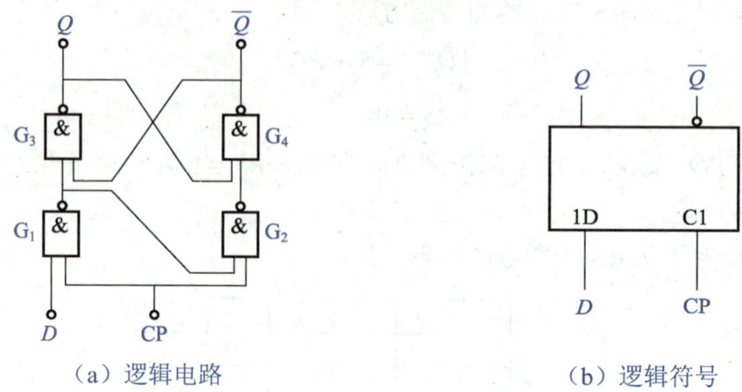

（a）逻辑电路　　（b）逻辑符号

图 4-9　电平 D 触发器的逻辑电路和逻辑符号

2．逻辑功能

电平 D 触发器不仅可实现定时控制，还可在 CP＝1 时将输入信号 D 转换为一对互补信号并送至基本 RS 触发器（由 G_3 和 G_4 组成）的两个输入端，使基本 RS 触发器的输入只能是 01 和 10 两种组合，从而消除了基本 RS 触发器状态不定的问题。

电平 D 触发器的工作过程可分为以下两个阶段。

（1）当 CP＝0 时，电平 D 触发器被封锁，其状态保持不变。

（2）当 CP＝1 时，电平 D 触发器的 Q^{n+1} 始终与 D 保持一致。

因此，电平 D 触发器是在 CP＝1 时实现状态翻转的。

3．特性表

电平 D 触发器的特性表（CP＝1 触发）如表 4-9 所示。

表 4-9　电平 D 触发器的特性表

输入	输出		逻辑功能
D	Q^n	Q^{n+1}	
0	0	0	置 0
0	1	0	
1	0	1	置 1
1	1	1	

4．特性方程

当 CP＝1 时，将 $S=D$、$R=\overline{D}$ 代入同步 RS 触发器的特性方程中，可得电平 D 触发器的特性方程，即

$$Q^{n+1}=D \tag{4-4}$$

由式（4-4）可知，在 CP 的作用下，电平 D 触发器的 Q^{n+1} 仅与 D 有关，而与 Q^n 无关。

5．波形图

如图 4-10 所示为电平 D 触发器的波形。

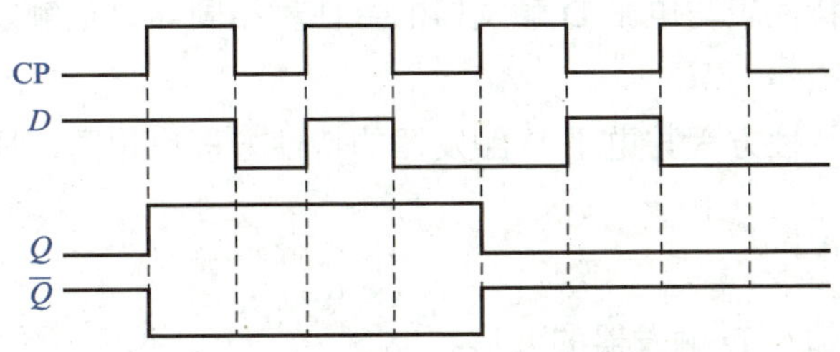

图 4-10　电平 D 触发器的波形

【例 4-2】　如图 4-11 所示为电平 D 触发器 CP 、D 的波形，假设现态为 0，试确定 Q 的波形。

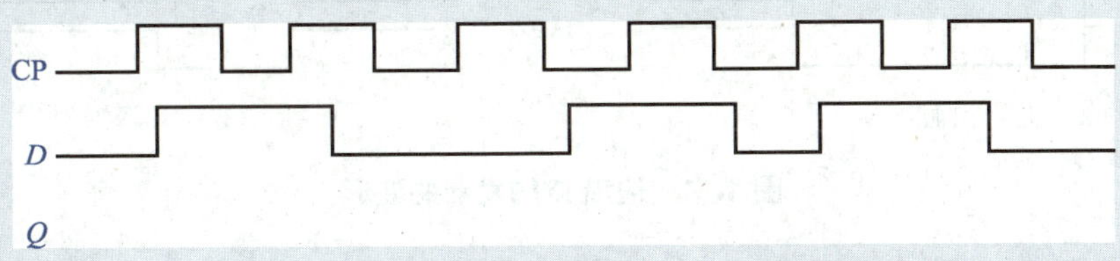

图 4-11　例 4-2　CP 、D 的波形

解：当 $\mathrm{CP}=1$ 时，无论 $D=1$ 还是 $D=0$ ，Q 总是与 D 相同；当 $\mathrm{CP}=0$ 时，Q 保持不变。因此，Q 的波形如图 4-12 所示。

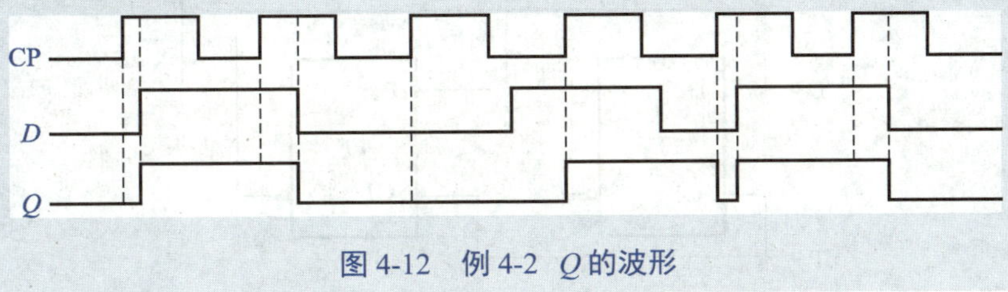

图 4-12　例 4-2　Q 的波形

4.3.2　边沿 D 触发器

1．逻辑符号

边沿 D 触发器在 CP 的上升沿或下降沿改变状态，且只有在上升沿或下降沿前一瞬间的输入信号有效。如图 4-13 所示为边沿 D 触发器的逻辑符号，其中“∧”表示 CP 为边沿触发。

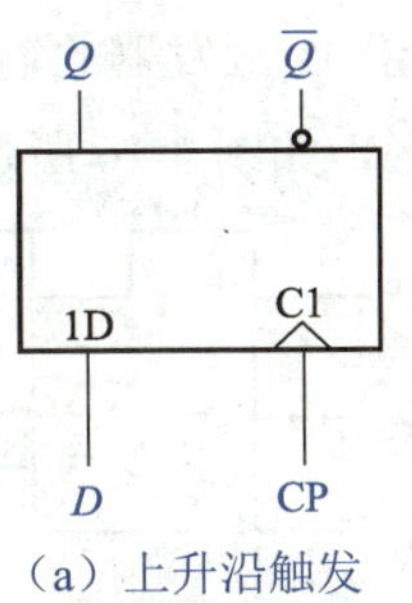

（a）上升沿触发

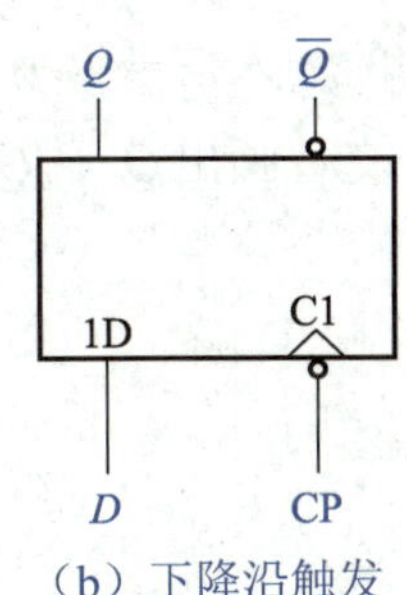

（b）下降沿触发

图 4-13　边沿 D 触发器的逻辑符号

2．逻辑功能

边沿 D 触发器具有置 0 功能和置 1 功能。当 $D=0$ 时，边沿 D 触发器置 0，即 $Q^{n+1}=0$；当 $D=1$

时，边沿 D 触发器置 1，即 $Q^{n+1}=1$。

3．特性表

边沿 D 触发器的特性表与电平 D 触发器的特性表相同，只是触发方式不同。

4．特性方程

边沿 D 触发器的特性方程与电平 D 触发器的特性方程也相同，只是输出状态变化的时刻不同。

5．波形图

如图 4-14 所示为边沿 D 触发器的波形。

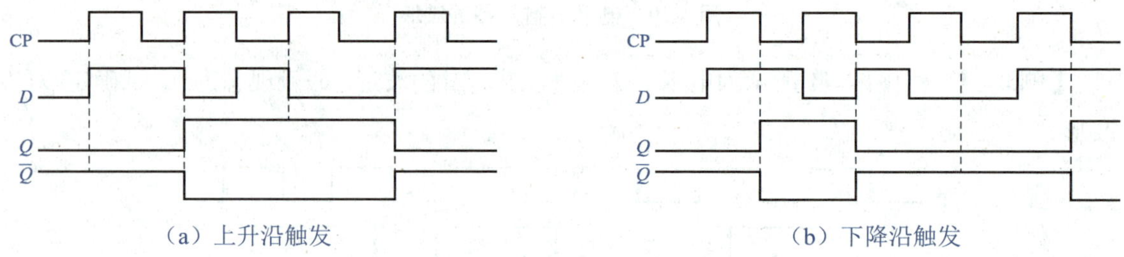

（a）上升沿触发　　（b）下降沿触发

图 4-14　边沿 D 触发器的波形

【例 4-3】 如图 4-15 所示为由边沿 D 触发器组成的逻辑电路。假设边沿 D 触发器的现态 $Q_1Q_0=00$，试确定 Q_0、Q_1 在 CP 作用下的波形。

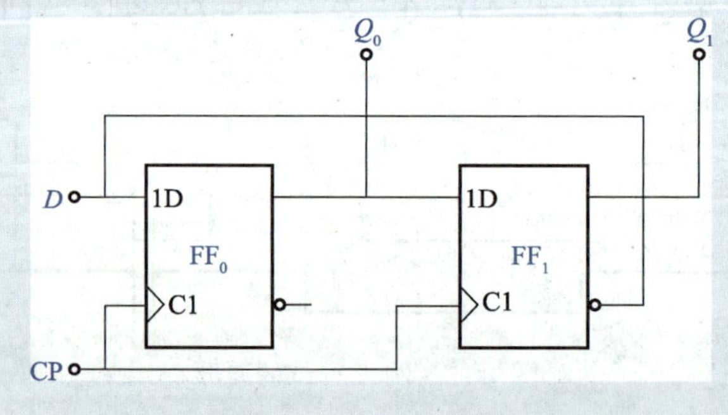

图 4-15　例 4-3 逻辑电路

解：由图 4-15 可知，两个边沿 D 触发器均为上升沿 D 触发器，且一个边沿 D 触发器的输入信号为另一个边沿 D 触发器的输出信号。因此，在确定它们的输出波形时，应分段交替画出 Q_0、Q_1 的波形，如图 4-16 所示。

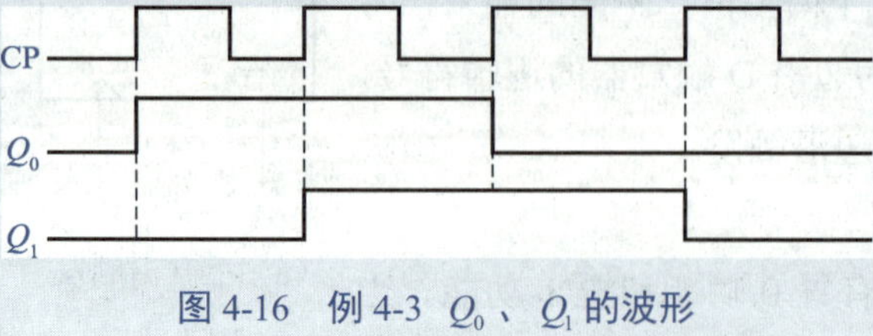

图 4-16　例 4-3　Q_0、Q_1 的波形

4.4　JK 触发器

JK 触发器可分为主从 JK 触发器、边沿 JK 触发器、维持-阻塞 JK 触发器等。下面主要介绍主从 JK 触发器和边沿 JK 触发器。

4.4.1　主从 JK 触发器

1. 电路结构

主从 JK 触发器是在主从 RS 触发器的基础上增加两根反馈线组成的。其中，一根反馈线从 Q 端引到 G_7 的输入端，另一根反馈线从 $\overline{Q}$ 端引到 G_8 的输入端，且将 R 端改为 J 端，将 S 端改为 K 端。如图 4-17 所示为主从 JK 触发器的逻辑电路和逻辑符号。

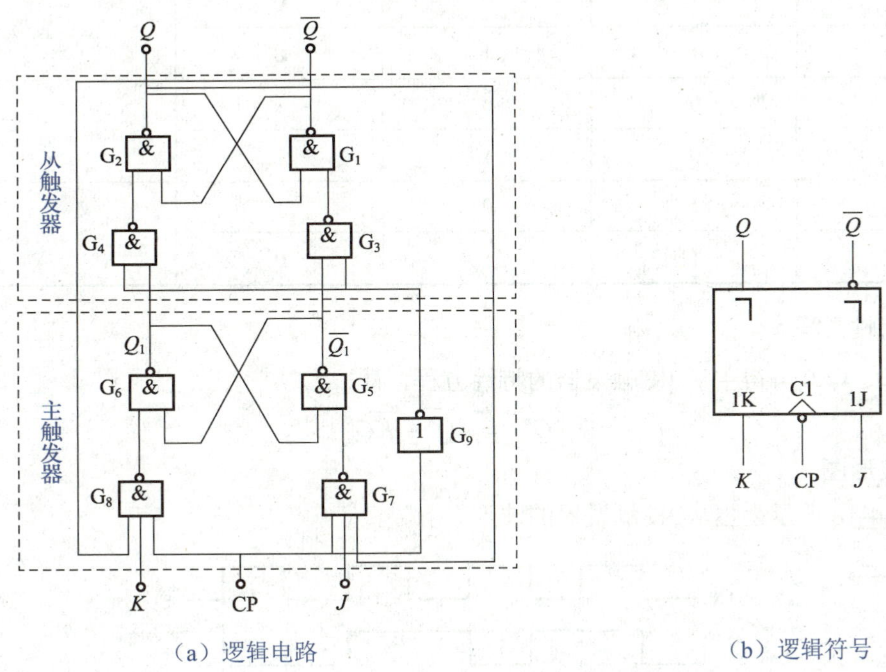

（a）逻辑电路　　（b）逻辑符号

图 4-17　主从 JK 触发器的逻辑电路和逻辑符号

2. 逻辑功能

主从 JK 触发器在一个 CP 周期内的工作过程可分为以下两个阶段。

（1）当 CP 到来时，主从 JK 触发器的主触发器在 CP 的上升沿（高电平）接收输入信号，并暂存到主触发器中，此时从触发器被封锁，将保持原状态不变。

（2）当 CP 的下降沿到来时，主从 JK 触发器的主触发器被封锁，不受输入信号变化的影响，保持原状态不变。随后，主触发器的状态将会被传送至从触发器，从而使主从 JK 触发器翻转到新的状态。

由以上分析可知，在一个CP的作用下，主从 JK 触发器的从触发器的状态最多改变一次，即主从 JK 触发器的状态更新是在CP的下降沿发生的，从而避免了空翻的发生。

3．特性表

主从 JK 触发器的特性表（CP 下降沿触发）如表 4-10 所示。

表 4-10　主从 JK 触发器的特性表

输入		输出		逻辑功能
J	K	Q^n	Q^{n+1}	
0	0	0	0	保持
0	0	1	1	
0	1	0	0	置 0
0	1	1	0	
1	0	0	1	置 1
1	0	1	1	
1	1	0	1	翻转
1	1	1	0	

4．特性方程

根据表 4-10 可得主从 JK 触发器的特性方程，即

$$Q^{n+1} = J\overline{Q^n} + \overline{K}Q^n \tag{4-5}$$

5．波形图

如图 4-18 所示为主从 JK 触发器的波形。

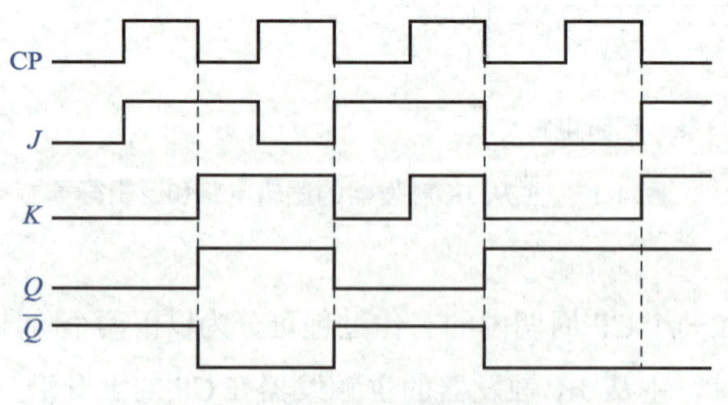

图 4-18　主从 JK 触发器的波形

【例 4-4】　已知主从 JK 触发器 CP 、J 、K 的波形如图 4-19 所示，假设现态为 0，试确定 Q 的波形。

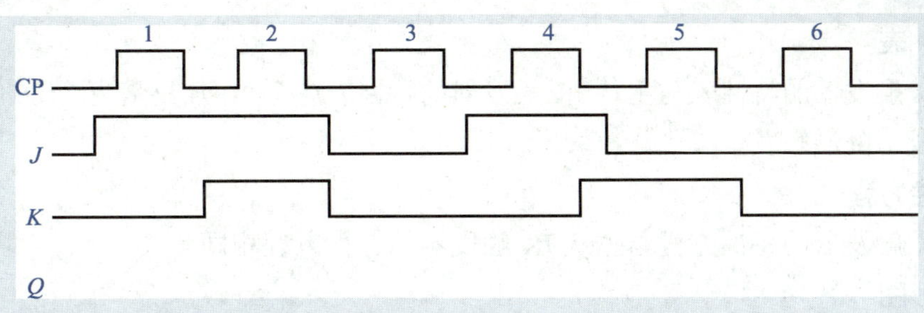

图 4-19　例 4-4　CP 、J 、K 的波形

解： 由表 4-10 可知，在第 1 个 CP = 1 期间，$J=1$，$K=0$，因此 $Q^{n+1}=1$（下降沿翻转）；在第 2 个 CP = 1 期间，$J=1$，$K=1$，因此 $Q^{n+1}=0$（下降沿翻转）；在第 3 个 CP = 1 期间，$J=0$，$K=0$，因此 Q^{n+1} 保持不变，仍为 0；在第 4 个 CP = 1 期间，$J=1$，$K=0$，因此 $Q^{n+1}=1$（下降沿翻转）；在第 5 个 CP = 1 期间，$J=0$，$K=1$，因此 $Q^{n+1}=0$（下降沿翻转）；在第 6 个 CP = 1 期间，$J=0$，$K=0$，因此 Q^{n+1} 保持不变，仍为 0。最后得到 Q 的波形，如图 4-20 所示。

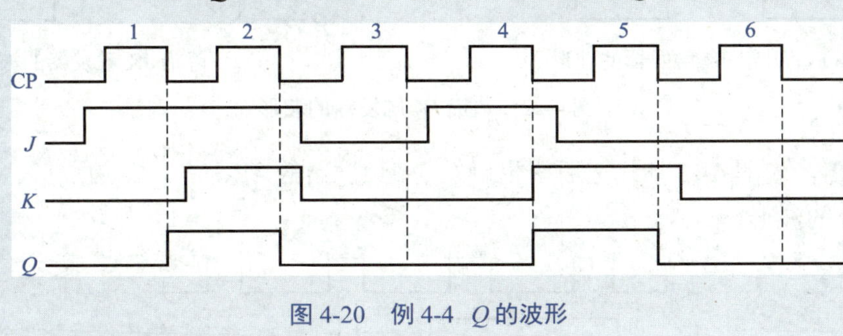

图 4-20　例 4-4　Q 的波形

4.4.2　边沿 JK 触发器

边沿 JK 触发器利用 CP 的有效边沿（上升沿或下降沿）将输入信号的变化反映在输出端，而在 CP = 0 和 CP = 1 时不接收信号，这样可有效避免空翻的发生。

1．逻辑符号

边沿 JK 触发器的逻辑符号如图 4-21 所示。

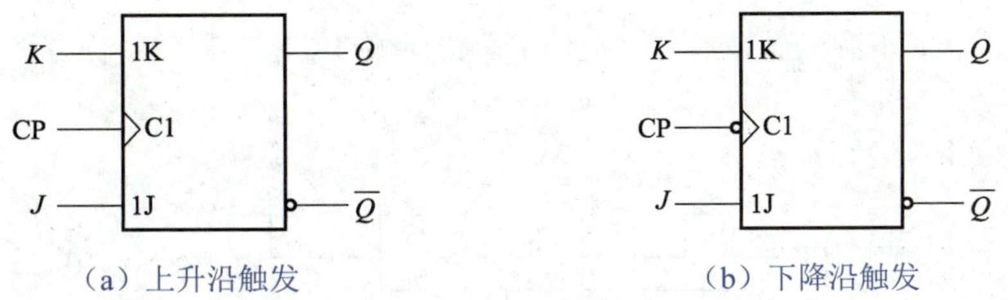

（a）上升沿触发　　（b）下降沿触发

图 4-21　边沿 JK 触发器的逻辑符号

2．逻辑功能

边沿 JK 触发器在 CP 上升沿或下降沿到来时发生翻转，且 CP 上升沿或下降沿前一瞬间的 J 、K 信号为有效输入信号。

3. 特性表

边沿 JK 触发器的特性表与主从 JK 触发器的特性表完全相同，只是边沿 JK 触发器只在 CP 上升沿或下降沿触发。

4. 特性方程

边沿 JK 触发器的特性方程与主从 JK 触发器的特性方程相同。

5. 波形图

如图 4-22 所示为边沿 JK 触发器的波形。

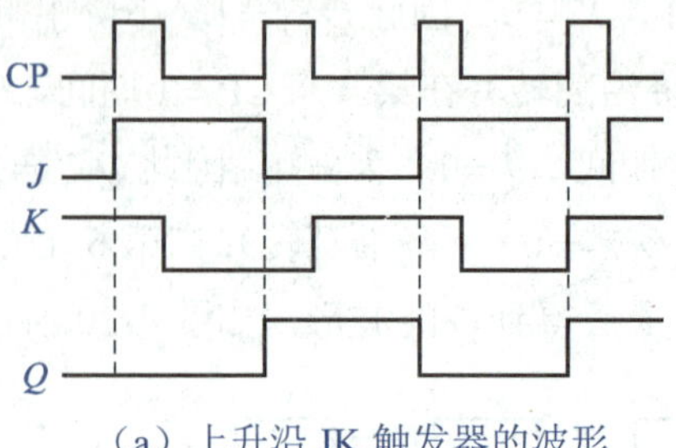

（a）上升沿 JK 触发器的波形

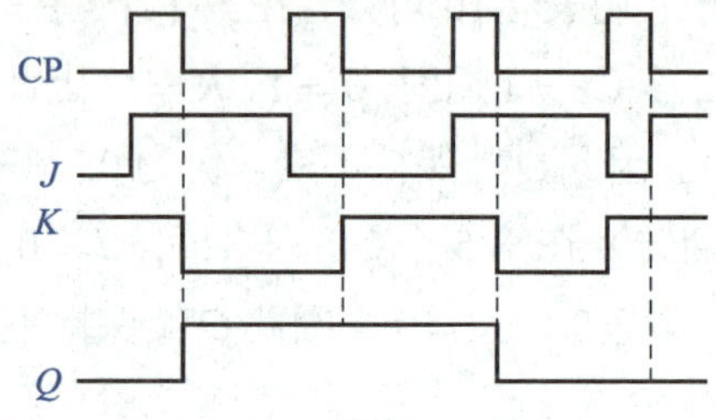

（b）下降沿 JK 触发器的波形

图 4-22 边沿 JK 触发器的波形

【例 4-5】 如图 4-23 所示为下降沿触发 JK 触发器的 CP 、J 、K 的波形，假设现态为 0，试确定 Q 的波形。

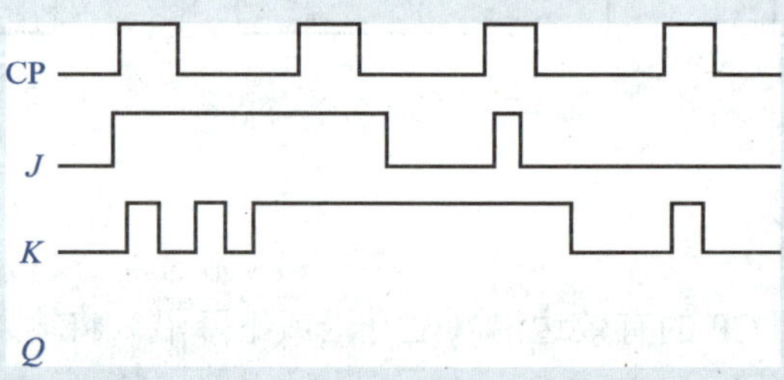

图 4-23 例 4-5 CP 、J 、K 的波形

解：（1）以 CP 的下降沿为基准，划分时间间隔，CP 下降沿到来前为现态，下降沿到来后为次态。

（2）当每个 CP 下降沿到来后，可根据下降沿触发 JK 触发器的特性方程或特性表确定其次态。

Q 的波形如图 4-24 所示。

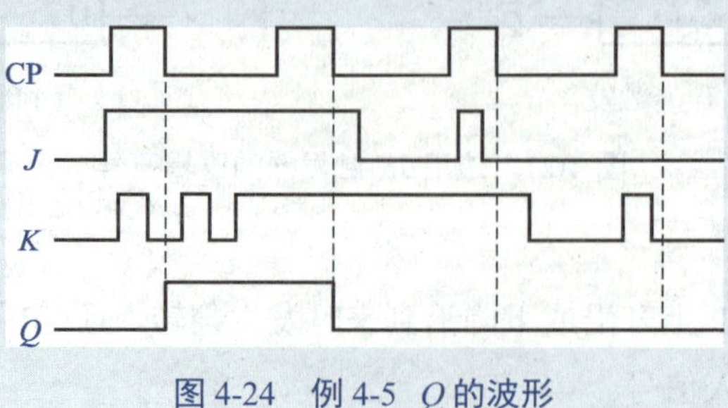

图 4-24 例 4-5 Q 的波形

学思践悟

RS 触发器结构简单，在数字电路中占据重要地位，但却存在约束条件和空翻现象，这也限制了它的应用范围。为克服这些问题，研究者们通过结构优化和技术创新，推出了功能更强大的 D 触发器和 JK 触发器，两者均在数字电路中得到了广泛应用。我们每个人都有各自的短板或不足，这也限制了我们自身的发展。只有补足短板，不断完善自己，才能让我们获得更大的发展空间，取得更高的成就。人生就是不断完善自我，最终实现自我、成就自我的奋斗过程。

4.5　T 触发器和 T'触发器

4.5.1　T 触发器

1．电路结构

T 触发器是一种将主从 JK 触发器的 J、K 端连接起来作为 T 端输入的触发器。如图 4-25 所示为 T 触发器的逻辑电路和逻辑符号。

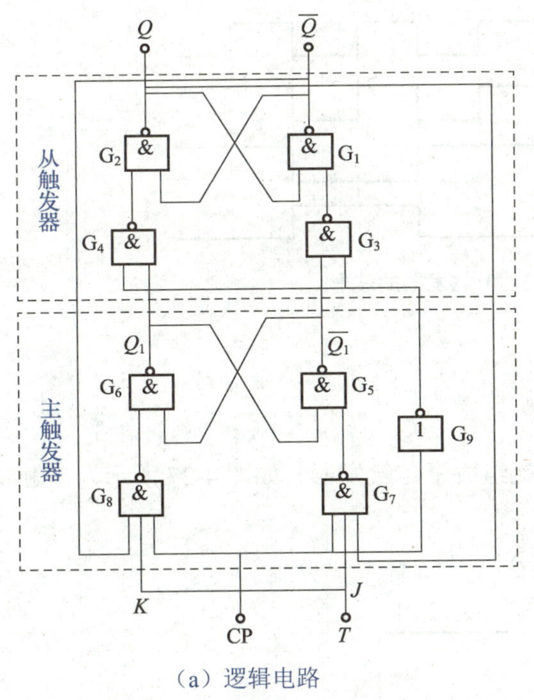

（a）逻辑电路

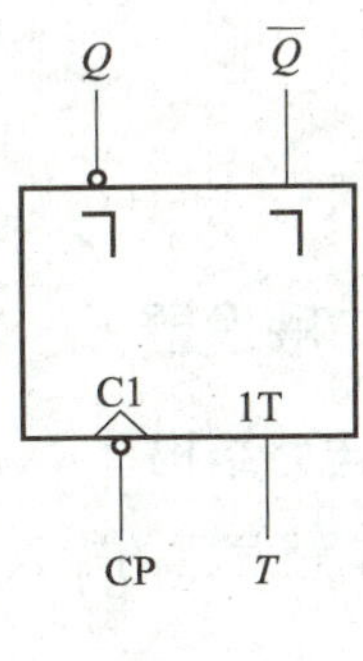

（b）逻辑符号

图 4-25　T 触发器的逻辑电路和逻辑符号

2．逻辑功能

当 $T=1$ 时，每来一个 CP，T 触发器的状态就会变化一次，因此该状态称为计数工作状态；当 $T=0$ 时，T 触发器保持原状态不变。因此，T 触发器具有可控制的计数功能。

3. 特性表

T 触发器的特性表如表 4-11 所示。

表 4-11　T 触发器的特性表

输入	输出		逻辑功能
T	Q^n	Q^{n+1}	
0	0	0	保持
0	1	1	
1	0	1	翻转
1	1	0	

4. 特性方程

根据表 4-11 可得 T 触发器的特性方程，即

$$Q^{n+1}=T\overline{Q^n}+\overline{T}Q^n \tag{4-6}$$

5. 波形图

如图 4-26 所示为 T 触发器的波形。

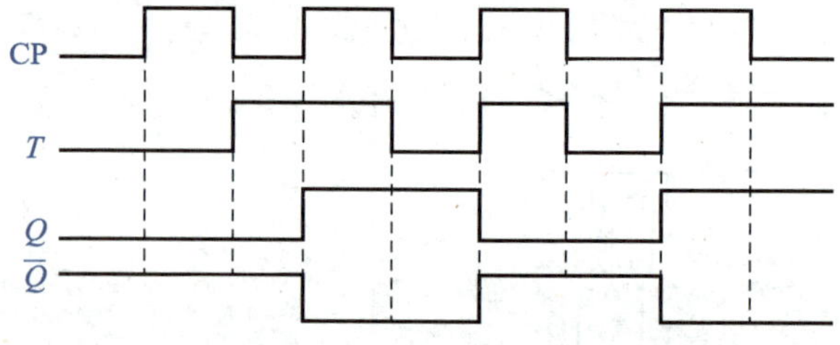

图 4-26　T 触发器的波形

4.5.2　T'触发器

1. 电路结构

将 T 触发器的输入端 T 接高电平，就组成了 T'触发器。如图 4-27 所示为 T'触发器的逻辑符号。

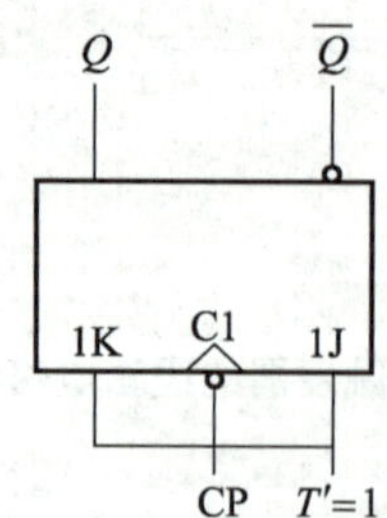

图 4-27　T'触发器的逻辑符号

2．逻辑功能

T'触发器只有翻转这一个逻辑功能，即每输入一个 CP，T'触发器的状态就会改变一次。

3．特性表

T'触发器的特性表如表 4-12 所示。

表 4-12 T'触发器的特性表

输入	输出		逻辑功能
T'	Q^n	Q^{n+1}	
1	0	1	翻转
1	1	0	

4．特性方程

根据表 4-12 可得 T'触发器的特性方程，即

$$Q^{n+1}=\overline{Q^n} \tag{4-7}$$

5．波形图

如图 4-28 所示为 T'触发器的波形。

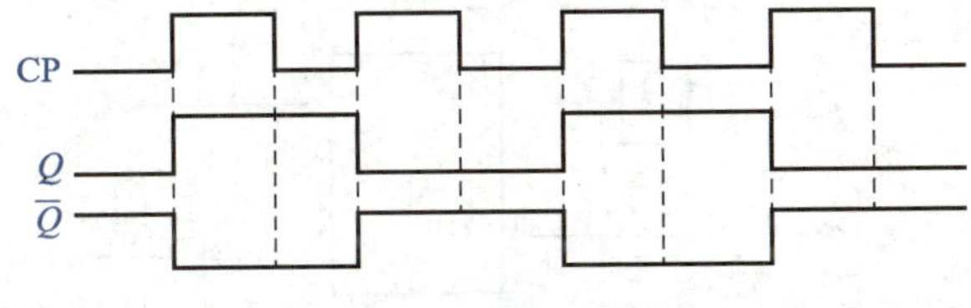

图 4-28 T'触发器的波形

在触发器的定型产品中，并没有专门的 T 触发器和 T'触发器，它们是由其他触发器转换得到的。

4.6 不同类型触发器的相互转换

在实际应用中，大多数触发器都是由 D 触发器或 JK 触发器转换而来的。根据已有触发器与待转换触发器特性方程相等的原则，便可求出已有触发器输入信号与待转换触发器输出信号之间的逻辑关系，从而实现两者之间的转换。

4.6.1 D 触发器转换为 JK 触发器

若式（4-4）与式（4-5）相等，则有

$$D=J\overline{Q^n}+\overline{K}Q^n \tag{4-8}$$

根据式（4-8）可得用 D 触发器组成的 JK 触发器，如图 4-29 所示。

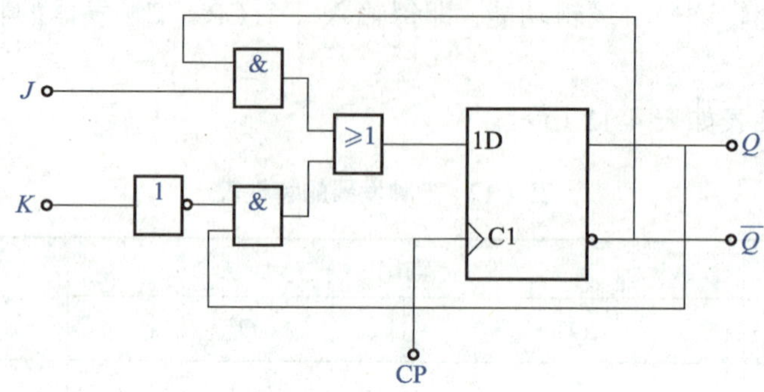

图 4-29　用 D 触发器组成的 JK 触发器

4.6.2　D 触发器转换为 T 触发器和 T'触发器

若式（4-4）与式（4-6）相等，则有

$$D = T\overline{Q^n} + \overline{T}Q^n \tag{4-9}$$

根据式（4-9）可得用 D 触发器组成的 T 触发器，如图 4-30 所示。

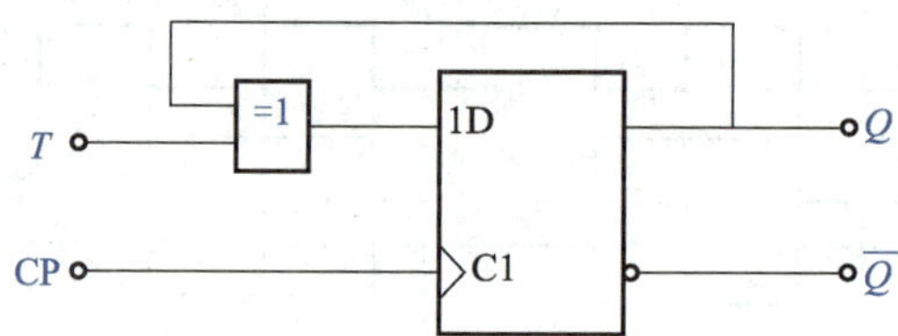

图 4-30　用 D 触发器组成的 T 触发器

同样，用 D 触发器组成 T'触发器时，有 $D = \overline{Q^n}$，如图 4-31 所示。

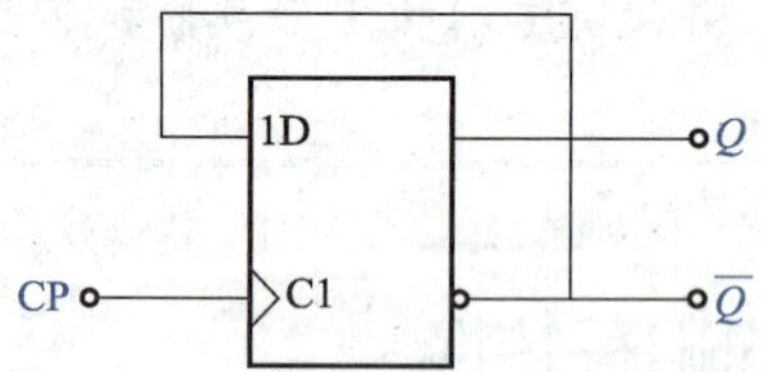

图 4-31　用 D 触发器组成的 T'触发器

4.6.3　JK 触发器转换为 D 触发器

式（4-4）可转换为

$$Q^{n+1} = D = DQ^n + D\overline{Q^n} \tag{4-10}$$

若式（4-5）与式（4-10）相等，则有 $J = D$，$K = \overline{D}$。

因此，可得用 JK 触发器组成的 D 触发器，如图 4-32 所示。

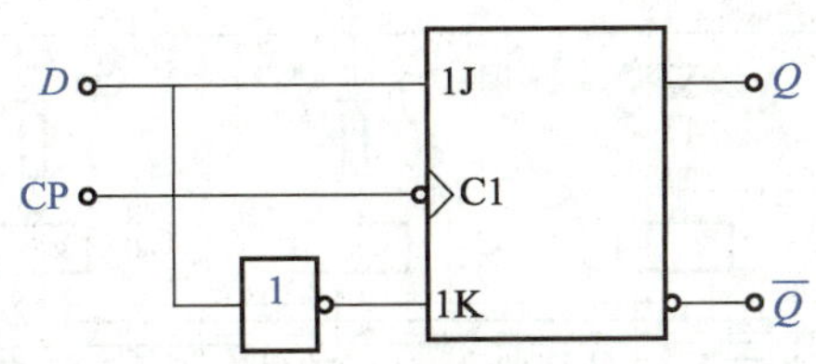

图 4-32　用 JK 触发器组成的 D 触发器

JK 触发器转换为 T 触发器和 T'触发器的方法与转换为 D 触发器的方法相同，此处不再赘述。

项目实施——测试四人抢答器电路

测试四人抢答器电路

1．实施目标

（1）熟悉 74LS00 和 74LS20 的引脚排列及逻辑功能。

（2）会用基本 RS 触发器搭建四人抢答器电路。

（3）会用 Multisim 14 对四人抢答器电路进行仿真。

（4）掌握测试四人抢答器电路的方法。

2．实施器材

（1）74LS00 芯片 8 片，74LS20 芯片 4 片。

（2）清零开关 1 个，抢答开关 4 个。

（3）阻值为1 kΩ 的电阻 5 个，阻值为510 Ω 的电阻 4 个。

（4）发光二极管 4 个。

（5）万用表 1 个。

（6）数字电路实验箱 1 台。

（7）导线若干。

3．实施内容

1）分析电路

如图 4-33 所示为四人抢答器电路。其中，S_0 为清零开关，S_1～S_4 为抢答开关。

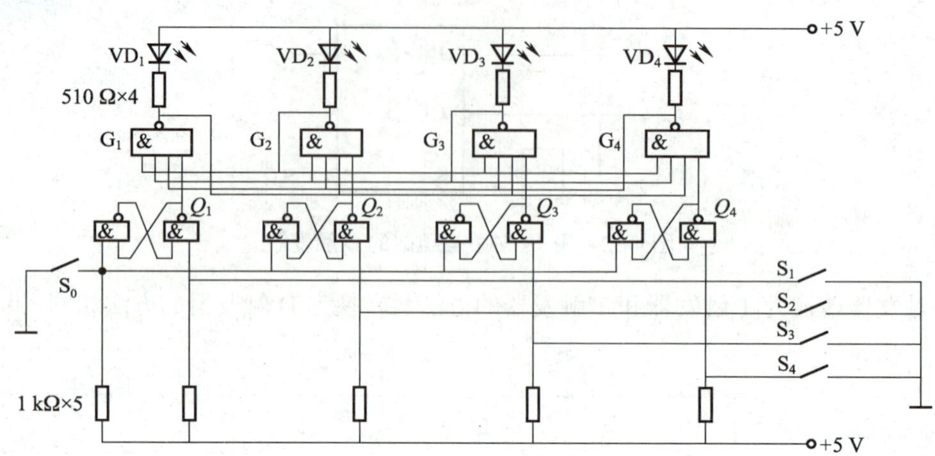

图 4-33　四人抢答器电路

在图 4-33 所示的电路中，若闭合 S_0，则抢答器电路清零；若断开 S_0，则允许抢答。电路的输入信号由 S_1 ~ S_4 输入，当有抢答信号输入（即闭合 S_1 ~ S_4 中的任一个开关）时，与之对应的发光二极管被点亮，此时再闭合其他任何一个抢答开关均无效，发光二极管仍保持第 1 个开关闭合时的状态，以此实现抢答功能。

2）仿真

（1）创建工程文件。打开 Multisim 14 仿真软件，单击菜单栏中的“文件”菜单，执行“设计”命令，在弹出的对话框中单击“Create”按钮，就可得到一个工程文件。

（2）选择元件。单击菜单栏中的“绘制”菜单，执行“元件”命令，按表 4-13 选择四人抢答器电路仿真所需元件。

表 4-13　四人抢答器电路仿真所需元件

序号	名称	规格	型号	数量
1	电源	5 V		2
2	清零开关			1
3	抢答开关			4
4	电阻	1 kΩ		5
		510 Ω		4
5	四 2 输入与非门		74LS00N	8
6	双 4 输入与非门		74LS20N	4
7	发光二极管			4

（3）连接仿真电路。按图 4-34 所示的四人抢答器电路的仿真电路将各元件连接起来。

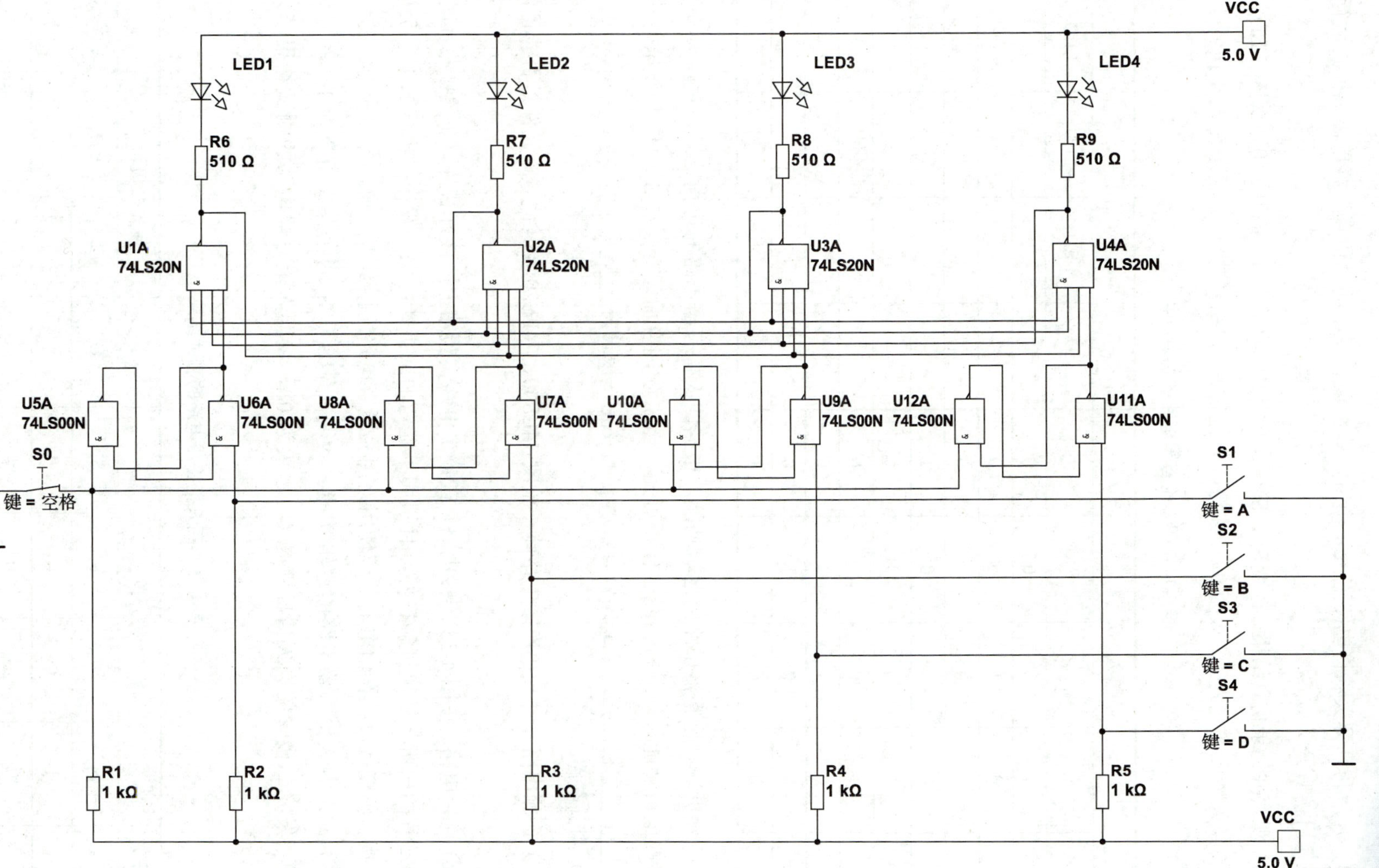

图 4-34　四人抢答器电路的仿真电路

（4）开启仿真开关。将电路连接完毕后，单击菜单栏中的“仿真”菜单，执行“运行”命令，开启仿真开关。

（5）观察并记录仿真结果。改变S_0、S_1～S_4的状态（闭合为1，断开为0），观察LED_1～LED_4的亮灭情况（亮为1，灭为0），并将四人抢答器电路的仿真结果记录在表4-14中。

表4-14 四人抢答器电路的仿真结果

输入					输出			
S_0	S_1	S_2	S_3	S_4	LED_1	LED_2	LED_3	LED_4
0	1	0	0	0				
0	0	1	0	0				
0	0	0	1	0				
0	0	0	0	1				
0→1	0	0	0	0				
1	1	0	0	0				
1	0	1	0	0				
1	0	0	1	0				
1	0	0	0	1				

（6）分析四人抢答器电路的逻辑功能。根据四人抢答器电路的仿真结果，对四人抢答器电路的逻辑功能进行分析。经过分析可知，当S_0未闭合而闭合S_1～S_4中任一个开关时，____________被点亮；当S_0闭合时，所有的发光二极管将____________。

3）测试电路

（1）检测电路元件。在连接电路前，检测74LS00、74LS20及其他电路元件是否能正常工作。

（2）连接电路。按图4-33连接电路，在数字电路实验箱上插接好芯片。在插接芯片时，应保证芯片的引脚与插座接触良好，且引脚不能弯曲或折断；保证发光二极管的正、负极正确连接，不能接反。在通电前，应使用万用表检查电路连接是否正确。

（3）测试四人抢答器电路的逻辑功能。改变S_0和S_1～S_4的状态（闭合为1，断开为0），观察发光二极管的亮灭情况（亮为1，灭为0），将四人抢答器电路的测试结果填入表4-15中。

表4-15 四人抢答器电路的测试结果

清零开关	抢答开关				发光二极管			
S_0	S_1	S_2	S_3	S_4	VD_1	VD_2	VD_3	VD_4
0	1	0	0	0				
0	0	1	0	1				

（续表）

清零开关	抢答开关				发光二极管			
S_0	S_1	S_2	S_3	S_4	VD_1	VD_2	VD_3	VD_4
0	0	0	1	0				
0	0	0	0	1				
$0\to1$	0	0	0	0				
1	1	0	0	0				
1	0	1	0	0				
1	0	0	1	0				
1	0	0	0	1				

（4）分析结果。将四人抢答器电路的测试结果与仿真结果进行对比，判断测试结果是否正确。若发光二极管未能正确被点亮或被熄灭，则电路存在故障，应找出故障原因并排除故障，然后再次进行测试。

4. 实施报告

根据实施过程及结果撰写实施报告，实施报告应包括以下内容。

（1）画出四人抢答器电路的仿真电路和测试电路。

（2）记录四人抢答器电路的仿真结果和测试结果。

（3）分析四人抢答器电路的功能。

项目知识检测

1. 填空题

（1）触发器是一种典型的具有____________功能的逻辑器件，其输出状态不仅与____________有关，还与____________有关。

（2）触发器逻辑功能的描述方法主要有________、________和________。

（3）基本 RS 触发器具有________、________、________等逻辑功能。

（4）D 触发器主要有两种：一种是__________，另一种是__________。

（5）JK 触发器可分为________、________、________等。

（6）大多数触发器都是由____________或____________转换而来的。根据已有触发器与待转换触发器____________相等的原则，便可求出____________与____________之间的逻辑关系。

2. 简答题

（1）常见触发器的分类方法及类型有哪些？

（2）基本 RS 触发器主要由什么组成？

（3）同步 RS 触发器与基本 RS 触发器的区别是什么？

（4）电平 D 触发器的结构特点是什么？它是如何解决输入信号之间存在约束条件的问题？

（5）什么是空翻现象？

3. 综合题

（1）如图 4-35 所示为基本 RS 触发器的逻辑电路和 $\overline{R_D}$ 、$\overline{S_D}$ 的波形，请根据基本 RS 触发器的工作原理，画出 Q 、$\overline{Q}$ 的波形。

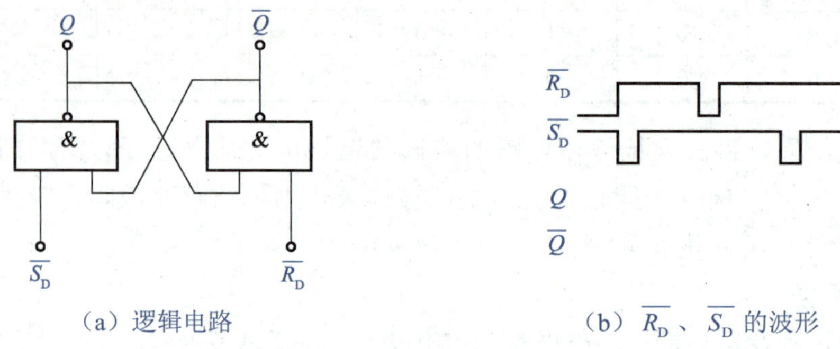

（a）逻辑电路　　（b）$\overline{R_D}$ 、$\overline{S_D}$ 的波形

图 4-35　题图

（2）如图 4-36 所示为边沿 D 触发器与边沿 JK 触发器组成的逻辑电路，假设两个触发器的现态均为 0，请根据 CP 和 D 的波形，画出 Q_1 和 Q_2 波形。

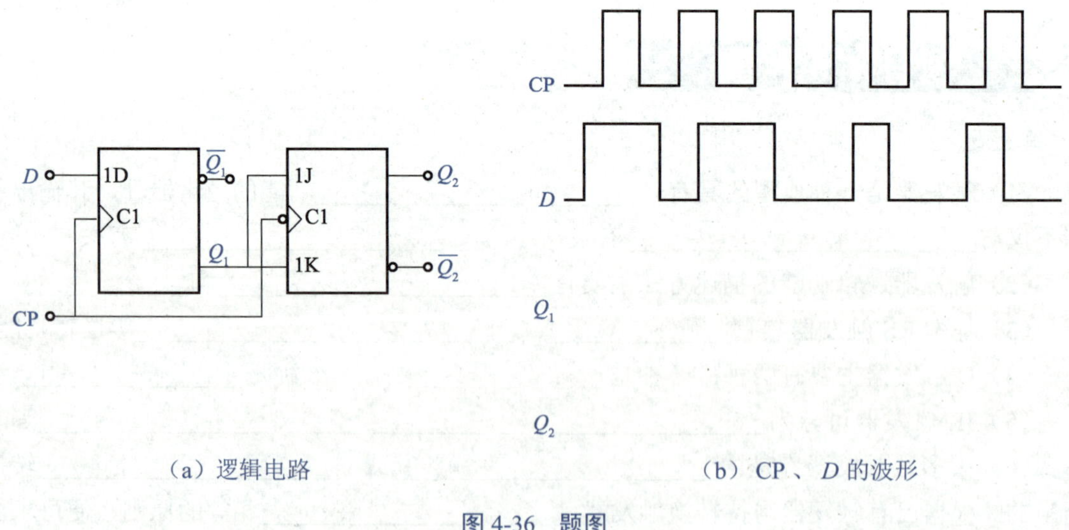

（a）逻辑电路　　（b）CP 、D 的波形

图 4-36　题图

（3）如图 4-37 所示为由边沿 T 触发器组成的电路，假设两个触发器的现态均为 0，请根据 CP 的波形，画出 Q_1 和 Q_2 的波形。

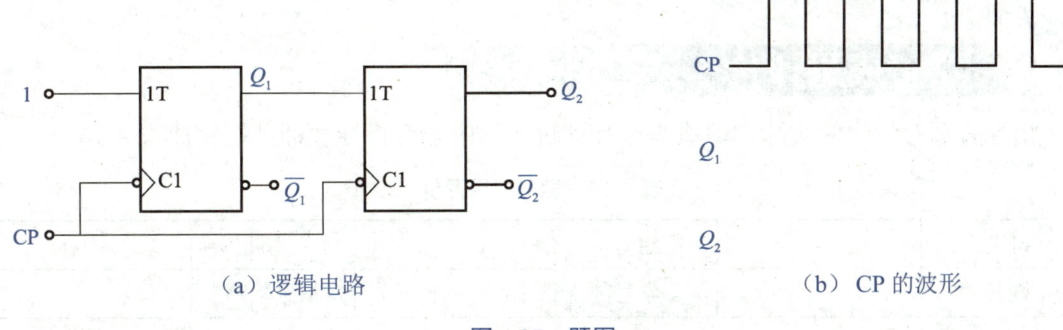

（a）逻辑电路　　（b）CP 的波形

图 4-37　题图

（4）如图 4-38 所示为由边沿 JK 触发器组成的两个电路，假设两个触发器的现态均为 0，试画出 Q_1、Q_2 的波形。

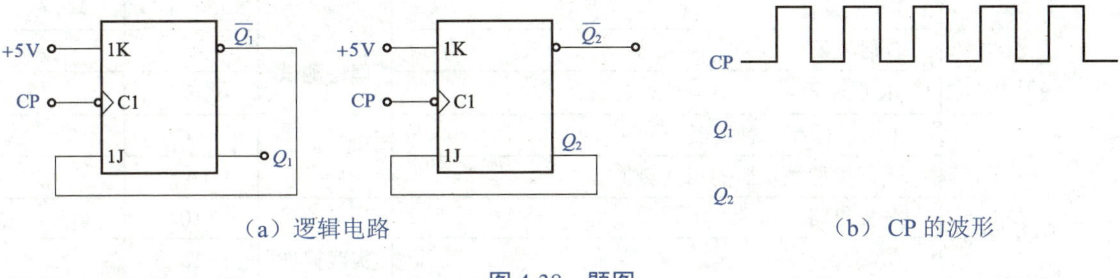

（a）逻辑电路　　（b）CP 的波形

图 4-38　题图

（5）根据不同类型触发器的转换原理，试用 D 触发器和适当的门电路组成 JK 触发器。

学习成果评价

指导教师对学生的实际学习成果进行评价，学生配合指导教师共同完成表 4-16。

表 4-16　学习成果评价

班级		组号		日期	
姓名		学号		指导教师	
学习成果名称	认识触发器				
评价项目	评价内容		评价方式	满分/分	评分/分
知识（40%）	触发器概述		理论测试	6	
	RS 触发器			8	
	D 触发器			8	
	JK 触发器			8	
	T 触发器和 T'触发器			4	
	不同类型触发器的相互转换			6	
技能（40%）	分析电路		实践操作	10	
	仿真			15	
	测试电路			15	
素养（20%）	积极参加教学活动，主动学习和思考		综合评判	5	
	认真完成学习和实践任务			5	
	团队协作，与组员合作默契			4	
	遵守课堂纪律，维护课堂秩序			4	
	守正创新，自信自强			2	
合计				100	
自我评价					
指导教师评价					

项目 5

分析与设计时序逻辑电路

知识目标

- 熟悉时序逻辑电路的定义、分类和分析方法。
- 掌握寄存器、计数器的电路结构和工作原理。
- 掌握 n 进制计数器的设计方法。

技能目标

- 能设计 60 秒计时器。
- 能用 Multisim 14 仿真 60 秒计时器。
- 能分析 60 秒计时器的仿真结果。

素质目标

- 养成见微知著、深谋远虑的逻辑思维。
- 增强善假于物、力学笃行的实践能力。

项目导入

与组合逻辑电路不同，时序逻辑电路是一种具有记忆功能的电路，它的基本功能电路包括寄存器和计数器。其中，寄存器可用于存储数据信息，而计数器则可用于实现计数功能。随着电子技术的不断发展，时序逻辑电路的应用日益广泛，它不仅提升了电子设备的运算速度和效率，还推动了科技领域的持续创新和发展。

本项目要求学生掌握时序逻辑电路的基本知识，并在此基础上设计 60 秒计时器，知识与技能要求如表 5-1 所示。

表 5-1　知识与技能要求

项目内容	分析与设计时序逻辑电路	学习程度		
		识记	理解	应用
学习任务	时序逻辑电路	●		
	寄存器		●	
	计数器		●	
实训任务	设计 60 秒计时器			●
自我勉励				

项目工单

1. 学生分组

学生以 3～5 人为一组进行分组，各小组选出组长并进行任务分工，将小组成员及分工情况填入表 5-2 中。

表 5-2　小组成员及分工情况

班级		组号		指导教师	
小组成员	姓名	学号	任务分工		
组长					
组员					

2. 工作计划

各小组查阅资料，熟悉时序逻辑电路的基本知识，制订工作计划，并将其填入表 5-3 中。

表 5-3　工作计划

序号	工作内容	负责人

3．工作准备

各小组准备实施所需的工具和器材，并将其填入表 5-4 中。

表 5-4　实施所需的工具和器材

序号	名称	规格与型号	单位	数量	备注

4．工作实施

各小组按工作计划，设计 60 秒计时器，将实施步骤、实施内容及遇到的问题、解决办法等填入表 5-5 中。

表 5-5　工作实施过程记录表

序号	实施步骤	实施内容及遇到的问题	解决办法

5.1　时序逻辑电路

5.1.1　时序逻辑电路的定义

如果逻辑电路在任意时刻的输出状态不仅与当前时刻的输入状态有关，还与前一时刻的输出状态有关，那么这种逻辑电路称为时序逻辑电路。时序逻辑电路的结构框图如图 5-1 所示。

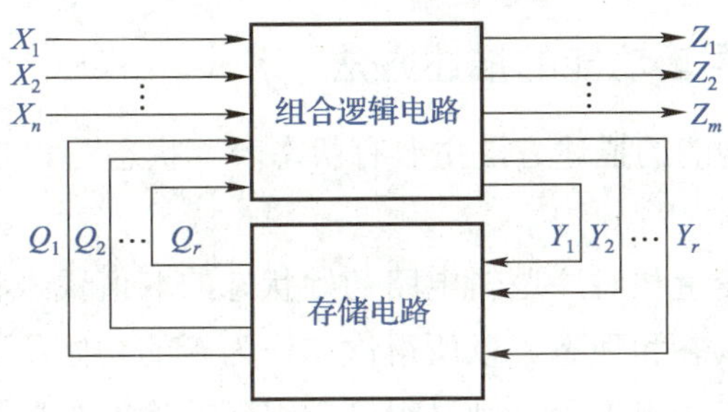

图 5-1　时序逻辑电路的结构框图

由图 5-1 可知，时序逻辑电路包括组合逻辑电路和存储电路两部分，且存储电路是不可或缺的。其中，X_1、X_2、…、X_n 为时序逻辑电路的 n 个输入信号；Q_1、Q_2、…、Q_r 为存储电路的 r 个输出信号，它们被反馈到组合逻辑电路的输入端，与输入信号共同决定时序逻辑电路的输出状态；Z_1、Z_2、…、Z_m 为时序逻辑电路的 m 个输出信号；Y_1、Y_2、…、Y_r 为存储电路的 r 个输入信号，与时序逻辑电路的现态共同决定存储电路的次态。这些信号的逻辑关系可表示为

$$Z_i = f_i(X_1,\cdots,X_n,Q_1,\cdots,Q_r) \quad (i=1,2,\cdots,m) \tag{5-1}$$

$$Y_i = g_i(X_1,\cdots,X_n,Q_1,\cdots,Q_r) \quad (i=0,1,\cdots,r) \tag{5-2}$$

$$Q_i^{n+1} = k_i(Y_1,\cdots,Y_r,Q_1,\cdots,Q_r) \quad (i=0,1,\cdots,r) \tag{5-3}$$

其中，式（5-1）为时序逻辑电路的输出方程，式（5-2）为时序逻辑电路的驱动方程或激励方程，式（5-3）为时序逻辑电路的状态方程。

请思考：时序逻辑电路在结构上有什么特点？

5.1.2　时序逻辑电路的分类

时序逻辑电路可按以下方式进行分类。

（1）按电路工作方式的不同，时序逻辑电路可分为同步时序逻辑电路和异步时序逻辑电路两种。在同步时序逻辑电路中，各触发器的CP相同，电路的输出状态受同一CP的控制；而在异步时序逻辑电路中，各触发器的CP不同，电路的输出状态不受同一CP的控制。

（2）按电路输出与输入依从关系的不同，时序逻辑电路可分为米利（Mealy）型时序逻辑电路和摩尔（Moore）型时序逻辑电路两种。其中，Mealy型时序逻辑电路的输出信号不仅取决于存储电路的状态，还取决于输入变量；Moore型时序逻辑电路的输出信号仅取决于存储电路的状态。

5.1.3 时序逻辑电路逻辑功能的描述方法

时序逻辑电路逻辑功能的描述方法主要有状态表、状态图和波形图三种。

1. 状态表

若将任意一组输入变量与时序逻辑电路初始状态的取值代入状态方程和输出方程，则可得到时序逻辑电路的次态和现态。以所得次态作为新的初始状态，与此时输入变量的取值一起再代入状态方程和输出方程，则又得到一组新的次态与现态。依次类推，将次态与现态的所有组合列成真值表的形式，便得到了状态表。

2. 状态图

为更加直观地显示时序逻辑电路的逻辑功能，可将状态表转换为状态图。在将状态表转换为状态图时，用小圆圈表示时序逻辑电路的各个状态，圆圈中填入存储电路的状态值，各圆圈之间用箭头表示状态转换的方向，在箭头旁注明状态转换前的输入和输出的取值，并用斜线将两者分开，斜线上方为输入的取值，下方为输出的取值。

3. 波形图

在CP作用下，用波形来描述逻辑电路状态、输出状态随时间变化的图形称为波形图。

5.1.4 时序逻辑电路的分析方法

分析时序逻辑电路的目的是确定给定逻辑电路的逻辑功能，具体的分析方法如下。

（1）分析时序逻辑电路的结构。确定时序逻辑电路的输入与输出，区分组合逻辑电路部分与存储电路部分，并判断时序逻辑电路是同步时序逻辑电路还是异步时序逻辑电路。

（2）列时序逻辑电路的输出方程和驱动方程。对于异步时序逻辑电路，还应写出时钟方程，即存储电路中各触发器时钟信号的逻辑表达式。

（3）求时序逻辑电路的状态方程。将驱动方程代入相应触发器的特性方程，即可求得时序逻辑电路的状态方程。

（4）列时序逻辑电路的状态表。将时序逻辑电路的输入信号和现态的所有可能取值组合代入输出方程和状态方程中，求得对应的输出和次态，列出状态表。

（5）画时序逻辑电路的状态图或波形图。

（6）描述时序逻辑电路的逻辑功能。

【例 5-1】 试分析如图 5-2 所示时序逻辑电路的逻辑功能。

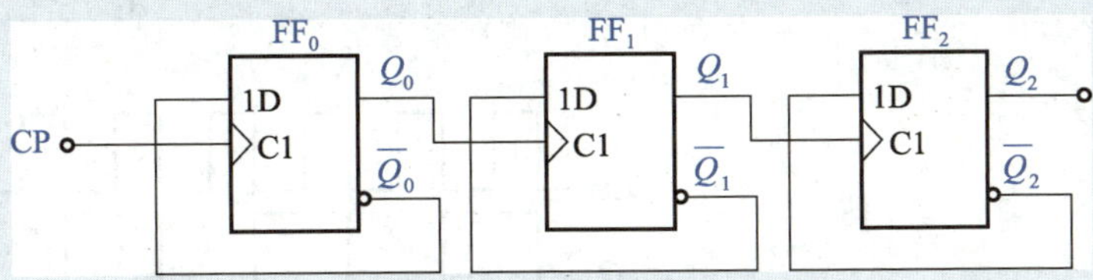

图 5-2　例 5-1 时序逻辑电路

解：（1）分析时序逻辑电路的结构。由图 5-2 可知，该时序逻辑电路属于异步时序逻辑电路。

（2）列时序逻辑电路的驱动方程和时钟方程。

驱动方程：

$$D_2 = \overline{Q_2^n}\text{，}\quad D_1 = \overline{Q_1^n}\text{，}\quad D_0 = \overline{Q_0^n}$$

时钟方程：

$$\mathrm{CP}_2 = Q_1^n\text{，}\quad \mathrm{CP}_1 = Q_0^n\text{，}\quad \mathrm{CP}_0 = \mathrm{CP}$$

（3）求时序逻辑电路的状态方程。将各触发器的驱动方程代入 D 触发器的特性方程 $Q^{n+1} = D$ 中，可得该时序逻辑电路的状态方程，即

$$\begin{cases} Q_2^{n+1} = D_2 = \overline{Q_2^n} \\ Q_1^{n+1} = D_1 = \overline{Q_1^n} \\ Q_0^{n+1} = D_0 = \overline{Q_0^n} \end{cases}$$

（4）列时序逻辑电路的状态表。若各触发器均采用上升沿触发，则只有在相应CP 的上升沿到来时，各触发器的状态才发生翻转。如表 5-6 所示为该时序逻辑电路的状态表。

表 5-6　例 5-1 时序逻辑电路的状态表

现态			次态			时钟条件
Q_2^n	Q_1^n	Q_0^n	Q_2^{n+1}	Q_1^{n+1}	Q_0^{n+1}	
0	0	0	1	1	1	$\mathrm{CP}_0,\mathrm{CP}_1,\mathrm{CP}_2$
1	1	1	1	1	0	CP_0
1	1	0	1	0	1	$\mathrm{CP}_0,\mathrm{CP}_1$
1	0	1	1	0	0	CP_0
1	0	0	0	1	1	$\mathrm{CP}_0,\mathrm{CP}_1,\mathrm{CP}_2$
0	1	1	0	1	0	CP_0
0	1	0	0	0	1	$\mathrm{CP}_0,\mathrm{CP}_1$
0	0	1	0	0	0	CP_0

（5）画时序逻辑电路的状态图和波形图。如图 5-3 所示为该时序逻辑电路的状态图和波形图。

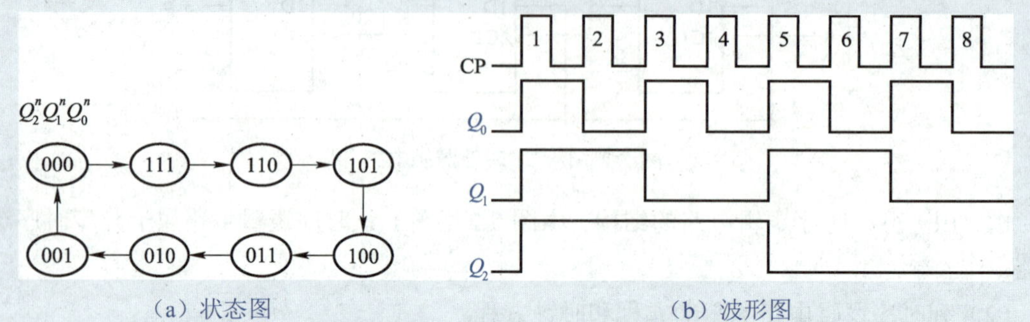

（a）状态图　　　　（b）波形图

图 5-3　例 5-1 时序逻辑电路的状态图和波形图

（6）描述时序逻辑电路的逻辑功能。经过分析可知，该时序逻辑电路具有计数功能，可进行 3 位二进制减法计数。

5.2　寄存器

寄存器是指能存储数码的电路，它主要由具有存储功能的触发器组成。一个触发器可存储 1 位二进制数码，若要存储 n 位二进制数码，则需要 n 个触发器组成寄存器。

寄存器在存储数码时具有存得进、存得住、取得出三种功能。

寄存器主要包括基本寄存器和移位寄存器。

5.2.1　基本寄存器

基本寄存器主要用于存储传输线上的数据信息。如图 5-4 所示为 4 位二进制寄存器的逻辑电路，该寄存器主要由 4 个 D 触发器并联组成，可接收并存储 4 位二进制数码。

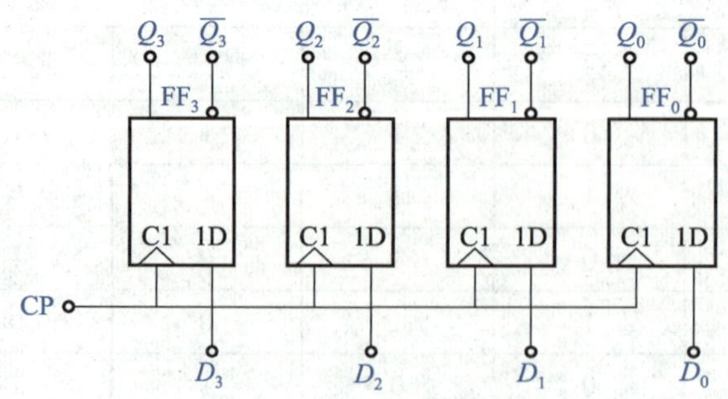

图 5-4　4 位二进制寄存器的逻辑电路

若要将一个 4 位二进制数码存储至 4 位二进制寄存器中，则需要将该数码分别送至 4 位二进制寄存器的 4 个输入端。在 CP 上升沿的作用下，该数码将被存入对应的触发器中。只要不输入清零脉冲或接收新的数据，4 位二进制寄存器将会一直保持这个状态。若要取出 4 位二进制寄存器中的数码，则需要将数码从各触发器的 Q 端输出。

注 意

基本寄存器在存入新的数码时会自动清除原始数码，因此只需要一个 CP 就可将数码存入基本寄存器中。

5.2.2　移位寄存器

在寄存器中存储的数码，有时需要经过依次移位（低位向相邻高位移动或高位向相邻低位移动）才能满足数据处理的要求。可进行移位的寄存器称为移位寄存器，它可分为单向移位寄存器和双向移位寄存器两种。其中，单向移位寄存器又可分为右移移位寄存器和左移移位寄存器两种。

1. 单向移位寄存器

1）右移移位寄存器

如图 5-5 所示为 4 位右移移位寄存器的逻辑电路，该寄存器主要由 4 个 D 触发器组成。

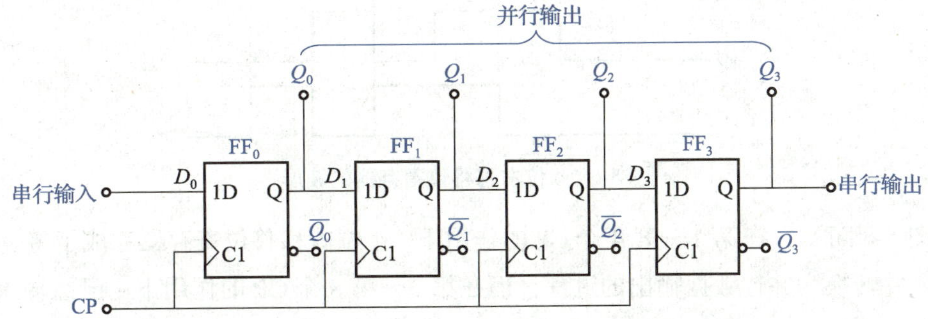

图 5-5　4 位右移移位寄存器的逻辑电路

由图 5-5 可知，数据从串行输入端 D_0 输入，且左侧触发器的输出作为右侧触发器的输入。假设该右移移位寄存器的现态 $Q_3Q_2Q_1Q_0=0000$，可将数码 $D_3D_2D_1D_0$（1101）按照从高位（D_3）至低位（D_0）的顺序依次传送至 D_0。在第 1 个 CP 到来后，$Q_3Q_2Q_1Q_0=0001$；在第 2 个 CP 到来后，$Q_3Q_2Q_1Q_0=0011$；在第 3 个 CP 到来后，$Q_3Q_2Q_1Q_0=0110$；在第 4 个 CP 到来后，$Q_3Q_2Q_1Q_0=1101$。显然，经过 4 个 CP 后，该右移移位寄存器的输出状态 $Q_3Q_2Q_1Q_0$ 与输入数码 $D_3D_2D_1D_0$ 相对应。

由以上分析可知，4 位右移移位寄存器的状态表如表 5-7 所示。

表 5-7　4 位右移移位寄存器的状态表

CP 序号	输入	输出			
	D_0	Q_0	Q_1	Q_2	Q_3
0	0	0	0	0	0
1	1	1	0	0	0
2	1	1	1	0	0
3	0	0	1	1	0
4	1	1	0	1	1

由表 5-7 可知，4 位右移移位寄存器的波形如图 5-6 所示。

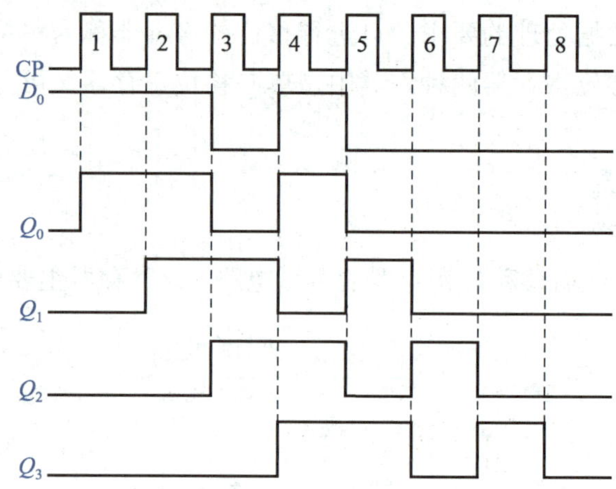

图 5-6　4 位右移移位寄存器的波形

由图 5-6 可知，在第 1～第 4 个 CP 的作用下，4 位右移移位寄存器完成了将 4 位串行数据输入并转换为并行数据输出的过程；而在第 5～第 8 个 CP 的作用下，已经输入的并行数据又被串行输出。因此，4 位右移移位寄存器的数码既可由 Q_3、Q_2、Q_1、Q_0 并行输出，也可由 Q_3 串行输出。

2）左移移位寄存器

如图 5-7 所示为 4 位左移移位寄存器的逻辑电路，该寄存器主要由 4 个 D 触发器组成。

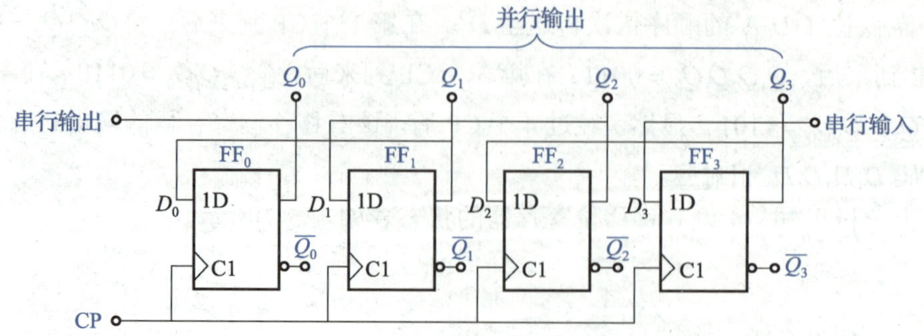

图 5-7　4 位左移移位寄存器的逻辑电路

由图 5-7 可知，左移移位寄存器是将右移移位寄存器中右侧触发器的输出端与相邻左侧触发器的输入端相连接，待存储的数据从最右侧触发器的输入端串行输入。

左移移位寄存器应用范围较少，此处不再赘述。

请思考：右移移位寄存器与左移移位寄存器在结构上有什么区别？

2. 双向移位寄存器

将左移移位寄存器和右移移位寄存器组合起来，并引入移位控制端 S，就组成了双向移位寄存器，其逻辑电路如图 5-8 所示。其中，S 为移位控制端，D_{SR} 为右移串行输入端，D_{SL} 为左移串行输入端，D_{OR} 为右移串行输出端，D_{OL} 为左移串行输出端。

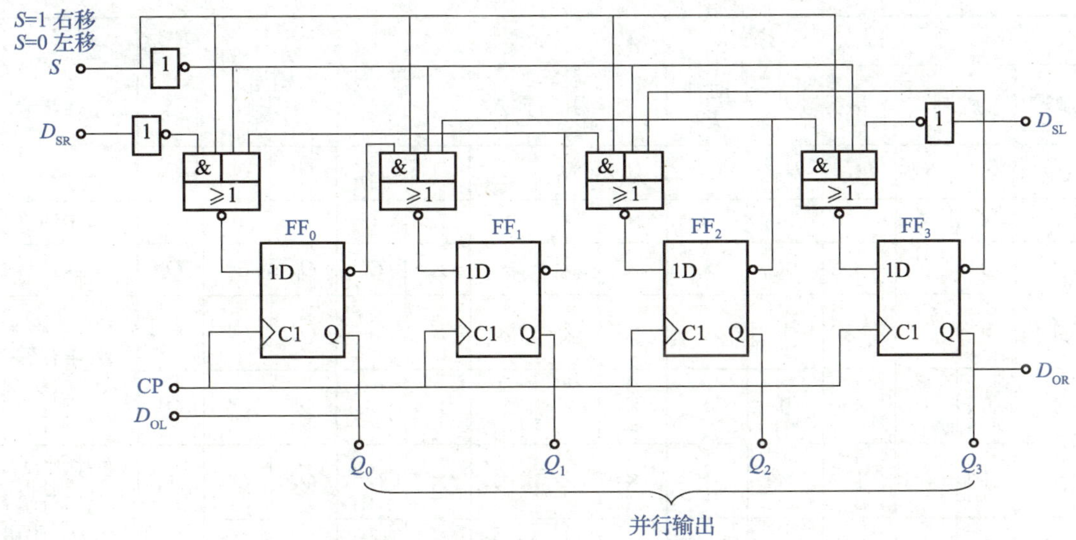

图 5-8 双向移位寄存器的逻辑电路

由图 5-8 可得双向移位寄存器的驱动方程，即

$$\begin{cases} D_0 = \overline{S\overline{D_{SR}} + \overline{S}\,\overline{Q_1}} \\ D_1 = \overline{S\overline{Q_0} + \overline{S}\,\overline{Q_2}} \\ D_2 = \overline{S\overline{Q_1} + \overline{S}\,\overline{Q_3}} \\ D_3 = \overline{S\overline{Q_2} + \overline{S}\,\overline{D_{SL}}} \end{cases} \tag{5-4}$$

双向移位寄存器的逻辑功能如下。

（1）当 $S=1$ 时，$D_0 = D_{SR}$，$D_1 = Q_0$，$D_2 = Q_1$，$D_3 = Q_2$，此时双向移位寄存器在 CP 作用下可实现右移操作。

（2）当 $S=0$ 时，$D_0 = Q_1$，$D_1 = Q_2$，$D_2 = Q_3$，$D_3 = D_{SL}$，此时双向移位寄存器在 CP 作用下可实现左移操作。

3．集成移位寄存器

74LS194 是一种 4 位集成移位寄存器，具有异步清零、保持、右移、左移、并行置数等逻辑功能，其逻辑符号和引脚排列如图 5-9 所示，功能表如表 5-8 所示。

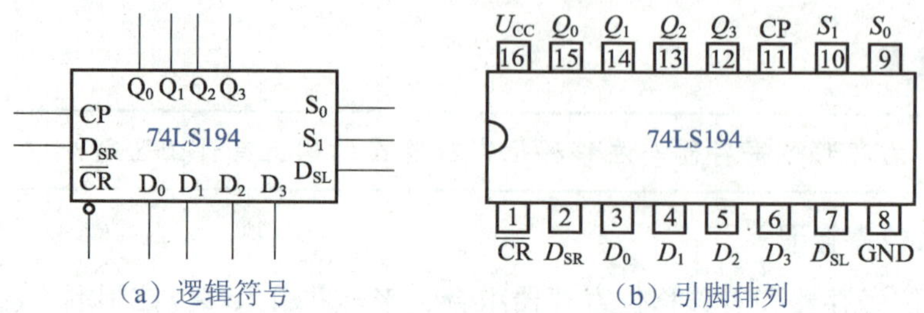

（a）逻辑符号　　（b）引脚排列

图 5-9　74LS194 的逻辑符号和引脚排列

表 5-8　74LS194 的功能表

输入										输出				工作模式
清零	控制		串行输入		时钟脉冲	并行输入								
$\overline{CR}$	S_1	S_0	D_{SL}	D_{SR}	CP	D_0	D_1	D_2	D_3	Q_0	Q_1	Q_2	Q_3	
0	×	×	×	×	×	×	×	×	×	0	0	0	0	异步清零
1	0	0	×	×	×	×	×	×	×	Q_0^n	Q_1^n	Q_2^n	Q_3^n	保持
1	0	1	×	1	↑	×	×	×	×	1	Q_0^n	Q_1^n	Q_2^n	右移，D_{SR} 为串行输入，Q_3 为串行输出
1	0	1	×	0	↑	×	×	×	×	0	Q_0^n	Q_1^n	Q_2^n	
1	1	0	1	×	↑	×	×	×	×	Q_1^n	Q_2^n	Q_3^n	1	左移，D_{SL} 为串行输入，Q_0 为串行输出
1	1	0	0	×	↑	×	×	×	×	Q_1^n	Q_2^n	Q_3^n	0	
1	1	1	×	×	↑	D_0	D_1	D_2	D_3	D_0	D_1	D_2	D_3	并行置数

由表 5-8 可知，D_0、D_1、D_2、D_3 为 74LS194 的并行输入，Q_0、Q_1、Q_2、Q_3 为 74LS194 的并行输出，Q_0、Q_3 分别为 74LS194 在左移和右移时的串行输出。因此，74LS194 主要有以下几种逻辑功能。

（1）异步清零。当 $\overline{CR}=0$ 时，74LS194 实现异步清零，不受 CP 的控制。若要使 74LS194 正常工作，则必须保持 $\overline{CR}=1$。

（2）保持。当 $\overline{CR}=1$、$S_1S_0=00$ 时，无论是否有 CP 到来，各触发器的工作状态均保持不变。

（3）右移。当 $\overline{CR}=1$、$S_1S_0=01$ 时，在 CP 上升沿的作用下，$Q_0=D_{SR}$，$Q_1=Q_0^n$，$Q_2=Q_1^n$，$Q_3=Q_2^n$，74LS194 实现右移功能。

（4）左移。当 $\overline{\text{CR}}=1$、$S_1S_0=10$ 时，在 CP 上升沿的作用下，$Q_0=Q_1^n$，$Q_1=Q_2^n$，$Q_2=Q_3^n$，$Q_3=D_{\text{SL}}$，74LS194 实现左移功能。

（5）并行置数。当 $\overline{\text{CR}}=1$、$S_1S_0=11$ 时，在 CP 上升沿的作用下，$Q_0=D_0$，$Q_1=D_1$，$Q_2=D_2$，$Q_3=D_3$，74LS194 实现并行置数功能。

【例 5-2】　试用两片 74LS194 扩展成一个 8 位双向移位寄存器。

解： 如图 5-10 所示为 8 位双向移位寄存器的逻辑电路，该移位寄存器由两片 74LS194 扩展而成。其中，左侧 74LS194 的 Q_3 与右侧 74LS194 的 D_{SR} 相连，右侧 74LS194 的 Q_0 与左侧 74LS194 的 D_{SL} 相连，$\overline{\text{CR}}$ 与 S_1、S_0 分别并联。连接完成后，两片 74LS194 的 8 个输出端为 8 位双向移位寄存器的并行输出端 $Q_0\sim Q_7$，两片 74LS194 的 8 个输入端为 8 位双向移位寄存器的并行输入端 $D_0\sim D_7$。左侧 74LS194 的 D_{SR} 为 8 位双向移位寄存器的右移输入端，右侧 74LS194 的 D_{SL} 为 8 位双向移位寄存器的左移输入端。

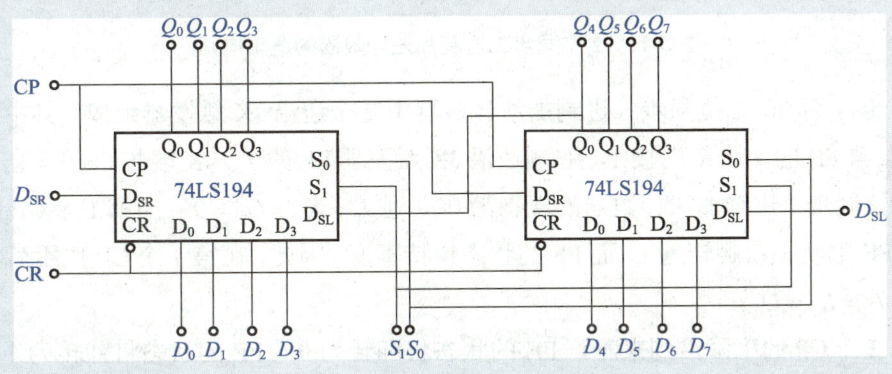

图 5-10　8 位双向移位寄存器的逻辑电路

5.3　计数器

在数字电路中，能对输入脉冲的个数进行计数的电路称为计数器。计数器的种类繁多，可从以下方面进行分类。

（1）按时钟脉冲输入方式的不同，计数器可分为同步计数器和异步计数器两种。

（2）按计数过程中数字增减趋势的不同，计数器可分为加法计数器、减法计数器和可逆计数器三种。

（3）按进位规律的不同，计数器可分为二进制计数器、十进制计数器和任意进制计数器三种。

5.3.1 二进制计数器

二进制计数器是按二进制数的进位规律进行计数的。由 n 个触发器组成的二进制计数器称为 n 位二进制计数器。n 位二进制计数器有 $N = 2^n$ 个有效状态。

1．同步二进制计数器

以 2 位同步二进制加法计数器为例，其逻辑电路如图 5-11 所示。

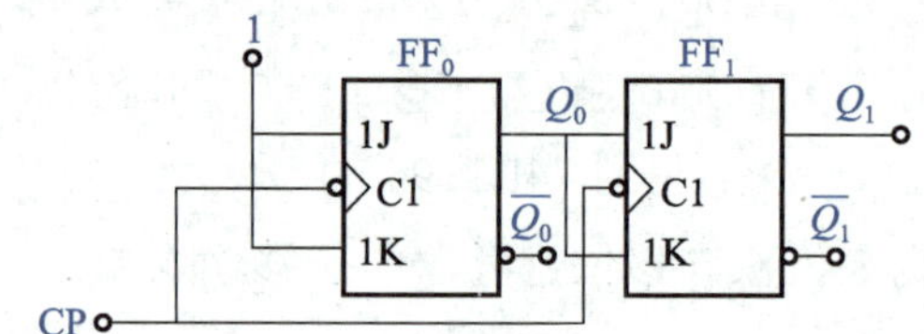

图 5-11　2 位同步二进制加法计数器的逻辑电路

由图 5-11 可知，2 位同步二进制加法计数器由 2 个边沿 JK 触发器组成。其中，左侧边沿 JK 触发器 FF_0 的 J 、K 端接 1，右侧边沿 JK 触发器 FF_1 的 J 、K 端与 FF_0 的输出端相连。

若 2 位同步二进制加法计数器的现态为 00，则 $J_1 = K_1 = Q_0 = 0$ 。当第 1 个 CP 的下降沿到来时，FF_0 的状态将翻转为 1，而 FF_1 的状态保持不变。因此，在第 1 个 CP 作用后，$Q_0 = 1$，$Q_1 = 0$，$J_1 = K_1 = Q_0 = 1$ 。

当第 2 个 CP 的下降沿到来时，FF_0 的状态将翻转为 0，FF_1 的状态将翻转为 1。因此，在第 2 个 CP 作用后，$Q_0 = 0$，$Q_1 = 1$，$J_1 = K_1 = Q_0 = 0$ 。

当第 3 个 CP 的下降沿到来时，FF_0 的状态将翻转为 1，而 FF_1 的状态将保持不变。因此，在第 3 个 CP 作用后，$Q_0 = 1$，$Q_1 = 1$，$J_1 = K_1 = Q_0 = 1$ 。

当第 4 个 CP 的下降沿到来时，FF_0 的状态将翻转为 0，FF_1 的状态也将翻转为 0。因此，在第 4 个 CP 脉冲作用后，$Q_0 = 0$，$Q_1 = 0$，$J_1 = K_1 = Q_0 = 0$ 。

由以上分析可知，2 位同步二进制加法计数器在经过 4 个 CP 作用后，又重新回到了它的初始状态。2 位同步二进制加法计数器的状态表如表 5-9 所示。

表 5-9　2 位同步二进制加法计数器的状态表

CP 序号	Q_1	Q_0
0	0	0
1	0	1
2	1	0
3	1	1
4	0	0

根据表 5-9 可得 2 位同步二进制加法计数器的波形，如图 5-12 所示。

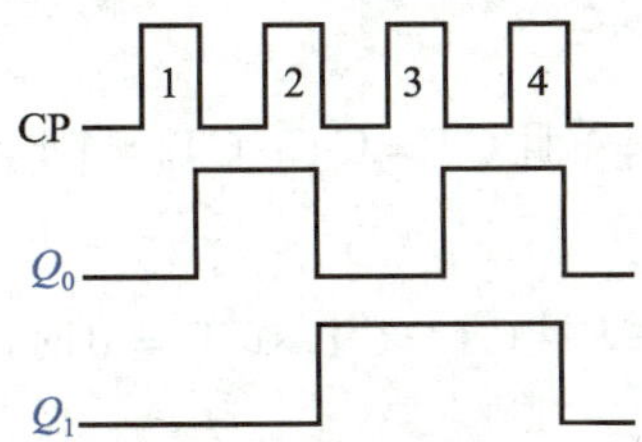

图 5-12　2 位同步二进制加法计数器的波形

由图 5-12 可知，每输入一个计数脉冲，2 位同步二进制加法计数器的输出状态就按二进制递增，且共有 4 个不同的输出状态。

2. 集成同步二进制计数器

74LS161 是一种 4 位集成同步二进制计数器，其逻辑符号和引脚排列如图 5-13 所示。

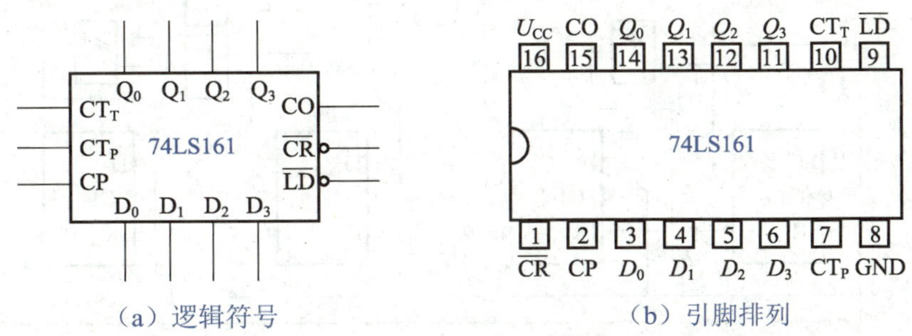

（a）逻辑符号　　（b）引脚排列

图 5-13　74LS161 的逻辑符号和引脚排列

在图 5-13 中，$\overline{CR}$ 用于清零，$\overline{LD}$ 用于置数，$D_3 \sim D_0$ 为数据输入，$Q_3 \sim Q_0$ 为数据输出，CT_T、CT_P 用于计数控制，CO 为进位输出。74LS161 的功能表如表 5-10 所示。

表 5-10　74LS161 的功能表

时钟脉冲	清零	置数	计数控制端		数据输入				数据输出				功能说明
CP	$\overline{CR}$	$\overline{LD}$	CT_T	CT_P	D_3	D_2	D_1	D_0	Q_3	Q_2	Q_1	Q_0	
×	0	×	×	×	×	×	×	×	0	0	0	0	异步清零
↑	1	0	×	×	D_3	D_2	D_1	D_0	D_3	D_2	D_1	D_0	同步置数
↑	1	1	1	1	×	×	×	×	计数				加法计数
×	1	1	0	×	×	×	×	×	保持				数据保持
×	1	1	×	0	×	×	×	×	保持				数据保持

由表 5-10 可知，74LS161 具有以下逻辑功能。

（1）异步清零。当 $\overline{CR}=0$ 时，无论其他输入的状态如何，74LS161 的输出都将被直接置零。

（2）同步置数。当$\overline{CR}=1$、$\overline{LD}=0$且在CP的上升沿到来时，74LS161输入端的数据被同步送至输出端。

（3）加法计数。当$\overline{CR}=\overline{LD}=1$且$CT=CT_T\cdot CT_P=1$时，74LS161将进行4位二进制加法计数。

（4）数据保持。当$\overline{CR}=\overline{LD}=1$且$CT=CT_T\cdot CT_P=0$时，74LS161的状态将保持不变。

5.3.2 十进制计数器

十进制计数器是按十进制数的进位规律进行计数的，且每十个状态循环一次。

1. 同步十进制计数器

以同步十进制加法计数器为例，其逻辑电路如图5-14所示。

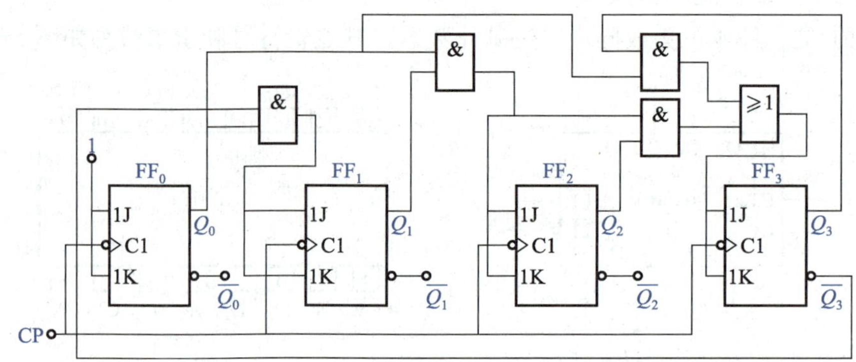

图5-14 同步十进制加法计数器的逻辑电路

由图5-14可知，该同步十进制加法计数器由4个JK触发器和5个逻辑门组成，其状态表如表5-11所示。

表5-11 同步十进制加法计数器的状态表

CP序号	Q_3	Q_2	Q_1	Q_0
0	0	0	0	0
1	0	0	0	1
2	0	0	1	0
3	0	0	1	1
4	0	1	0	0
5	0	1	0	1
6	0	1	1	0
7	0	1	1	1
8	1	0	0	0
9	1	0	0	1
10	0	0	0	0

由表 5-11 可得以下结论。

（1）每当 CP 的下降沿到来时，Q_0 的状态就翻转一次。此时，FF_0 的输入信号为 $J_0 = K_0 = 1$。

（2）若 $Q_0 = 1$、$Q_3 = 0$，则当下一个 CP 的下降沿到来时，Q_1 的状态就会发生翻转。此时，FF_1 的输入信号为 $J_1 = K_1 = Q_0\overline{Q_3}$。

（3）若 $Q_0 = Q_1 = 1$，则当下一个 CP 的下降沿到来时，Q_2 的状态就会发生翻转。此时，FF_2 的输入信号为 $J_2 = K_2 = Q_0Q_1$。

（4）若 $Q_0 = Q_1 = Q_2 = 1$ 或 $Q_0 = Q_3 = 1$，则当下一个 CP 的下降沿到来时，Q_3 的状态就会发生翻转。此时，FF_3 的输入信号为 $J_3 = K_3 = Q_0Q_1Q_2 + Q_0Q_3$。

由此可得同步十进制加法计数器的波形，如图 5-15 所示。

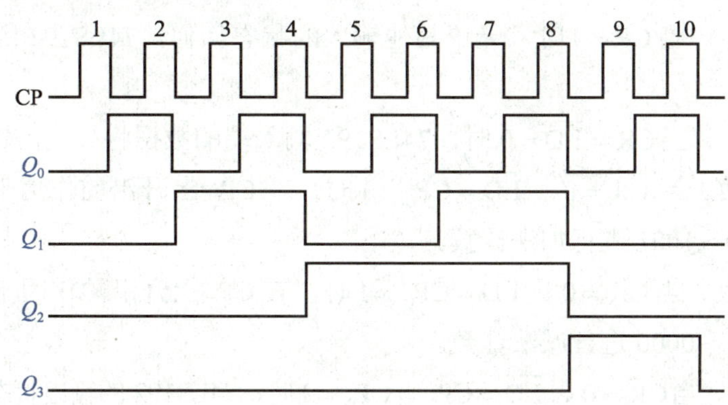

图 5-15　同步十进制加法计数器的波形

2．集成同步十进制计数器

74LS192 是一种集成同步十进制计数器，其逻辑符号和引脚排列如图 5-16 所示。

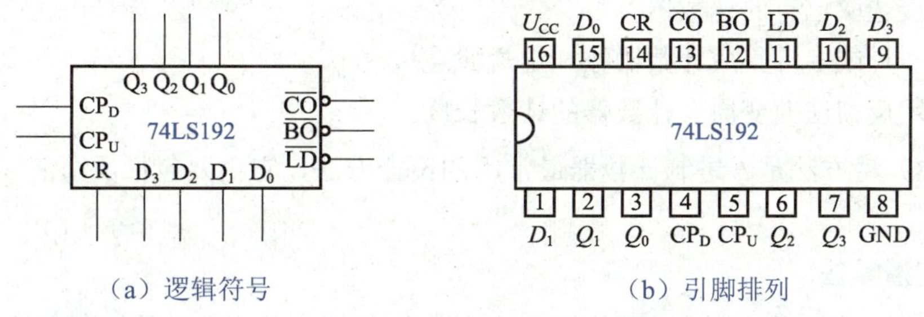

（a）逻辑符号　　（b）引脚排列

图 5-16　74LS192 的逻辑符号和引脚排列

在图 5-16 中，CR 用于清零，LD 用于置数，CP_U、CP_D 分别为加法计数时钟和减法计数时钟，$D_3 \sim D_0$ 为数据输入，$Q_3 \sim Q_0$ 为数据输出，$\overline{CO}$ 为进位输出，$\overline{BO}$ 为借位输出。74LS192 的功能表如表 5-12 所示。

表 5-12　74LS192 的功能表

清零	置数	加法计数时钟	减法计数时钟	数据输入				数据输出				功能说明
CR	$\overline{LD}$	CP_U	CP_D	D_3	D_2	D_1	D_0	Q_3	Q_2	Q_1	Q_0	
1	×	×	×	×	×	×	×	0	0	0	0	异步清零
0	0	×	×	D_3	D_2	D_1	D_0	D_3	D_2	D_1	D_0	异步置数
0	1	↑	1	×	×	×	×	递增 8421 BCD 码				加法计数
0	1	1	↑	×	×	×	×	递减 8421 BCD 码				减法计数
0	1	1	1	×	×	×	×	保持				数据保持

由表 5-12 可知，74LS192 具有以下逻辑功能。

（1）异步清零。当 $CR=1$ 时，无论其他输入的状态如何，74LS192 的输出都将被直接置零。

（2）异步置数。当 $CR=\overline{LD}=0$ 时，74LS192 输入端的数据将被送至输出端。

（3）加法计数。当 $CR=0$、$\overline{LD}=CP_D=1$ 时，在 CP_U 上升沿的作用下，74LS192 将按 8421 BCD 码 0000～1001 进行加法计数。

（4）减法计数。当 $CR=0$、$\overline{LD}=CP_U=1$ 时，在 CP_D 上升沿的作用下，74LS192 将按 8421 BCD 码 1001～0000 进行减法计数。

（5）数据保持。当 $CR=0$、$\overline{LD}=CP_U=CP_D=1$ 时，74LS192 的输出状态将保持不变。

5.3.3　*n* 进制计数器

n 进制计数器是指除二进制计数器和十进制计数器之外的其他进制计数器，其设计方法主要有以下几种。

（1）直接选取已有的计数器。

（2）将一片或多片集成计数器按一定规律连接。

（3）利用反馈法改变原有计数器的计数长度。

其中，第（3）种方法是 *n* 进制计数器最常用的设计方法，它主要包括反馈清零法和反馈置数法。

1．反馈清零法

反馈清零法是利用计数器的清零端使 m 进制计数器在顺序计数的过程中跳跃 $(m-n)$ 个状态 $(m>n)$ 后提前清零，从而使计数器的模变为 n。

【例 5-3】　利用反馈清零法，试将 74LS161 组成十二进制加法计数器。

解：如图 5-17 所示为 74LS161 利用反馈清零法得到的状态图，其中共有 16 个计数状态。由于十二进制加法计数器只需要在前 12 个计数状态之间进行循环，因此 74LS161 在计数至 1011 后，就必须循环至 0000 而不是进入下一个状态 1100。这可利用 74LS161 的 $\overline{CR}$ 来实现（即利用 1011 的下一个状态 1100 产生清零低电平信号，从而使 74LS161 清零）。在 $\overline{CR}$ 消失之后，74LS161 将从 0000 重新开始计数。

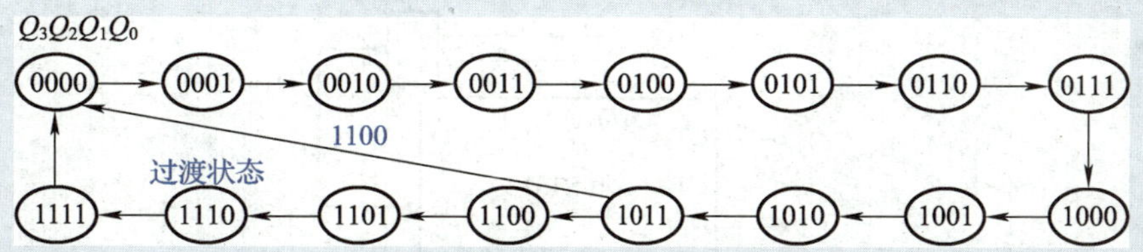

图 5-17　74LS161 利用反馈清零法得到的状态图

根据上述方法，可得 74LS161 利用反馈清零法组成的十二进制加法计数器，其逻辑电路如图 5-18 所示。

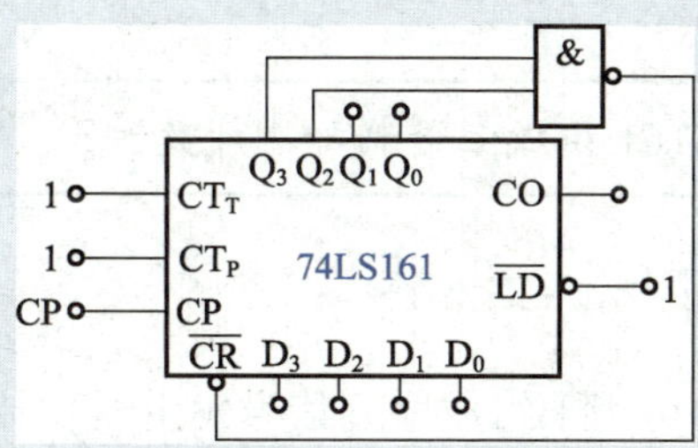

图 5-18　74LS161 利用反馈清零法组成的十二进制加法计数器的逻辑电路

2. 反馈置数法

反馈置数法是指利用计数器的置数端置入某数（并行输入），使 *m* 进制计数器在顺序计数的过程中提前返回置数状态，从而组成 *n* 进制计数器。

【例 5-4】　利用反馈置数法，试将 74LS161 组成十二进制加法计数器。

解：如图 5-19 所示为 74LS161 利用反馈置数法得到的状态图。在利用反馈置数法将 74LS161 组成十二进制计数器时，可从它的 16 个计数状态中任意选择 12 个状态作为十二进制加法计数器的计数状态。以 0001～1100 为例，74LS161 在计数至 1100 后，就必须跳变至 0001 而不是进入下一个状态 1101，这可利用 74LS161 的 $\overline{LD}$ 置入数据 0001 来实现（即利用 1100 产生置数低电平信号）。当下一个 CP 的上升沿到来时，74LS161 的状态将变为预置数据 0001。在 $\overline{LD}$ 消失之后，74LS161 将从 0001 重新开始计数。

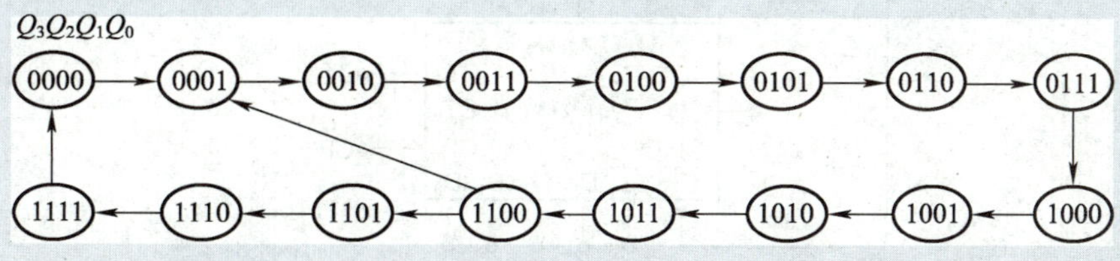

图 5-19　74LS161 利用反馈置数法得到的状态图

根据上述方法，可得 74LS161 利用反馈置数法组成的十二进制加法计数器，其逻辑电路如图 5-20 所示。

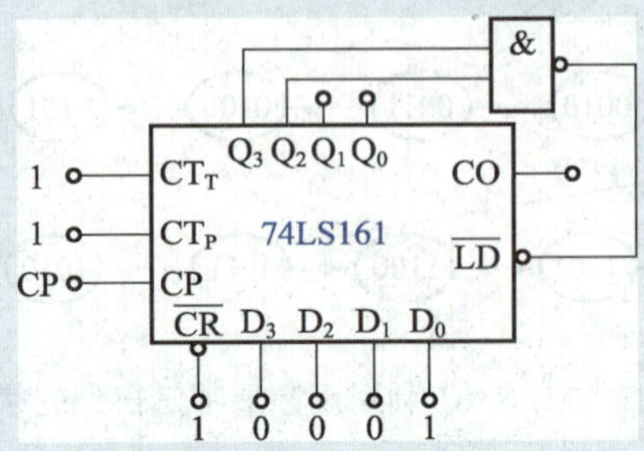

图 5-20　74LS161 利用反馈置数法组成的十二进制加法计数器的逻辑电路

请思考：如何利用 74LS161 组成七进制加法计数器？

5.3.4　计数器的应用

计数器可用作分频器，也可用于组成序列信号发生器和脉冲分配器。

1．计数器用作分频器

在数字电路中，通常需要对系统的主时钟信号进行分频，以获得不同频率的时钟信号或基准信号。分频器可用于降低信号的频率，是数字电路中常用的器件。计数器在作为分频器使用时，一个 n 进制的计数器就是一个 n 分频器，其输出信号的频率是主时钟信号频率的 $1/n$ 。

2．计数器组成序列信号发生器

序列信号是指在同步脉冲信号的作用下产生的一串周期性二进制信号。通常把能产生这种信号的逻辑器件称为序列信号发生器。可由 74LS161 和门电路组成序列信号发生器，其逻辑电路如图 5-21 所示。

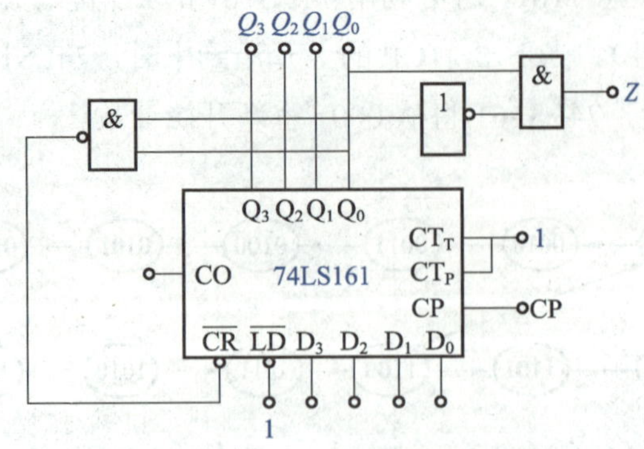

图 5-21　由 74LS161 和门电路组成的序列信号发生器的逻辑电路

3．计数器组成脉冲分配器

脉冲分配器的作用是产生多路顺序脉冲信号。可由 74LS161 和 74LS138 组成脉冲分配器，其逻辑电路如图 5-22 所示。其中，74LS161 可使 $Q_2Q_1Q_0$ 在 000～111 之间循环变化。

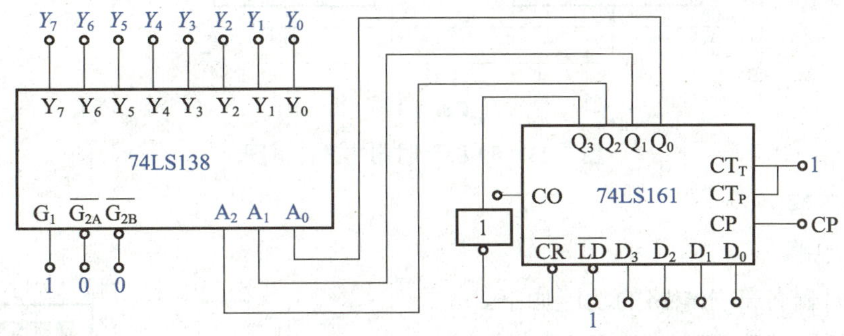

图 5-22　由 74LS161 和 74LS138 组成的脉冲分配器的逻辑电路

学思践悟

从计数器的应用可以看出，计数器并非只能用于计数。熟练掌握计数器的工作原理和基本功能，并在此基础上进行拓展，便可将计数器应用于多种场景中，以从而实现多种功能。正所谓“君子生非异也，善假于物也”。要想成为更优秀的人或实现更高的目标，除了依靠自身的努力和品质外，还要善于借助和利用外部的条件和资源。这既是一种智慧，也是实践能力的体现。

项目实施——设计 60 秒计时器

设计 60 秒计时器

1．实施目标

（1）熟悉 74LS161 的引脚排列及逻辑功能。

（2）会用 74LS161 设计 60 秒计时器。

（3）会用 Multisim 14 对 60 秒计时器进行仿真。

2．实施要求

如图 5-23 所示为 60 秒计时器的设计框图，其主要由显示电路和计数电路组成。其中，计数电路用于实现计数功能；显示电路用于显示计数电路的数字。

请根据图 5-23 设计 60 秒计时器，设计要求如下。

（1）以 74LS161 为核心元件设计 60 秒计时器。

（2）用七段数码显示器显示 60 秒计时器的数字。

（3）60 秒计时器的计时间隔为 1 秒。

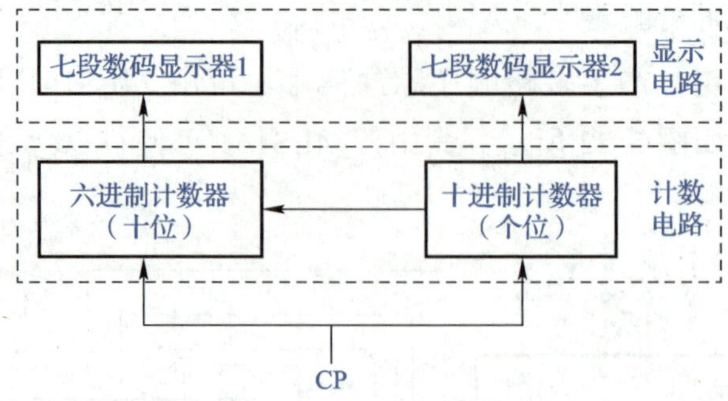

图 5-23　60 秒计时器的设计框图

3．实施内容

1）分析电路

60 秒计时器各部分电路的功能如下。

（1）显示电路用于显示计数器的数值。七段数码显示器 1 用于显示 60 秒计时器的十位数字，七段数码显示器 2 用于显示 60 秒计时器的个位数字。如图 5-24 所示为七段数码显示器的结构。

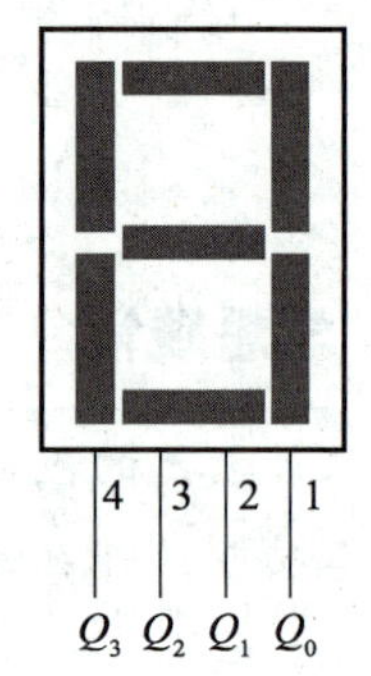

图 5-24　七段数码显示器的结构

（2）计数电路用于实现 60 秒计时器的计数功能，是由 74LS161 采用反馈清零法设计的六进制计数器和十进制计数器组成的，如图 5-25 所示。其中，六进制计数器用于实现 60 秒计时器十位数字的计数功能，十进制计数器用于实现 60 秒计时器个位数字的计数功能。

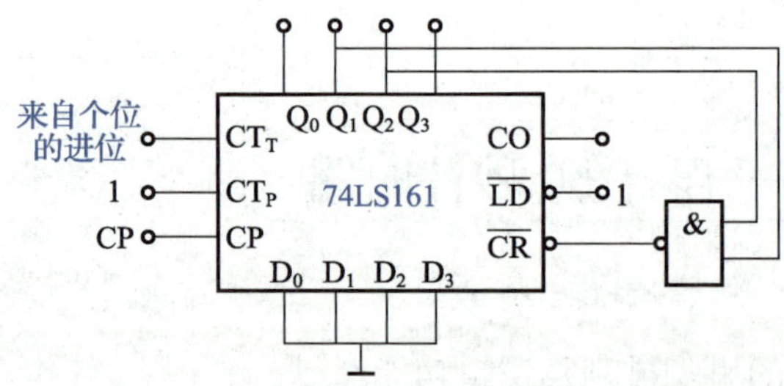

（a）由 74LS161 采用反馈清零法设计的六进制计数器

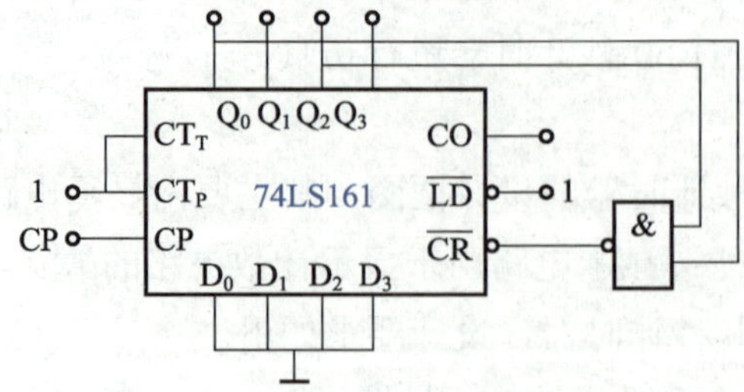

（b）由 74LS161 采用反馈清零法设计的十进制计数器

图 5-25　由 74LS161 采用反馈清零法设计的六进制计数器和十进制计数器

根据上述分析，可得 60 秒计时器的仿真电路，如图 5-26 所示。

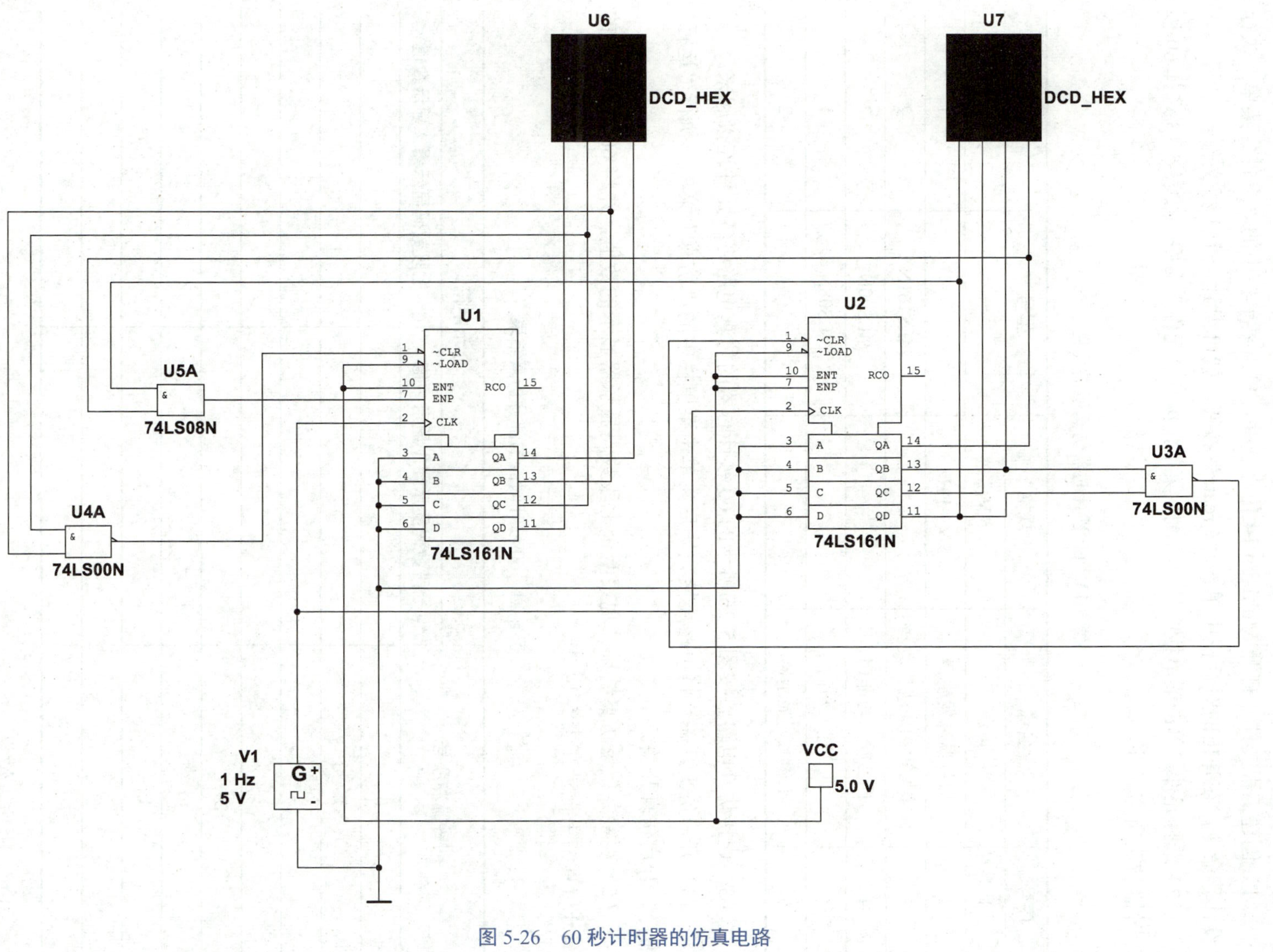

图 5-26　60 秒计时器的仿真电路

2）仿真

（1）创建工程文件。打开 Multisim 14 仿真软件，单击菜单栏中的“文件”菜单，执行“设计”命令，在弹出的对话框中单击“Create”按钮，就可得到一个工程文件。

（2）选择元件。单击菜单栏中的“绘制”菜单，执行“元件”命令，按表 5-13 选择 60 秒计时器仿真所需元件。

表 5-13　60 秒计时器仿真所需元件

序号	名称	规格	型号	数量
1	电源	5 V		1
2	时钟脉冲发生器	5 V　1 Hz		1
3	同步二进制加法计数器		74LS161N	2
4	四 2 输入与非门		74LS00N	2
5	四 2 输入与门		74LS08N	1
6	七段数码显示器			2

（3）连接仿真电路。按图 5-26 所示的 60 秒计时器的仿真电路将各元件连接起来。

（4）开启仿真开关。将电路连接完毕后，单击菜单栏中的“仿真”菜单，执行“运行”命令，开启仿真开关。

（5）观察并记录仿真结果。观察两个七段数码显示器显示的数值，并将 60 秒计时器的部分仿真结果记录在表 5-14 中。

表 5-14　60 秒计时器的部分仿真结果

时钟脉冲序号	显示字符	
	七段数码显示器 1 显示数值	七段数码显示器 2 显示数值
0		
1		
2		
⋮	⋮	⋮
29		
30		
⋮	⋮	⋮
59		
60		

3）分析仿真结果

根据七段数码显示器显示的数值，可得 60 秒计时器的逻辑功能，具体如下。

（1）60 秒计时器中的六进制计数器从__________开始计数，每__________个 CP 进行一次计数。当第__________个 CP 出现时，该计数器立即从__________返回至__________，重新开始计数。

（2）60 秒计时器中的十进制计数器从__________开始计数。当第__________个 CP 出现时，该计数器立即从__________返回至__________，重新开始计数。

经上述分析，60 秒计时器可实现__________的逻辑功能。

4. 实施报告

根据实施过程及结果撰写实施报告，实施报告应包括以下内容。

（1）分析 60 秒计时器的工作原理。

（2）画出 60 秒计时器的仿真电路。

（3）记录并分析 60 秒计时器的仿真结果。

项目知识检测

1. 填空题

（1）时序逻辑电路在任意时刻的输出状态不仅与________________________________有关，还与________________________________有关。

（2）按电路工作方式的不同，时序逻辑电路可分为________________________________和________________________________两种。

（3）时序逻辑电路逻辑功能的描述方法有__________________、__________________、__________________等。

（4）寄存器是指能________________的电路，它主要由具有________________的触发器组成。

（5）计数器是一种能对__________________________进行计数的电路。按进位规律的不同，计数器可分为__________________________、__________________________和__________________________三种。

2. 简答题

（1）时序逻辑电路是由什么电路组成的？

（2）时序逻辑电路的分析方法是什么？

（3）寄存器在存储数码时具有什么功能？

（4）n 进制计数器的设计方法主要有哪些？

3. 综合题

（1）试分析如图 5-27 所示时序逻辑电路的逻辑功能。

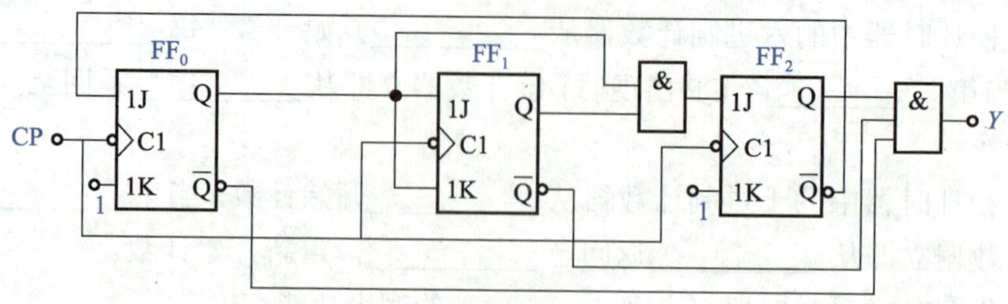

图 5-27　题图

（2）如图 5-28 所示为某时序逻辑电路及其输入波形。已知 CP 、X 的波形如图 5-28（b）所示，假设该时序逻辑电路的现态为 0，试画出 Q 和 Y 的波形。

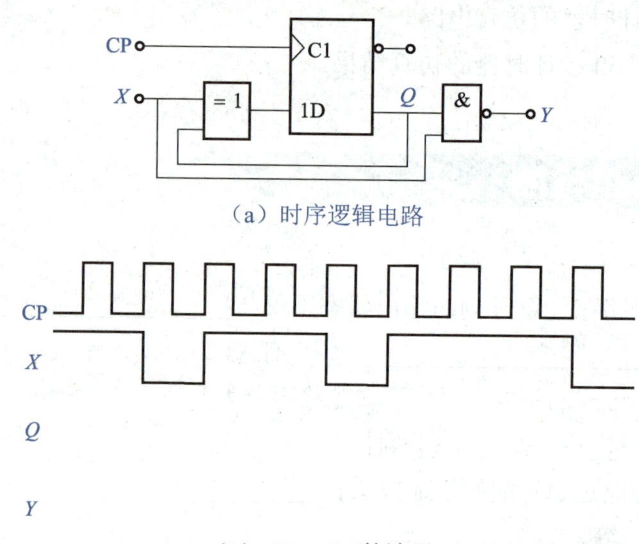

图 5-28　题图

（3）试用上升沿 D 触发器及门电路设计 1 个 3 位同步二进制加法计数器，并画出该计数器的电路结构。

学习成果评价

指导教师对学生的实际学习成果进行评价，学生配合指导教师共同完成表 5-15。

表 5-15　学习成果评价

班级		组号		日期	
姓名		学号		指导教师	
学习成果名称	分析与设计时序逻辑电路				
评价项目	评价内容		评价方式	满分/分	评分/分
知识（40%）	时序逻辑电路		理论测试	10	
	寄存器			15	
	计数器			15	
技能（40%）	分析电路		实践操作	10	
	仿真			15	
	分析仿真结果			15	
素养（20%）	积极参加教学活动，主动学习和思考		综合评判	5	
	认真完成学习和实践任务			5	
	团结协作，与组员合作默契			4	
	遵守课堂纪律，维护课堂秩序			4	
	守正创新，自信自强			2	
合计				100	
自我评价					
指导教师评价					

项目 6 认识脉冲信号与整形电路

知识目标

- 熟悉脉冲信号的定义和矩形脉冲信号的主要参数。
- 掌握施密特触发器、单稳态触发器、多谐振荡器的电路结构和工作原理。

技能目标

- 能分析微分型单稳态触发器的工作原理。
- 能设计微分型单稳态触发器。

素质目标

- 保持积极向上、乐观开朗的人生态度。
- 弘扬勇往直前、无畏无惧的奋斗精神。

项目导入

脉冲信号在数字电路中发挥着重要作用，是实现数字信号处理、控制和传输的关键要素。获取脉冲信号的方法通常有两种：一种是利用整形电路将已有信号变换为所需要的脉冲信号，此类整形电路包括施密特触发器和单稳态触发器；另一种是利用振荡电路直接产生所需要的脉冲信号，此类振荡电路即多谐振荡器。

本项目要求学生掌握脉冲信号与整形电路的基本知识，并在此基础上设计微分型单稳态触发器，知识与技能要求如表 6-1 所示。

表 6-1　知识与技能要求

项目内容	认识脉冲信号与整形电路	学习程度		
		识记	理解	应用
学习任务	脉冲信号	●		
	施密特触发器		●	
	单稳态触发器		●	
	多谐振荡器		●	
实训任务	设计微分型单稳态触发器			●

自我勉励	

项目工单

1. 学生分组

学生以 3～5 人为一组进行分组，各小组选出组长并进行任务分工，将小组成员及分工情况填入表 6-2 中。

表 6-2 小组成员及分工情况

<table>
<tr><td>班级</td><td></td><td>组号</td><td></td><td>指导教师</td><td></td></tr>
<tr><td>小组成员</td><td>姓名</td><td>学号</td><td colspan="3">任务分工</td></tr>
<tr><td>组长</td><td></td><td></td><td colspan="3"></td></tr>
<tr><td rowspan="4">组员</td><td></td><td></td><td colspan="3"></td></tr>
<tr><td></td><td></td><td colspan="3"></td></tr>
<tr><td></td><td></td><td colspan="3"></td></tr>
<tr><td></td><td></td><td colspan="3"></td></tr>
</table>

2. 工作计划

各小组查阅资料，熟悉脉冲信号与整形电路的基本知识，制订工作计划，并将其填入表 6-3 中。

表 6-3 工作计划

序号	工作内容	负责人

3. 工作准备

各小组准备实施所需的工具和器材，并将其填入表 6-4 中。

表 6-4　实施所需的工具和器材

序号	名称	规格与型号	单位	数量	备注

4. 工作实施

各小组按工作计划，设计微分型单稳态触发器，将实施步骤、实施内容及遇到的问题、解决办法等填入表 6-5 中。

表 6-5　工作实施过程记录表

序号	实施步骤	实施内容及遇到的问题	解决办法

6.1 脉冲信号

脉冲信号是指瞬间变化、作用时间极短、突变后又迅速回到初始状态的电压或电流信号。常见的脉冲信号有矩形脉冲信号、锯齿脉冲信号、三角脉冲信号、尖峰脉冲信号、阶梯脉冲信号等，如图 6-1 所示。其中，矩形脉冲信号应用较广泛。

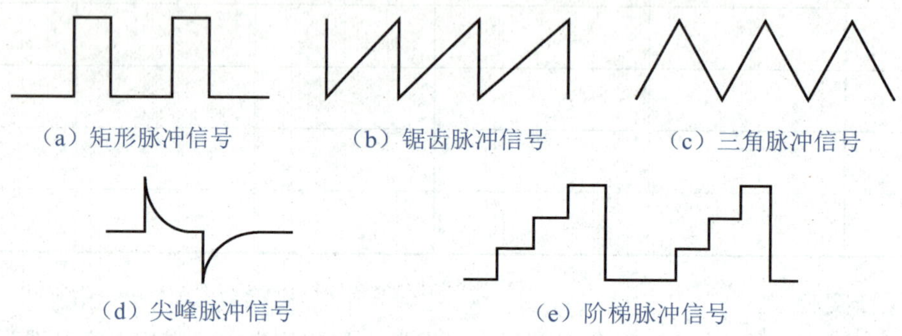

图 6-1　常见的脉冲信号

在数字电路中，经常需要将不同频率和幅度的矩形脉冲信号作为控制信号。例如，时序逻辑电路中常用的 CP 信号就是一种矩形脉冲信号。在理想情况下，矩形脉冲信号的突变是瞬时的。但在实际中，矩形脉冲信号的幅度变化需要经历一定的时间才能完成。如图 6-2 所示为矩形脉冲信号的实际波形。

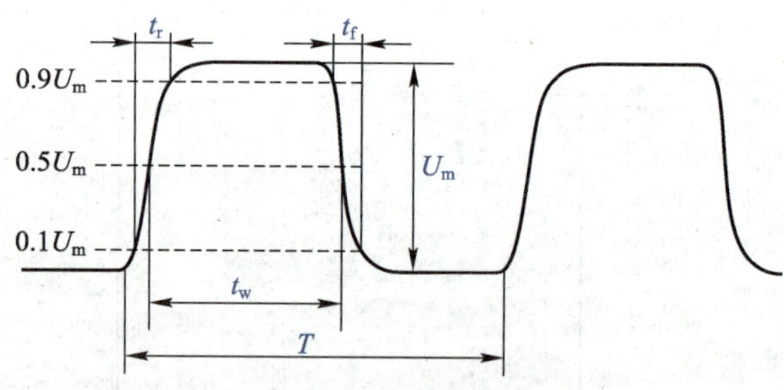

图 6-2　矩形脉冲信号的实际波形

矩形脉冲信号的特性通常用以下参数来描述。

（1）脉冲幅度 U_m，即脉冲信号电压变化的最大值。

（2）脉冲宽度 t_w，即脉冲信号从上升沿的 $0.5U_m$ 变化至下降沿的 $0.5U_m$ 所需要的时间。

（3）上升时间 t_r，即脉冲信号从上升沿的 $0.1U_m$ 上升至上升沿的 $0.9U_m$ 所需要的时间。

（4）下降时间 t_f，即脉冲信号从下降沿的 $0.9U_m$ 下降至下降沿的 $0.1U_m$ 所需要的时间。

（5）周期 T，即在周期性脉冲信号中，任意两个相邻脉冲之间的时间间隔。

（6）频率 f，即脉冲信号中每秒出现的脉冲个数，$f = 1/T$。

（7）占空比q，即脉冲信号的脉冲宽度与周期的比值，$q = t_{\mathrm{w}}/T$。

6.2　施密特触发器

施密特触发器是一种可对已有信号的波形进行变换、整形，进而输出矩形脉冲信号的电路。

6.2.1　施密特触发器的特点

与其他触发器相比，施密特触发器主要具有以下特点。

（1）具有迟滞作用，可将边沿变化缓慢的脉冲信号整形为边沿陡峭的矩形脉冲信号。

（2）具有低电平稳态和高电平稳态两个稳态，这两个稳态之间的转换需要外加触发脉冲信号来实现。

6.2.2　由 CMOS 门电路组成的施密特触发器

如图 6-3 所示为由 CMOS 门电路组成的施密特触发器的电路结构，该施密特触发器将两个非门G_1、G_2串联起来，并通过分压电阻R_2将输出端的电压反馈至输入端。

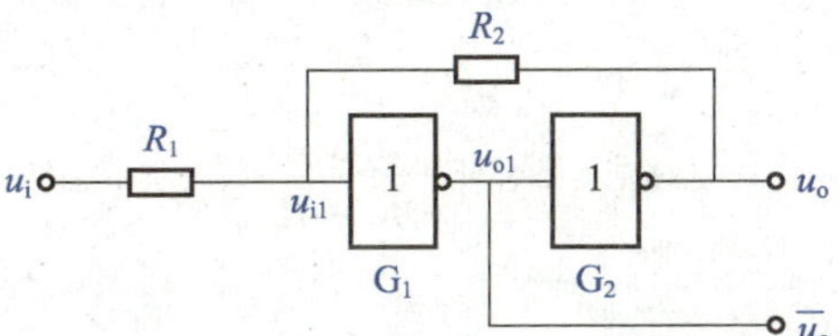

图 6-3　由 CMOS 门电路组成的施密特触发器的电路结构

由 CMOS 门电路组成的施密特触发器有两个输出端，即u_{o}端和$\overline{u_{\mathrm{o}}}$端。当施密特触发器以$u_{\mathrm{o}}$端为输出端时，输出信号与输入信号同相，因此这样的施密特触发器称为同相输出施密特触发器；当施密特触发器以$\overline{u_{\mathrm{o}}}$端为输出端时，输出信号与输入信号反相，因此这样的施密特触发器称为反相输出施密特触发器。施密特触发器的逻辑符号如图 6-4 所示。

（a）同相输出施密特触发器的逻辑符号　　（b）反相输出施密特触发器的逻辑符号

图 6-4　施密特触发器的逻辑符号

根据 CMOS 门电路的特点，图 6-3 所示电路中G_1、G_2的阈值电压$U_{\mathrm{TH}} \approx 0.5U_{\mathrm{DD}}$，且$R_1 < R_2$。由于 CMOS 门电路的输入电阻很高，因此$G_1$的输入端可近似为开路。根据叠加定理可得

$$u_{\mathrm{i1}} = \frac{R_2}{R_1 + R_2}u_{\mathrm{i}} + \frac{R_1}{R_1 + R_2}u_{\mathrm{o}} \tag{6-1}$$

点 拨

叠加定理是指在线性电路中，若有两个或两个以上的独立电源共同作用，则电路中任意支路的电流或电压都可看作是各电源单独作用时，该支路中产生的电流分量或电压分量的代数和。

由 CMOS 门电路组成的施密特触发器的工作原理如下。

（1）当 $u_i = 0\text{ V}$ 时，$u_{i1} \approx 0\text{ V}$，$u_o = U_{OL} \approx 0\text{ V}$，电路处于第一个稳态。

（2）随着 u_i 逐渐增大，只要 $u_{i1} < U_{TH}$，就有 $u_o = 0\text{ V}$；当 $u_{i1} = U_{TH}$ 时，电路将产生正反馈，其变化过程如图 6-5 所示。

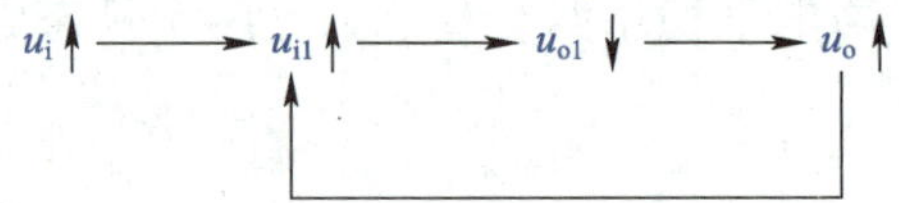

图 6-5　u_i 增大使电路产生正反馈的变化过程

电路产生的正反馈使施密特触发器的状态由 0 变为 1，即 $u_o = U_{OH} \approx U_{DD}$。此时，电路处于第二个稳态。通常将 u_i 增大、电路状态发生转换时对应的输入电压称为正向阈值电压，用 U_{T+} 表示，则

$$u_{i1} = U_{TH} \approx \frac{R_2}{R_1 + R_2} U_{T+} \tag{6-2}$$

因此

$$U_{T+} = \frac{R_1 + R_2}{R_2} U_{TH} = \left(1 + \frac{R_1}{R_2}\right) U_{TH} \tag{6-3}$$

（3）当 $u_{i1} > U_{TH}$ 时，随着 u_i 继续增大，施密特触发器的状态将保持不变，且有

$$u_o = U_{OH} \approx U_{DD} \tag{6-4}$$

$$u_{i1} = \frac{R_2}{R_1 + R_2} u_i + \frac{R_1}{R_1 + R_2} U_{DD} > U_{TH} \tag{6-5}$$

（4）u_i 增大至 U_{DD} 后将开始逐渐减小，当 $u_{i1} = U_{TH}$ 时，电路将再次产生正反馈，其变化过程如图 6-6 所示。

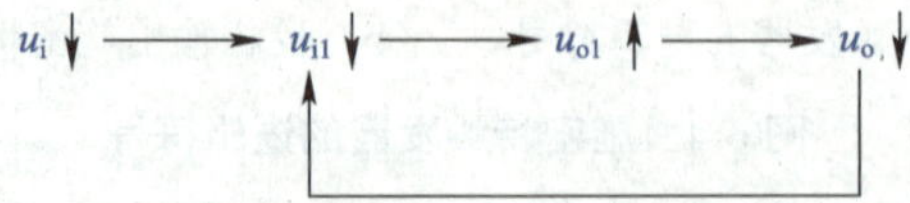

图 6-6　u_i 减小使电路产生正反馈的变化过程

电路产生的正反馈使施密特触发器的状态迅速由 1 变为 0，此时 $u_o = U_{OL} \approx 0\text{ V}$，电路返回至第一个稳态。通常将 u_i 减小、电路状态发生转换时对应的输入电压称为负向阈值电压，用 U_{T-} 表示，则

$$u_{i1} \approx U_{TH} = \frac{R_2}{R_1 + R_2} U_{T-} + \frac{R_1}{R_1 + R_2} U_{DD} \tag{6-6}$$

因此

$$U_{T-} = \frac{R_1 + R_2}{R_2} U_{TH} - \frac{R_1}{R_2} U_{DD} = \left(1 - \frac{R_1}{R_2}\right) U_{TH} \tag{6-7}$$

U_{T+} 与 U_{T-} 的差值称为施密特触发器的回差电压，用 ΔU_T 表示，即

$$\Delta U_T = U_{T+} - U_{T-} = 2\frac{R_1}{R_2} U_{TH} \tag{6-8}$$

注 意

由式（6-3）、式（6-7）和式（6-8）可知，通过改变 R_1 与 R_2 的比值可调节 U_{T+}、U_{T-} 和 ΔU_T 的大小，但 R_1 必须小于 R_2，否则电路将进入自锁状态，不能正常工作。

如图 6-7 所示为施密特触发器的电压传输特性。在图 6-7（a）中，由于 u_o 与 u_i 同相（同为高电平或低电平），因此这种形式的电压传输特性称为同相输出施密特触发器的电压传输特性；而在图 6-7（b）中，由于 $\overline{u_o}$ 与 u_i 反相（不同为高电平或低电平），因此这种形式的电压传输特性称为反相输出施密特触发器的电压传输特性。

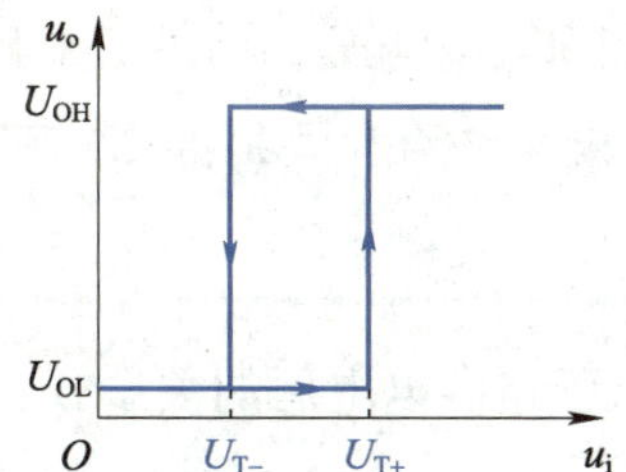

（a）同相输出施密特触发器的电压传输特性

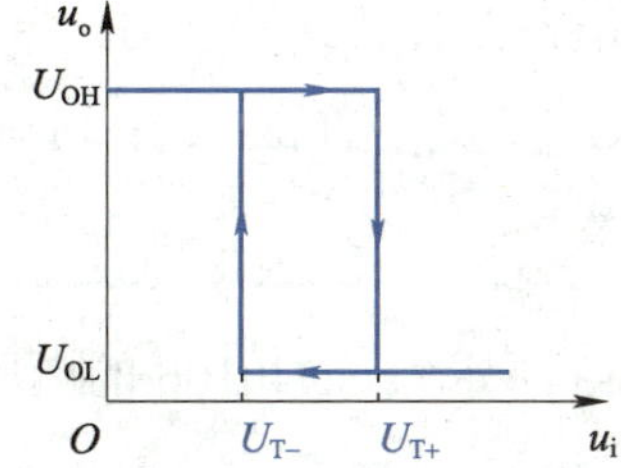

（b）反相输出施密特触发器的电压传输特性

图 6-7　施密特触发器的电压传输特性

【例 6-1】　在图 6-3 所示的电路中，若要求 $U_{T+} = 7.5\text{ V}$，$\Delta U_T = 5\text{ V}$，试计算 R_1/R_2 和 U_{DD} 的值。

解： 由式（6-3）和式（6-8）可得

$$\begin{cases} U_{T+} = \left(1 + \dfrac{R_1}{R_2}\right) U_{TH} = 7.5\text{ V} \\ \Delta U_T = 2\dfrac{R_1}{R_2} U_{TH} = 5\text{ V} \end{cases}$$

因此，$R_1/R_2 = 0.5$，$U_{TH} = 5\text{ V}$。

由于 $U_{TH} \approx 0.5 U_{DD}$，因此 $U_{DD} \approx 10\text{ V}$。

6.2.3 集成施密特触发器

由 CMOS 门电路组成的施密特触发器存在阈值电压稳定性差、抗干扰能力弱等缺点，而集成施密特触发器具有阈值电压稳定、可靠性高、性能一致性好等优点。CD40106 是一种集成施密特触发器，它主要由 6 个施密特触发器组成，其内部结构如图 6-8 所示。

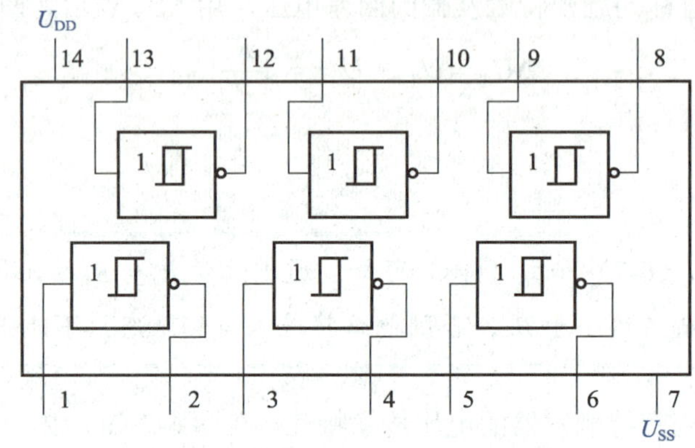

图 6-8 CD40106 的内部结构

注 意

CD40106 由 N 沟道和 P 沟道增强型 CMOS 管组成，其 U_{T+} 和 U_{T-} 的温漂系数都极小，足以保证 $U_{T+}-U_{T-}\geqslant 0.2U_{DD}$。同时，CD40106 的所有输入级均有保护措施，可防止浪涌电流损坏芯片。

如图 6-9 所示为 CD40106 的电压传输特性及阈值电压与供电电压的关系。

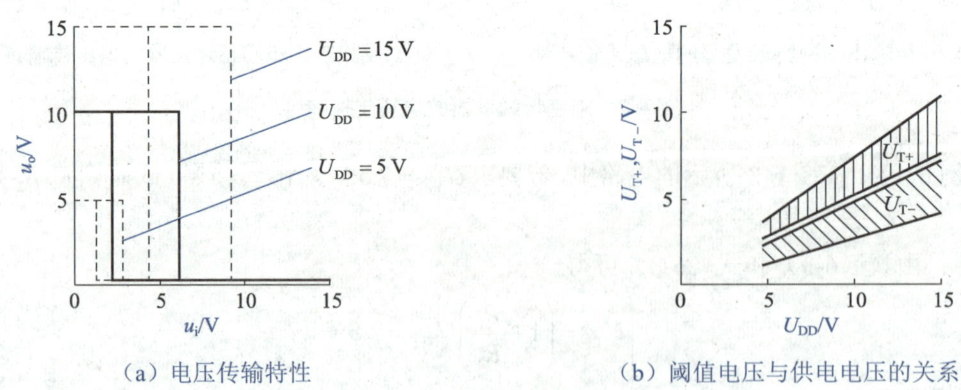

（a）电压传输特性　　（b）阈值电压与供电电压的关系

图 6-9 CD40106 的电压传输特性及阈值电压与供电电压的关系

6.2.4 施密特触发器的应用

施密特触发器常用于波形变换、脉冲整形和幅度鉴别。

1．波形变换

利用同相输出施密特触发器，可将正弦波、三角波等边沿变化缓慢的周期性信号变换为边沿陡峭的矩形脉冲信号。如图 6-10 所示为正弦波的波形变换。

2．脉冲整形

在对有些脉冲信号进行传输或放大时，脉冲信号的波形往往会发生畸变，此时可利用同相输出施密特触发器对这些脉冲信号的波形进行脉冲整形，如图 6-11 所示。

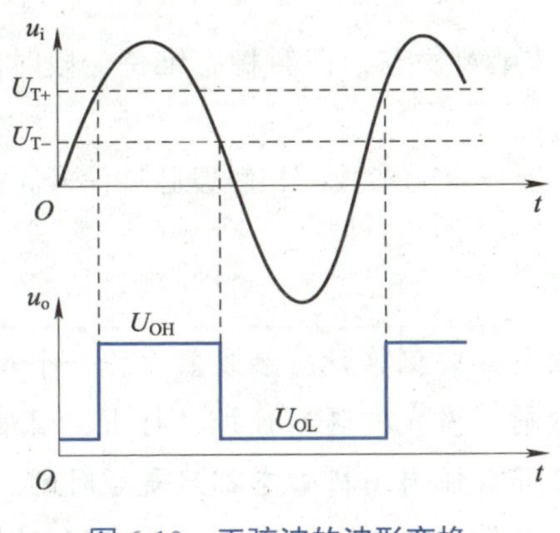

图 6-10　正弦波的波形变换

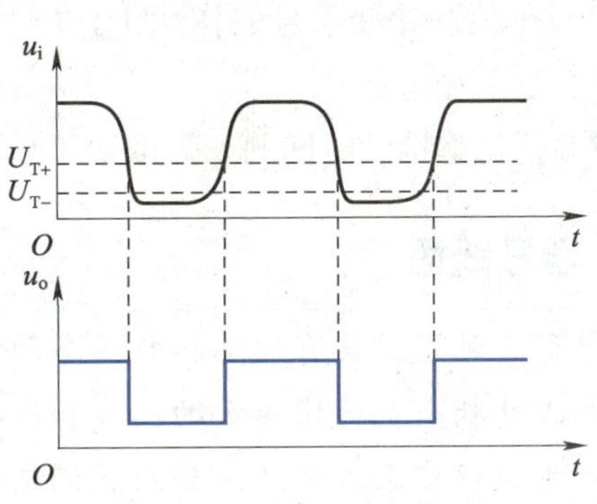

图 6-11　脉冲整形

3．幅度鉴别

同相输出施密特触发器的状态翻转取决于输入信号是否大于U_{T+}或小于U_{T-}，因此它可用于幅度鉴别。例如，将一串幅度不同的脉冲信号输入同相输出施密特触发器中后，输入信号中只有幅度大于U_{T+}的脉冲才会在输出端形成脉冲，而幅度小于U_{T+}的脉冲都将被消去，如图 6-12 所示。

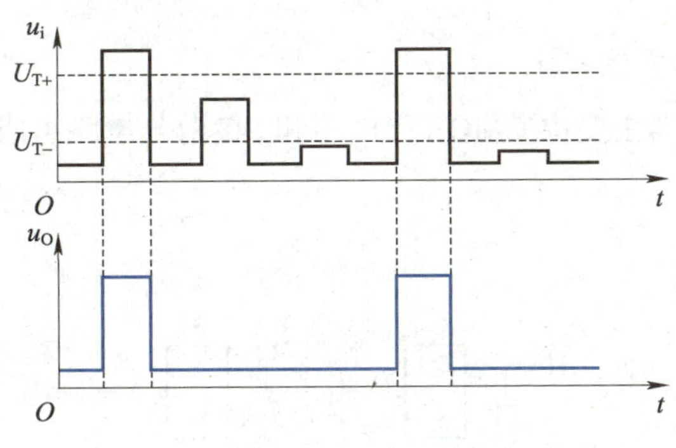

图 6-12　幅度鉴别

头脑风暴

请思考：施密特触发器除了可用于波形变换、脉冲整形、幅度鉴别，还可用于哪些方面？

6.3 单稳态触发器

6.3.1 单稳态触发器的特点

单稳态触发器主要具有以下特点。

（1）具有稳态和暂稳态两种工作状态。

（2）在触发脉冲信号的作用下，能从稳态翻转至暂稳态；在暂稳态维持一段时间后，又会重新进入稳态。

（3）暂稳态持续时间的长短取决于单稳态触发器自身的参数，与触发脉冲信号无关。

单稳态触发器具有稳态和暂稳态两种工作状态，若把单稳态触发器比作一个人，则这两种工作状态就好比是人的积极和消极两种心态。当我们遇到挫折、打击、困难时，都会产生消极心态。但是，如果我们足够坚强，那么任何消极心态都只是暂时的。经过自身的调整，我们最终都会回到积极的心态上。在学习、工作和生活中，我们应时刻保持积极乐观的心态，这样才能促进个人成长，增强人生幸福感。

6.3.2 由 CMOS 门电路组成的单稳态触发器

单稳态触发器的暂稳态通常是靠 *RC* 电路的充、放电来维持的。根据 *RC* 电路接法的不同（即接成微分电路或积分电路），单稳态触发器可分为微分型单稳态触发器和积分型单稳态触发器两种。

1．微分型单稳态触发器

微分型单稳态触发器主要由 CMOS 门电路和 *RC* 微分电路组成，其电路结构如图 6-13 所示。

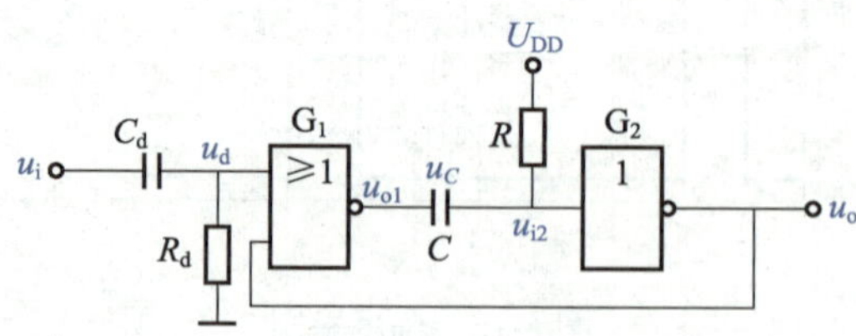

图 6-13 微分型单稳态触发器的电路结构

微分型单稳态触发器的工作原理如下。

（1）当电路处于稳态时，$u_i = 0\,\text{V}$，$u_{i2} = U_{DD}$，此时 $u_o = 0\,\text{V}$，$u_{o1} = U_{DD}$，$u_C \approx 0\,\text{V}$。

（2）当触发脉冲信号到来时，微分型单稳态触发器通过 *RC* 微分电路输出脉冲宽度很小的正、负脉冲信号 u_d。当 u_d 增大至 U_{TH} 时，电路将产生正反馈，其变化过程如图 6-14 所示。

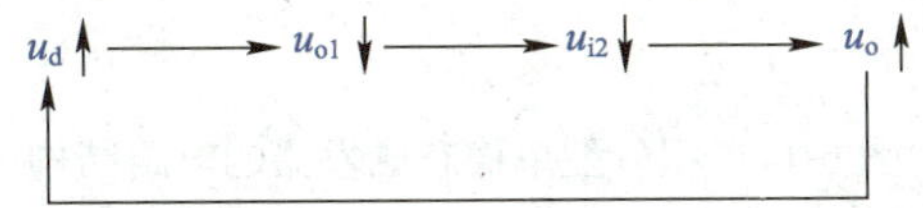

图 6-14　u_d 增大使电路产生正反馈的变化过程

（3）接着，u_{o1} 将迅速跳变为 0，同时 u_{i2} 跳变为 0，u_o 跳变为 1，电路进入暂稳态。此时，C 开始充电，u_{i2} 逐渐增大。当 u_{i2} 增大至 U_{TH} 时，电路将产生另一个正反馈，其变化过程如图 6-15 所示。

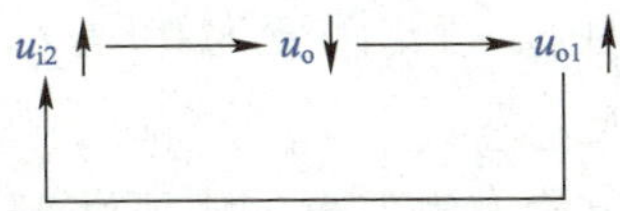

图 6-15　u_{i2} 增大使电路产生正反馈的变化过程

（4）当触发脉冲信号消失后，u_{o1}、u_{i2} 将迅速跳变为 1，并使 u_o 跳变为 0，电路恢复稳态。同时，C 开始放电，直至 C 上的电压为 0 V。

根据上述分析，可得微分型单稳态触发器的电压波形，如图 6-16 所示。

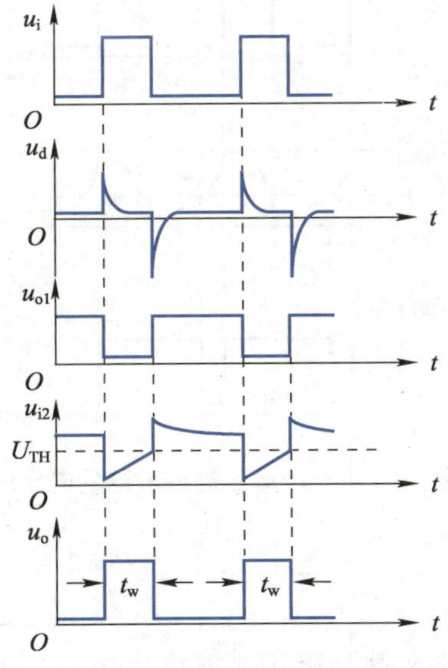

图 6-16　微分型单稳态触发器的电压波形

2．积分型单稳态触发器

积分型单稳态触发器主要由 CMOS 门电路和 RC 积分电路组成，其电路结构如图 6-17 所示。

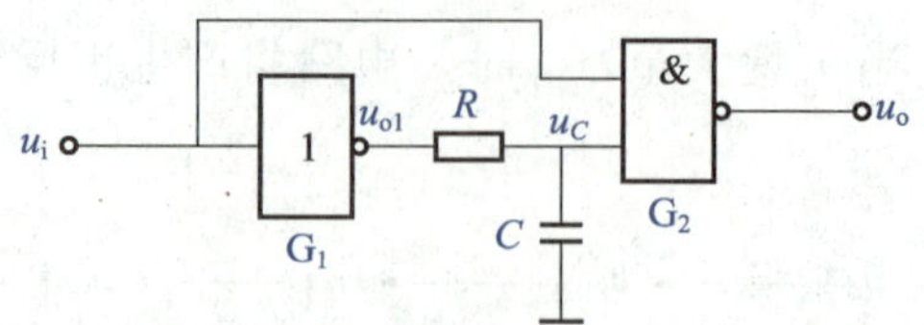

图 6-17　积分型单稳态触发器的电路结构

积分型单稳态触发器的工作原理如下。

（1）当$u_i = 0$时，$u_o = U_{OH}$，$u_C = u_{o1} = U_{OH} > U_{TH}$，此时电路处于稳态。

（2）当触发脉冲信号到来时，u_{o1}迅速跳变为 0。u_C由于不会发生突变，因此在一段时间内仍维持在U_{TH}以上。在这段时间内，G_2的两个输入端电压会同时大于U_{TH}，从而使$u_o = U_{OL}$，电路进入暂稳态。此时，C开始放电。

（3）当$u_C = U_{TH}$时，u_o跳变为 1。待u_i跳变为 0 后，$u_{o1} > U_{TH}$，并向C充电。经过一段时间后，$u_C > U_{TH}$，电路重新进入稳态。

根据上述分析，可得积分型单稳态触发器的电压波形，如图 6-18 所示。

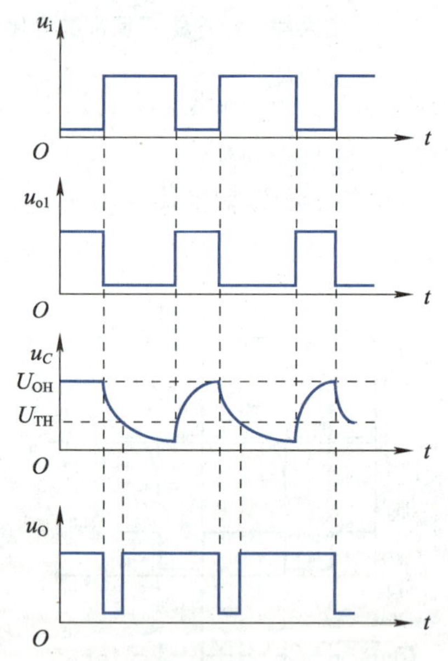

图 6-18　积分型单稳态触发器的电压波形

请思考：微分型单稳态触发器与积分型单稳态触发器在结构上有什么不同？

6.3.3　集成单稳态触发器

74LS121 是一种集成单稳态触发器，其逻辑符号和引脚排列如图 6-19 所示。其中，外接电阻R_{ext}的取值范围为 2～40 kΩ，外接电容C_{ext}的取值范围为10 pF ～1 000 μF 。R_{ext}接在

11 号引脚和电源U_{CC}（14 号引脚）之间，此时 9 号引脚悬空。C_{ext} 接在 10 号引脚与 11 号引脚之间。当需要的电阻较小时，可直接使用阻值约为 2 kΩ 的内部电阻 R_{int}，此时可将 9 号引脚与 14 号引脚相连。

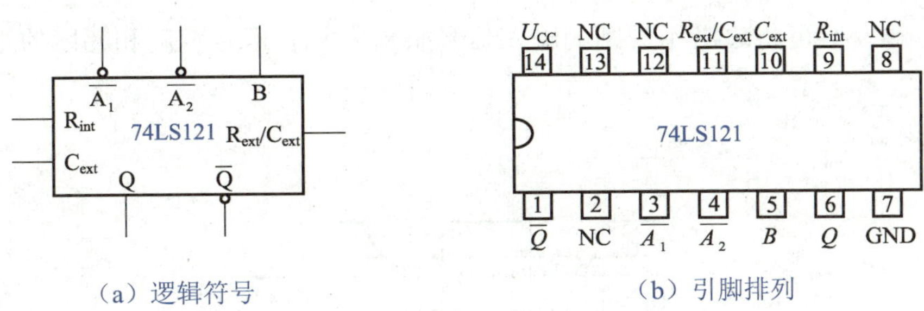

（a）逻辑符号　　（b）引脚排列

图 6-19　74LS121 的逻辑符号和引脚排列

如表 6-6 所示为 74LS121 的功能表。

表 6-6　74LS121 的功能表

输入			输出	
$\overline{A_1}$	$\overline{A_2}$	B	Q	$\overline{Q}$
0	×	1	0	1
×	0	1	0	1
×	×	0	0	1
1	1	×	0	1
1	↓	1	⊓	⊔
↓	1	1	⊓	⊔
↓	↓	1	⊓	⊔
0	×	↑	⊓	⊔
×	0	↑	⊓	⊔

由表 6-6 可知，74LS121 的主要功能如下。

（1）在 $\overline{A_1}$、$\overline{A_2}$、B 的任一静态组合下，电路都处于稳态，即 $Q=0$、$\overline{Q}=1$。

（2）具有两种边沿触发方式。$\overline{A_1}$、$\overline{A_2}$ 是下降沿触发，B 是上升沿触发。在 $\overline{A_1}$、$\overline{A_2}$、B 中任意一端输入相应的触发脉冲信号，Q 端便可输出一个正脉冲信号，而 $\overline{Q}$ 端则可输出一个负脉冲信号。

6.3.4 单稳态触发器的应用

单稳态触发器常用于脉冲整形、定时控制和脉冲延时。

1．脉冲整形

单稳态触发器可将边沿不规则的输入信号整形为具有恒定宽度和幅度的矩形脉冲信号，如图 6-20 所示。

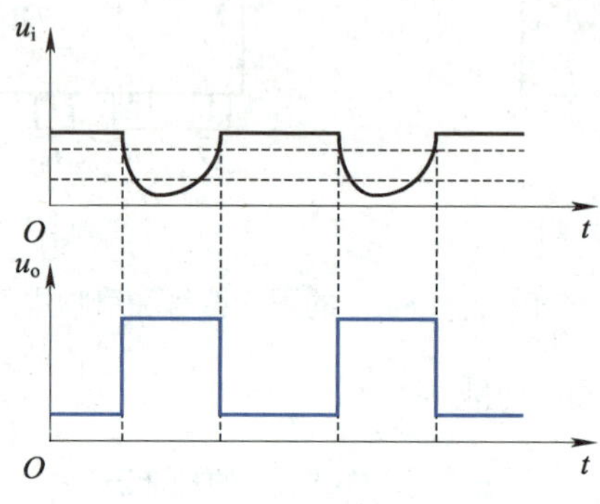

图 6-20 脉冲整形

2．定时控制

单稳态触发器可根据需要产生一定宽度的矩形脉冲信号，因此可控制某一系统在 t_w 内动作或不动作，从而实现脉冲信号的定时控制。如图 6-21 所示为脉冲信号定时控制电路及其波形。

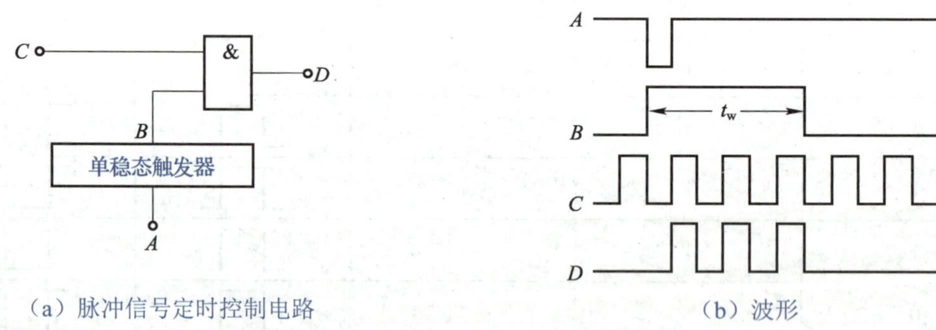

（a）脉冲信号定时控制电路 （b）波形

图 6-21 脉冲信号定时控制电路及其波形

假设单稳态触发器的定时时间为 t_w，若脉冲信号定时控制电路有触发脉冲信号输入，则单稳态触发器开始进入暂稳态，且持续时间为 t_w。脉冲信号定时控制电路在 t_w 内输出脉冲信号，而在其他时间不输出脉冲信号。

3．脉冲延时

脉冲延时通常包括两种情况：一种是边沿延时，可用一个单稳态触发器来实现；另一种是脉冲信号整体延时，可用两个单稳态触发器来实现。在第一种情况中，输出脉冲信号 u_o 的下降沿相对于输入脉冲信号 u_i 的下降沿延时了 t_w，如图 6-22（a）所示。在第二种情况中，第一个单稳态触发器的输出脉冲信号 u_{o1} 在输入脉冲信号 u_i 的上升沿触发，u_{o1} 的脉冲宽度与要求的延时时间 t_d 保持一致，而第二个单稳态触发器的输出脉冲信号 u_{o2} 则在 u_{o1} 的下降沿触发，u_{o2} 的脉冲宽度与 u_i 的脉冲宽度相同，如图 6-22（b）所示。

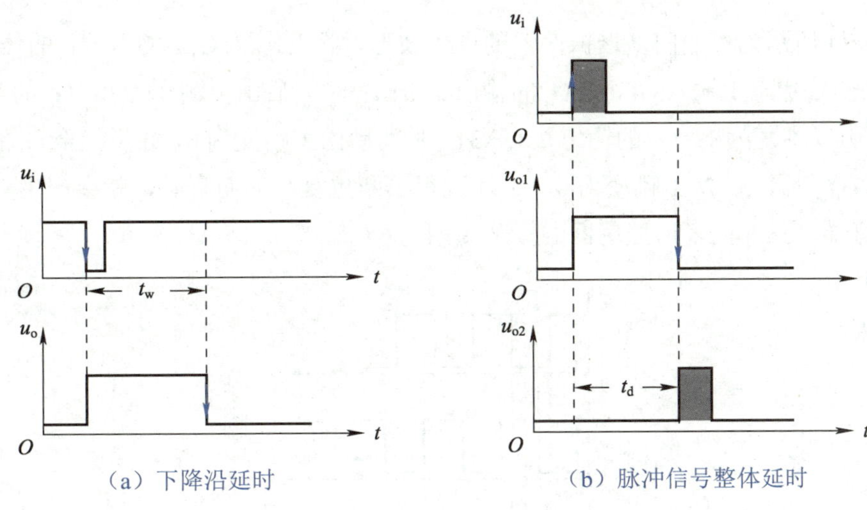

（a）下降沿延时　　（b）脉冲信号整体延时

图 6-22　脉冲延时

6.4　多谐振荡器

多谐振荡器是一种能自动反复输出矩形脉冲信号的自激振荡电路，它接通电源便可自动输出矩形脉冲信号，不需要外加触发脉冲信号。多谐振荡器在发生振荡时不存在稳态，只存在交替变化的两个暂稳态。

多谐振荡器通常由 TTL 门电路或 CMOS 门电路组成。由于 TTL 门电路的工作速度比 CMOS 门电路的快，因此 TTL 门电路适用于频率较高的多谐振荡器，而 CMOS 门电路适用于频率较低的多谐振荡器。

6.4.1　环形多谐振荡器

1．简单环形多谐振荡器

简单环形多谐振荡器是由奇数个非门首尾相连组成的。如图 6-23 所示为三非门多谐振荡器的电路结构，该电路主要由三个非门 G_1、G_2、G_3 首尾相连组成。

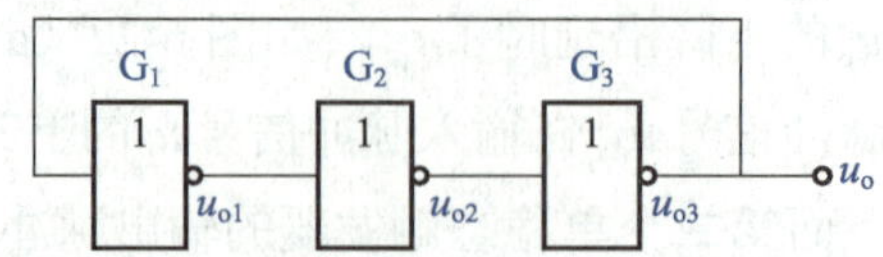

图 6-23　三非门多谐振荡器的电路结构

如图 6-24 所示为三非门多谐振荡器的电压波形，假设 t_{pd} 为 G_1、G_2、G_3 的传输延迟时间。若 u_o 以初始状态 1 输入 G_1，则 G_1 的输出 u_{o1} 在 t_{pd} 时间后由 1 跳变为 0；G_2 的输出 u_{o2} 在 $2t_{pd}$ 时间后由 0 跳变为 1；G_3 的输出 u_{o3} 在 $3t_{pd}$ 时间后由 1 跳变为 0，并反馈至 G_1 的输入端。因此，经过 $3t_{pd}$ 后，u_o 从 1 跳变为 0。上述过程不断重复，周而复始，就会产生自激振荡。由图 6-24 可知，三非门多谐振荡器的振荡周期为 $6t_{pd}$。

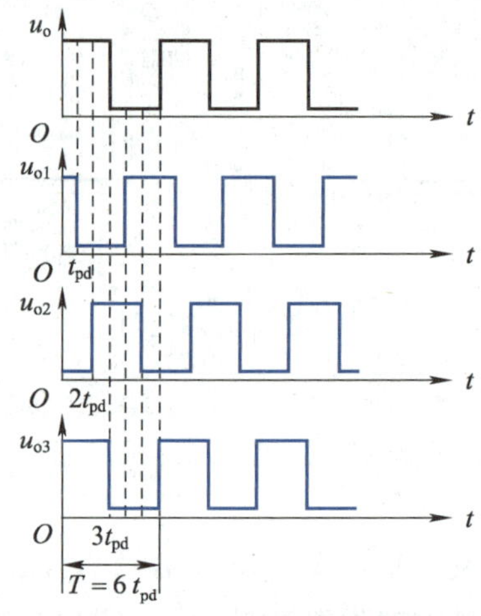

图 6-24　三非门多谐振荡器的电压波形

虽然简单环形多谐振荡器的结构简单，但由于门电路的 t_{pd} 非常短且不易调节，因此这类多谐振荡器很难获得较低的振荡频率，实用价值不高。

2. *RC* 环形多谐振荡器

为克服简单环形多谐振荡器的不足，可在其基础上增加 *RC* 延迟电路，组成 *RC* 环形多谐振荡器。如图 6-25 所示为 *RC* 环形多谐振荡器的电路结构，该电路主要由非门 G_1、G_2、G_3，电阻 R、R_S，以及电容 C 组成。

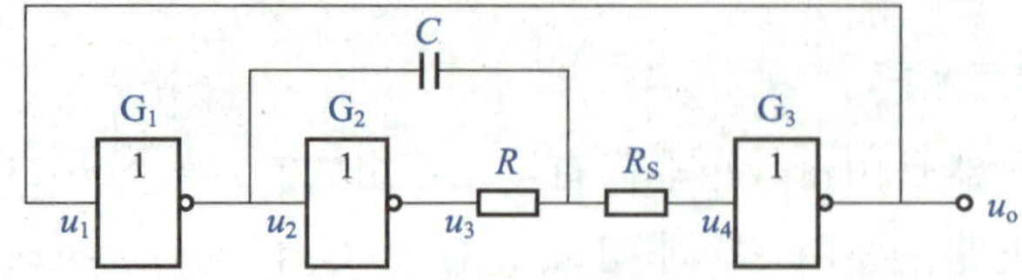

图 6-25　*RC* 环形多谐振荡器的电路结构

在 RC 环形多谐振荡器中，电容和电阻主要用于调节振荡频率。

如图 6-26 所示为 RC 环形多谐振荡器的电压波形。

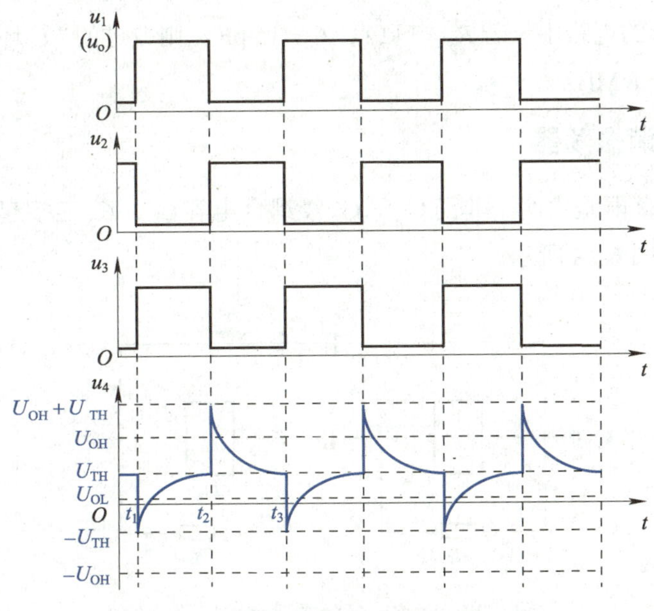

图 6-26　RC 环形多谐振荡器的电压波形

RC 环形多谐振荡器的工作原理如下。

（1）在 t_1 时刻，u_1 由 0 跳变为 1，u_2 由 1 跳变为 0，u_3 由 0 跳变为 1。此时，由于电容 C 的电压不会发生突变，因此 u_4 跟随 u_2 由 U_{TH} 跳变为 $-U_{TH}$，使 u_o 为 1，RC 环形多谐振荡器进入第一个暂稳态。然后，u_3 通过 R 对 C 充电，使 u_4 逐渐增大。

（2）在 t_2 时刻，u_4 增大至 U_{TH}，使 u_o 由 1 跳变为 0，u_2 由 0 跳变为 1，u_3 由 1 跳变为 0。此时，由于 C 的电压不会发生突变，因此 u_4 跟随 u_2 由 U_{TH} 跳变为 $U_{OH}+U_{TH}$，使 u_o 为 0，RC 环形多谐振荡器由第一个暂稳态进入第二个暂稳态。然后，C 开始通过 R 放电，使 u_4 逐渐减小。

（3）在 t_3 时刻，u_4 减小至 U_{TH}，使 u_o 又由 0 跳变为 1，第二个暂稳态结束，RC 环形多谐振荡器返回第一个暂稳态，并重复上述过程。

RC 环形多谐振荡器振荡周期小、频率高、振荡频率不易调节，因此很少应用于实际电路中。

3. 改进的 RC 环形多谐振荡器

为得到振荡频率便于调节的 RC 环形多谐振荡器，可用电位器 R_p 代替图 6-25 所示电路中的 R，得到改进的 RC 环形多谐振荡器，其电路结构如图 6-27 所示。

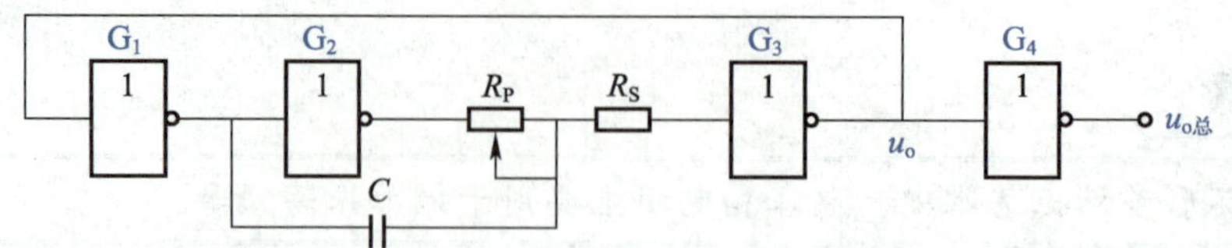

图 6-27　改进的 RC 环形多谐振荡器的电路结构

在图 6-27 所示的电路中，若 $R_p = 1\,\mathrm{k\Omega}$、$C = 15\,\mathrm{pF}$，则改进的 RC 环形多谐振荡器的频率可调范围为 1.4～8 MHz。

6.4.2　对称式多谐振荡器

对称式多谐振荡器是由两个非门 G_1、G_2 经耦合电容 C_1、C_2 连接起来的正反馈振荡电路，其电路结构如图 6-28 所示。

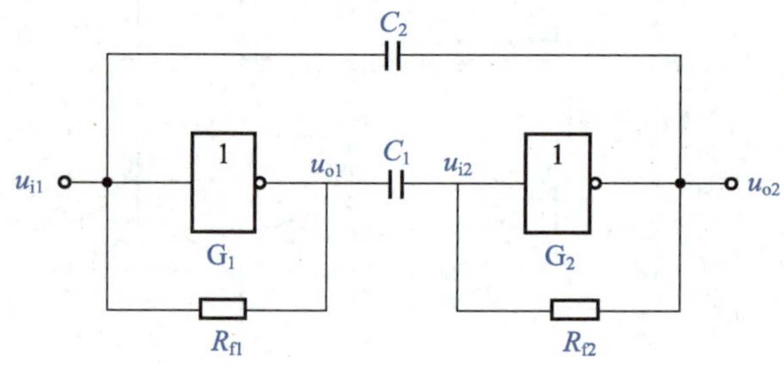

图 6-28　对称式多谐振荡器的电路结构

对称式多谐振荡器的工作原理如下。

（1）若 u_{i1} 由于某种原因产生微小的正跳变，则电路必然会产生正反馈，其变化过程如图 6-29 所示。此时，u_{o1} 迅速跳变为 0，u_{o2} 迅速跳变为 1，电路进入第一个暂稳态；同时，C_1 开始充电，而 C_2 开始放电。

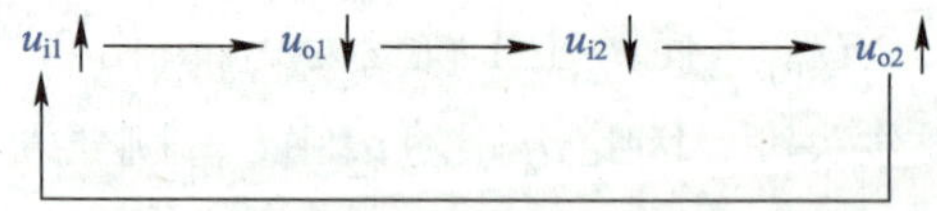

图 6-29　u_{i1} 正跳变使电路产生正反馈的变化过程

（2）随着 C_1 不断充电，u_{i2} 首先增大至 G_2 的 U_{TH}，并使电路产生正反馈，其变化过程如图 6-30 所示。此时，u_{o2} 迅速跳变为 0，u_{o1} 迅速跳变为 1，电路进入第二个暂稳态；同时 C_2 开始充电，C_1 开始放电。

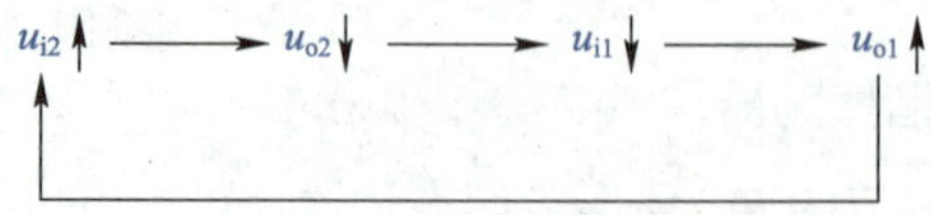

图 6-30　u_{i2} 增大使电路产生正反馈的变化过程

（3）当 u_{i1} 增大至 U_{TH} 时，u_{o1} 迅速跳变为 0，u_{o2} 迅速跳变为 1，电路又将返回第一个暂稳态。因此，电路将不停地在这两个暂稳态之间往复振荡，同时输出矩形脉冲信号。如图 6-31 所示为对称式多谐振荡器的电压波形。

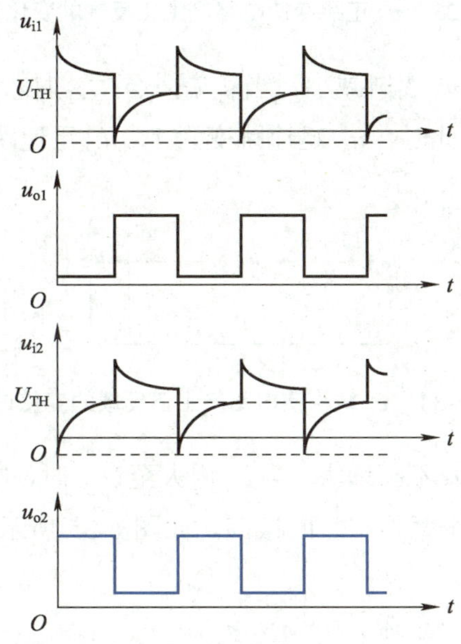

图 6-31　对称式多谐振荡器的电压波形

6.4.3　非对称式多谐振荡器

若移除图 6-28 所示电路中的 C_1 和 R_{f2}，则可得到非对称式多谐振荡器，其电路结构如图 6-32 所示。

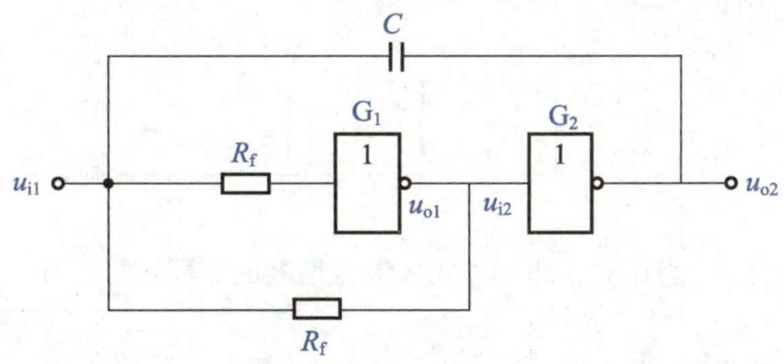

图 6-32　非对称式多谐振荡器的电路结构

非对称式多谐振荡器的工作原理如下。

（1）若 u_{i1} 由于某种原因产生微小的正跳变，则电路必然会产生正反馈，其变化过程如图 6-33 所示。此时，u_{o1} 迅速跳变为 0，u_{o2} 迅速跳变为 1，电路进入第一个暂稳态；同时，C 开始放电。

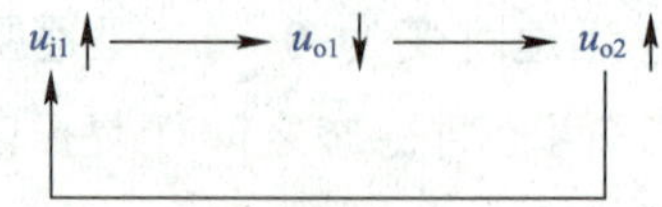

图 6-33　u_{i1} 正跳变使电路产生正反馈的变化过程

（2）随着 C 不断放电，u_{i1} 逐渐减小。当 u_{i1} 减小至 U_{TH} 时，电路又将产生一个正反馈，其变化过程如图 6-34 所示。此时，u_{o1} 迅速跳变为 1，u_{o2} 迅速跳变为 0，电路进入第二个暂稳态；同时，C 开始充电。

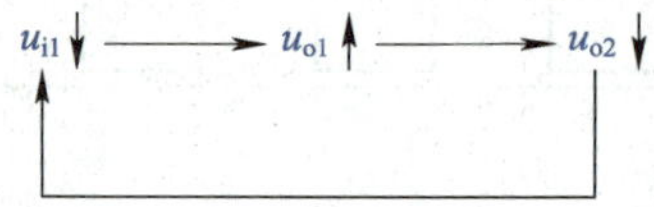

图 6-34　u_{i1} 减小使电路产生正反馈的变化过程

（3）随着 C 不断充电，u_{i1} 不断增大。当 u_{i1} 增大至 U_{TH} 时，电路又将返回第一个暂稳态。因此，电路将不停地在这两个暂稳态之间振荡。如图 6-35 所示为非对称式多谐振荡器的电压波形。

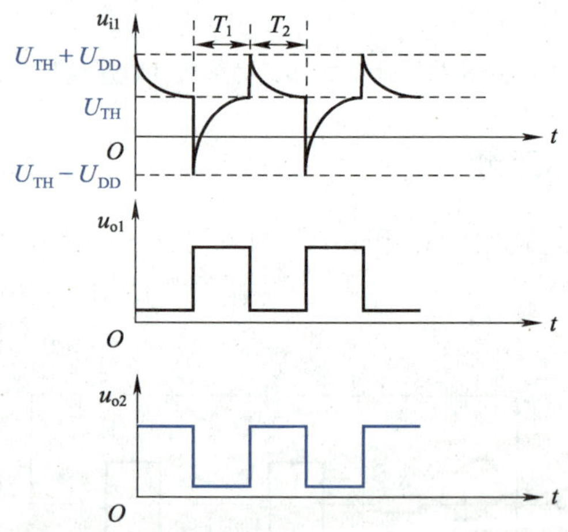

图 6-35　非对称式多谐振荡器的电压波形

6.4.4　石英晶体多谐振荡器

石英晶体多谐振荡器是一种能稳频的多谐振荡器，是在多谐振荡器中接入石英晶体而组成的，其电路结构如图 6-36 所示。

在图 6-36 所示的电路中，R_1、R_2 的作用是使 G_1、G_2 工作在线性放大区。对于 TTL 门电路，其所接电阻的阻值通常为 0.5～2 kΩ；而对于 CMOS 电路，其所接电阻的阻值通常为 5～100 MΩ。C 用于 G_1、G_2 之间的耦合。

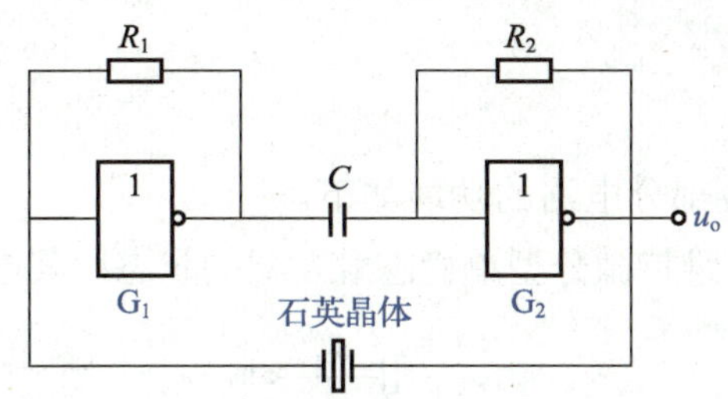

图 6-36　石英晶体多谐振荡器的电路结构

石英晶体多谐振荡器具有体积小、质量小、可靠性高、频率稳定性好等优点，已广泛应用于各种家用电器和通信设备中。

笔记

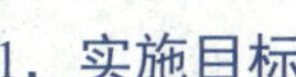

项目实施——设计微分型单稳态触发器

设计微分型单稳态触发器

1. 实施目标

（1）熟悉微分型单稳态触发器的电路结构。

（2）会用 Multisim 14 对微分型单稳态触发器进行仿真。

（3）能对仿真结果进行分析。

2. 实施要求

微分型单稳态触发器主要由一阶微分电路和 CMOS 门电路组成，如图 6-37 所示。

图 6-37　微分型单稳态触发器

请根据图 6-37 设计微分型单稳态触发器，设计要求如下。

（1）用 R、C 设计一阶微分电路。

（2）用 CMOS 门电路和一阶微分电路设计微分型单稳态触发器。

（3）用示波器观察微分型单稳态触发器的电压波形。

3．实施内容

1）分析电路

微分型单稳态触发器各部分电路的功能如下。

（1）一阶微分电路用于维持微分型单稳态触发器的状态，其电路结构如图 6-38 所示。

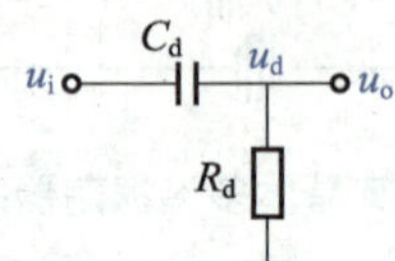

图 6-38 一阶微分电路的电路结构

（2）CMOS 门电路用于实现微分型单稳态触发器的状态转换，其电路结构如图 6-39 所示。

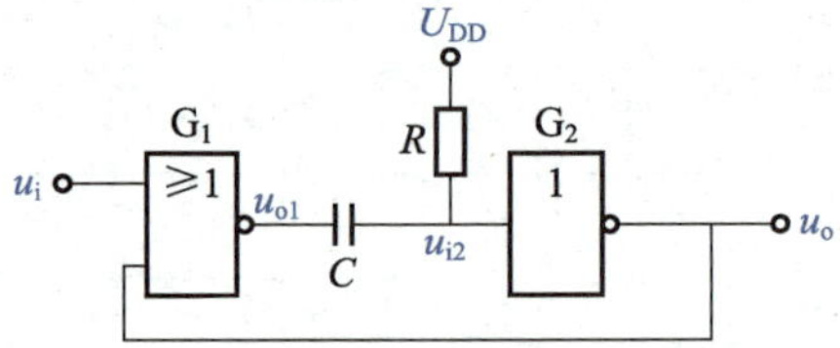

图 6-39 CMOS 门电路的电路结构

根据上述分析，若将一阶微分电路与 CMOS 门电路连接起来，则可得到微分型单稳态触发器。

2）仿真

（1）创建工程文件。打开 Multisim 14 仿真软件，单击菜单栏中的“文件”菜单，执行“设计”命令，在弹出的对话框中单击“Create”按钮，就可得到一个工程文件。

（2）选择元件。单击菜单栏中的“绘制”菜单，执行“元件”命令，按表 6-7 选择微分型单稳态触发器仿真所需元件。

表 6-7 微分型单稳态触发器仿真所需元件

序号	名称	规格	型号	数量
1	电源	5 V		1
2	脉冲信号发生器	5 V 1 kHz		1
3	电容	10 nF		2
4	电阻	47 kΩ		1
		10 kΩ		1
5	四 2 输入或非门	5 V	4001BD	1
6	六反相器	5 V	4009BD	1
7	四通道示波器			1

（3）连接仿真电路。按图 6-40 所示的微分型单稳态触发器的仿真电路将各元件连接起来。

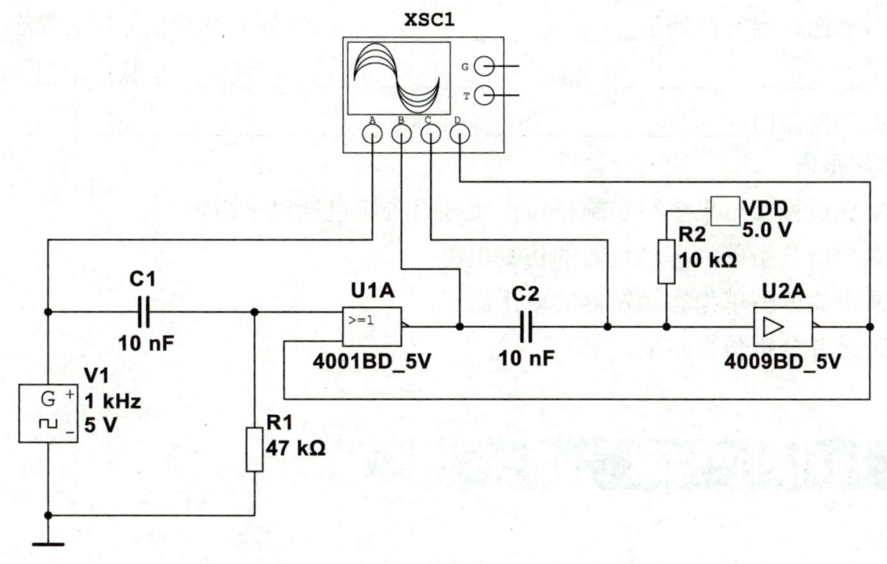

图 6-40　微分型单稳态触发器的仿真电路

（4）开启仿真开关。将仿真电路连接完毕后，单击菜单栏中的“仿真”菜单，执行“运行”命令，开启仿真开关。

（5）观察并记录仿真结果。开启仿真开关后，双击 XSC_1，则可得到微分型单稳态触发器的电压波形。XSC_1 的 4 个通道用于记录微分型单稳态触发器的电压波形，分别用 u_1、u_2、u_3、u_4 来表示。另外，通过在 XSC_1 的对话框中调整对应波形的位置，并单击仿真暂停开关，可得到某一时刻微分型单稳态触发器的电压波形。观察 4 个通道所显示的电压波形，并将它们绘制在图 6-41 中。

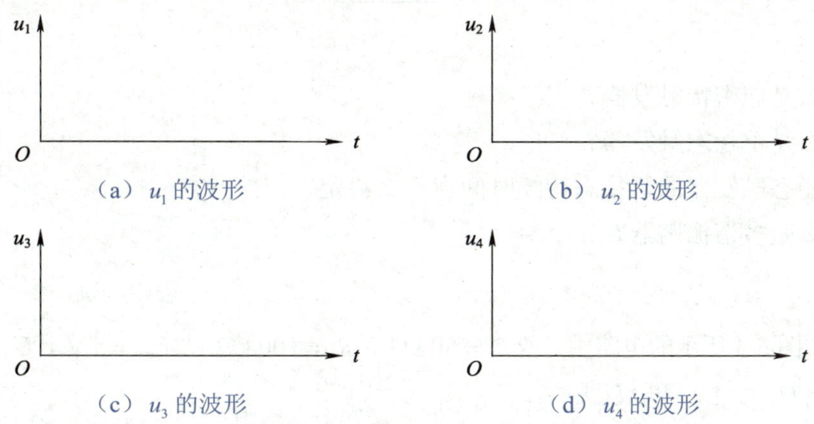

（a）u_1 的波形　（b）u_2 的波形

（c）u_3 的波形　（d）u_4 的波形

图 6-41　XSC_1 各通道显示的电压波形

3）分析仿真结果

根据 XSC_1 显示的电压波形，分析微分型单稳态触发器的工作原理：当无脉冲信号输入时，微分型单稳态触发器处于______________；当外加脉冲信号时，微分型单稳态触发器由______________翻转至______________；当脉冲信号消失时，微分型单稳态触发器由______________返回______________。

4. 实施报告

根据实施过程及结果撰写实施报告，实施报告应包括以下内容。

（1）画出微分型单稳态触发器的仿真电路。

（2）画出微分型单稳态触发器的电压波形。

（3）记录并分析仿真结果。

项目知识检测

1. 填空题

（1）脉冲信号是指__________________、__________________、__________________信号。

（2）常见的脉冲信号有____________、____________、____________、____________、____________等。

（3）施密特触发器两个稳态之间的转换________（需要/不需要）外加触发脉冲信号来实现。

（4）施密特触发器常用于____________、____________和____________。

（5）单稳态触发器常用于____________、____________和____________。

（6）多谐振荡器在输出矩形脉冲信号时________（需要/不需要）外加触发脉冲信号。

2. 简答题

（1）什么是施密特触发器？

（2）什么是单稳态触发器？

（3）单稳态触发器的暂稳态持续时间由什么决定？

（4）什么是多谐振荡器？

3. 综合题

（1）在如图 6-3 所示的电路中，若 $R_1 = 50\ \text{k}\Omega$，$R_2 = 100\ \text{k}\Omega$，$U_{DD} = 5\ \text{V}$，$U_{TH} = 0.5U_{DD}$，试求该电路的 U_{T+}、U_{T-} 和 ΔU_T。

（2）若反相输出施密特触发器输入信号的波形如图 6-42 所示，试分析并画出输出信号的波形。其中，反相施密特触发器的 U_{T+}、U_{T-} 已在输入信号的波形图上标出。

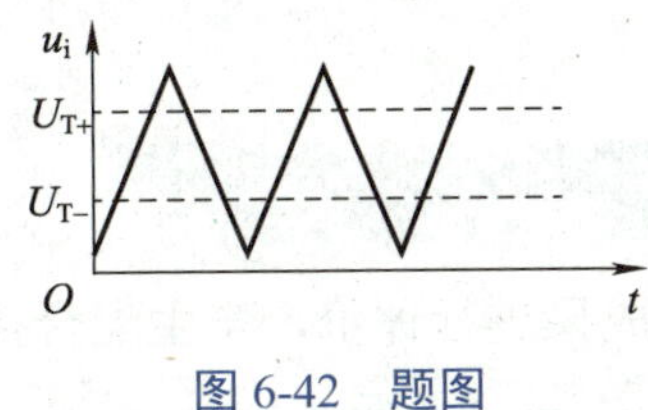

图 6-42 题图

（3）在如图 6-43 所示的整形电路中，假设它在 $u_i=0$ 的持续时间比 RC 电路的时间常数大得多。已知 u_i 的波形，试分析并画出 u_o 的波形。

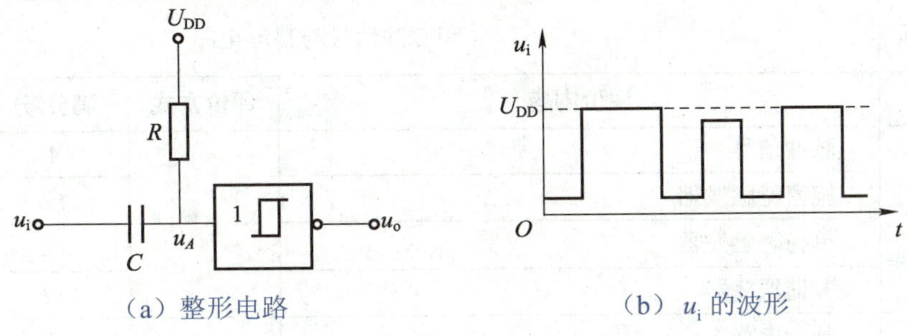

（a）整形电路 （b）u_i 的波形

图 6-43 题图

（4）如图 6-44（a）所示为微分型单稳态触发器的电路结构。其中，R_d 的阻值足够大，可保证稳态时 u_d 为 1；R 的阻值很小，可保证稳态时 u_{i2} 为 0；C_d 的电容量很小，它与 R_d 组成了微分电路。试分析该电路在给定触发信号 u_i 作用下的工作过程，并画出 u_d、u_{o1}、u_{i2} 和 u_o 的电压波形。

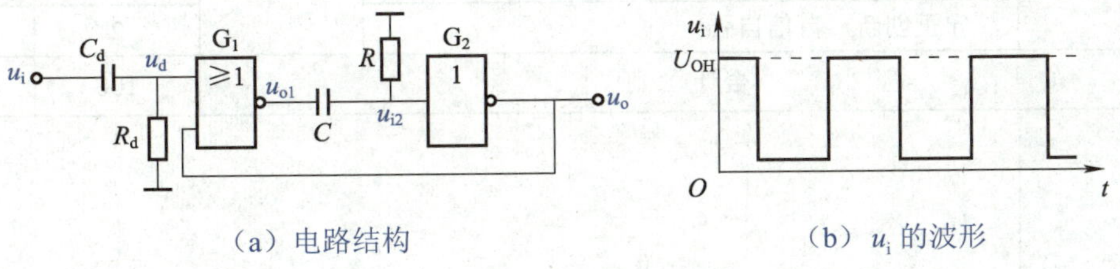

（a）电路结构 （b）u_i 的波形

图 6-44 题图

学习成果评价

指导教师对学生的实际学习成果进行评价，学生配合指导教师共同完成表 6-8。

表 6-8　学习成果评价

<table>
<tr><td>班级</td><td></td><td>组号</td><td></td><td>日期</td><td colspan="2"></td></tr>
<tr><td>姓名</td><td></td><td>学号</td><td></td><td>指导教师</td><td colspan="2"></td></tr>
<tr><td>学习成果名称</td><td colspan="6">认识脉冲信号与整形电路</td></tr>
<tr><td>评价项目</td><td colspan="3">评价内容</td><td>评价方式</td><td>满分/分</td><td>评分/分</td></tr>
<tr><td rowspan="4">知识
（40%）</td><td colspan="3">脉冲信号</td><td rowspan="4">理论测试</td><td>4</td><td></td></tr>
<tr><td colspan="3">施密特触发器</td><td>12</td><td></td></tr>
<tr><td colspan="3">单稳态触发器</td><td>12</td><td></td></tr>
<tr><td colspan="3">多谐振荡器</td><td>12</td><td></td></tr>
<tr><td rowspan="3">技能
（40%）</td><td colspan="3">分析电路</td><td rowspan="3">实践操作</td><td>10</td><td></td></tr>
<tr><td colspan="3">仿真</td><td>15</td><td></td></tr>
<tr><td colspan="3">分析仿真结果</td><td>15</td><td></td></tr>
<tr><td rowspan="5">素养
（20%）</td><td colspan="3">积极参与教学活动，主动学习和思考</td><td rowspan="5">综合评判</td><td>5</td><td></td></tr>
<tr><td colspan="3">认真完成学习和实践任务</td><td>5</td><td></td></tr>
<tr><td colspan="3">团队协作，与组员合作默契</td><td>4</td><td></td></tr>
<tr><td colspan="3">遵守课堂纪律，维护课堂秩序</td><td>4</td><td></td></tr>
<tr><td colspan="3">守正创新，自信自强</td><td>2</td><td></td></tr>
<tr><td colspan="5">合计</td><td>100</td><td></td></tr>
<tr><td>自我评价</td><td colspan="6"></td></tr>
<tr><td>指导教师评价</td><td colspan="6"></td></tr>
</table>

项目 7 测试 555 定时器应用电路

知识目标

- 掌握 555 定时器的电路结构和工作原理。
- 掌握由 555 定时器组成的施密特触发器的电路结构和工作原理。
- 掌握由 555 定时器组成的单稳态触发器的电路结构和工作原理。
- 掌握由 555 定时器组成的多谐振荡器的电路结构和工作原理。

技能目标

- 能分析变音门铃电路的工作原理。
- 能用 Multisim 14 仿真变音门铃电路。
- 能测试变音门铃电路。

素质目标

- 增强分秒必争、时不我待的时间观念。
- 弘扬与时俱进、勇于探索的创新精神。

项目导入

555 定时器是一种多用途集成电路。通过外接少量元件，555 定时器便可组成施密特触发器、单稳态触发器、多谐振荡器等多种电路，从而实现定时、延时、振荡等功能。555 定时器具有结构简单、使用方便、制造成本低等优点，已广泛应用于信号的产生与变换、控制与检测等方面。

本项目要求学生掌握 555 定时器应用电路的基本知识，并在此基础上测试变音门铃电路，知识与技能要求如表 7-1 所示。

表 7-1　知识与技能要求

项目内容	测试 555 定时器应用电路	学习程度		
		识记	理解	应用
学习任务	555 定时器		●	
	由 555 定时器组成的施密特触发器		●	
	由 555 定时器组成的单稳态触发器		●	
	由 555 定时器组成的多谐振荡器		●	
实训任务	测试变音门铃电路			●
自我勉励				

项目工单

1. 学生分组

学生以 3～5 人为一组进行分组，各小组选出组长并进行任务分工，将小组成员及分工情况填入表 7-2 中。

表 7-2　小组成员及分工情况

<table>
<tr><th>班级</th><th></th><th>组号</th><th></th><th>指导教师</th><th></th></tr>
<tr><th>小组成员</th><th>姓名</th><th>学号</th><th colspan="3">任务分工</th></tr>
<tr><td>组长</td><td></td><td></td><td colspan="3"></td></tr>
<tr><td rowspan="4">组员</td><td></td><td></td><td colspan="3"></td></tr>
<tr><td></td><td></td><td colspan="3"></td></tr>
<tr><td></td><td></td><td colspan="3"></td></tr>
<tr><td></td><td></td><td colspan="3"></td></tr>
</table>

2. 工作计划

各小组查阅资料，熟悉 555 定时器应用电路的基本知识，制订工作计划，并将其填入表 7-3 中。

表 7-3　工作计划

序号	工作内容	负责人

3. 工作准备

各小组准备实施所需的工具和器材，并将其填入表 7-4 中。

表 7-4　实施所需的工具和器材

序号	名称	规格与型号	单位	数量	备注

4. 工作实施

各小组按工作计划，测试变音门铃电路，将实施步骤、实施内容及遇到的问题、解决办法等填入表 7-5 中。

表 7-5　工作实施过程记录表

序号	实施步骤	实施内容及遇到的问题	解决办法

7.1　555 定时器

7.1.1　555 定时器概述

555 定时器是一种集数字电路、模拟电路于一体的中规模集成电路，其应用非常广泛。目前，常用的 555 定时器有两种：一种是双极型 555 定时器，该产品型号的最后三位数码均为 555；另一种是 CMOS 型 555 定时器，该产品型号的最后四位数码均为 7555。这两种定时器的逻辑功能和引脚排列基本相同。

555 定时器所允许的电源电压范围较宽。其中，双极型 555 定时器所允许的电源电压范围为 5～16 V；CMOS 型 555 定时器所允许的电源电压范围为 3～18 V。

请思考：555 定时器可应用于哪些领域？

7.1.2　555 定时器的电路结构

如图 7-1 所示为 555 定时器的电路结构和逻辑符号。其中，2 号引脚为触发输入端（u_{i2}）；4 号引脚为置零端（$\overline{R_D}$）；5 号引脚为控制电压输入端（u_{ic}）；6 号引脚为阈值输入端（u_{i1}）。当 $\overline{R_D}=0$ 时，无论其他输入端的状态如何，$u_o=0$。因此，为保证电路正常工作，应使 $\overline{R_D}=1$。

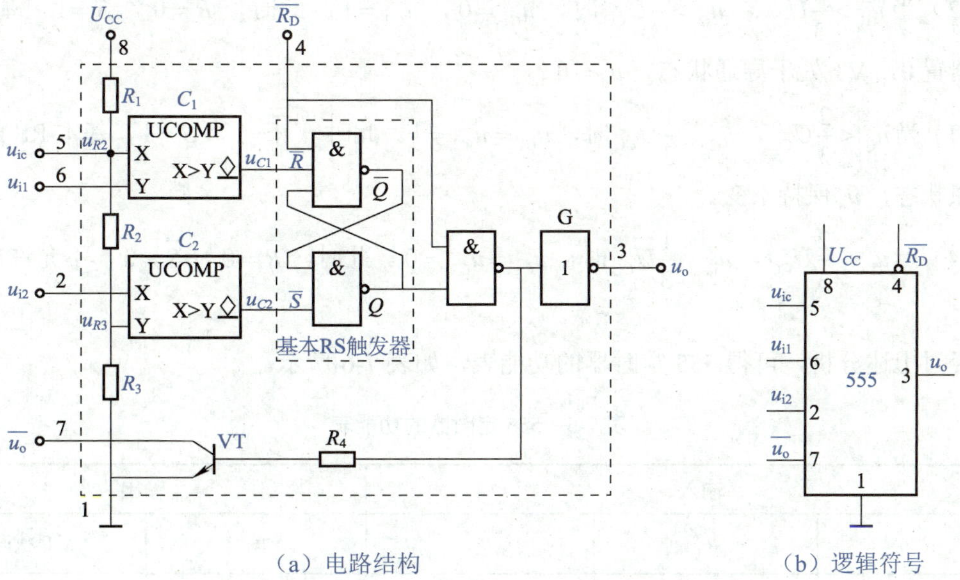

（a）电路结构　　（b）逻辑符号

图 7-1　555 定时器的电路结构和逻辑符号

555 定时器主要由以下几部分组成。

（1）电阻分压器，由 3 个等值电阻（$R_1 = R_2 = R_3 = 5\,\text{k}\Omega$）串联而成，主要用于为电压比较器提供参考电压 u_{R2}、u_{R3}。若 5 号引脚悬空或通过电容接地，则 $u_{R2} = \frac{2}{3}U_{CC}$，$u_{R3} = \frac{1}{3}U_{CC}$；若 5 号引脚外加控制电压 u_{ic}，则 $u_{R2} = u_{ic}$，$u_{R3} = \frac{1}{2}u_{ic}$。

（2）电压比较器 C_1、C_2，它们的结构相同。其中，C_1 用于比较 u_{i1} 和 u_{R2}。当 $u_{i1} > u_{R2}$ 时，C_1 的输出 $u_{C1} = 0$；当 $u_{i1} < u_{R2}$ 时，C_1 的输出 $u_{C1} = 1$。C_2 用于比较 u_{i2} 和 u_{R3}。当 $u_{i2} > u_{R3}$ 时，C_2 的输出 $u_{C2} = 1$；当 $u_{i2} < u_{R3}$ 时，C_2 的输出 $u_{C2} = 0$。

（3）基本 RS 触发器。当 $\overline{R} = 0$、$\overline{S} = 1$ 时，$Q = 0$、$\overline{Q} = 1$；当 $\overline{R} = 1$、$\overline{S} = 0$ 时，$Q = 1$、$\overline{Q} = 0$；当 $\overline{R} = 1$、$\overline{S} = 1$ 时，Q、$\overline{Q}$ 保持原状态。

（4）放电开关，由三极管 VT 和电阻 R_4 组成，VT 的状态受基本 RS 触发器的输出 $\overline{Q}$ 控制。当 $\overline{Q} = 1$ 时，VT 处于导通状态；当 $\overline{Q} = 0$ 时，VT 处于截止状态。

（5）输出缓冲器，由非门 G 组成，用于增大 555 定时器对负载的驱动能力，同时隔离负载对 555 定时器的影响。

7.1.3　555 定时器的工作原理

当 $\overline{R_D} = 1$ 时，555 定时器的工作原理如下。

（1）当 $u_{i1} < \frac{2}{3}U_{CC}$，$u_{i2} < \frac{1}{3}U_{CC}$ 时，$u_{C1} = 1$，$u_{C2} = 0$。此时，$\overline{R} = 1$，$\overline{S} = 0$，基本 RS 触发器置 1，VT 处于截止状态，$u_o = 1$。

（2）当 $u_{i1} > \frac{2}{3}U_{CC}$，$u_{i2} > \frac{1}{3}U_{CC}$ 时，$u_{C1} = 0$，$u_{C2} = 1$。此时，$\overline{R} = 0$，$\overline{S} = 1$，基本 RS 触发器置 0，VT 处于导通状态，$u_o = 0$。

（3）当 $u_{i1} < \frac{2}{3}U_{CC}$，$u_{i2} > \frac{1}{3}U_{CC}$ 时，$u_{C1} = u_{C2} = 1$。此时，$\overline{R} = 1$，$\overline{S} = 1$，基本 RS 触发器保持原状态，u_o 保持不变。

（4）当 $u_{i1} > \frac{2}{3}U_{CC}$，$u_{i2} < \frac{1}{3}U_{CC}$ 时，$u_{C1} = u_{C2} = 0$。此时，$\overline{R} = 0$，$\overline{S} = 0$，不允许出现此情况。

经过上述分析，可得 555 定时器的功能表，如表 7-6 所示。

表 7-6　555 定时器的功能表

输入			输出	
$\overline{R_D}$	u_{i1}	u_{i2}	u_o	VT 状态
0	×	×	0	导通
1	$<\frac{2}{3}U_{CC}$	$<\frac{1}{3}U_{CC}$	1	截止

（续表）

输入			输出	
$\overline{R_D}$	u_{i1}	u_{i2}	u_o	VT 状态
1	$>\frac{2}{3}U_{CC}$	$>\frac{1}{3}U_{CC}$	0	导通
1	$<\frac{2}{3}U_{CC}$	$>\frac{1}{3}U_{CC}$	保持	保持

学思践悟

555 定时器具有精确的定时和延时功能，可用于制作各种计时、定时设备，以帮助我们更好地规划时间、管理时间、利用时间。养成良好的时间观念，对提升个人工作效率、促进个人发展具有重要意义，可让我们在有限的生命中取得更大的成就，实现更大的价值。

7.2　由 555 定时器组成的施密特触发器

若将 555 定时器的 2 号引脚与 6 号引脚连在一起作为输入端，则可组成施密特触发器，其电路结构如图 7-2 所示。

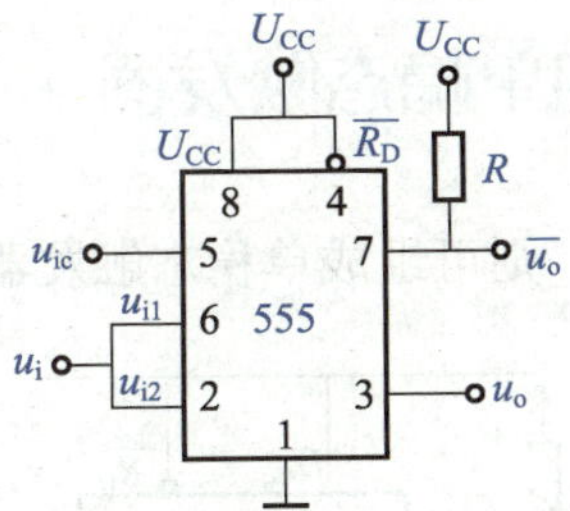

图 7-2　由 555 定时器组成的施密特触发器的电路结构

假设输入信号是一个三角波，则由 555 定时器组成的施密特触发器的工作原理如下。

（1）当 $u_i = 0$ 时，$u_o = 1$。

（2）在 u_i 上升阶段，当 $0 < u_i < \frac{2}{3}U_{CC}$ 时，$u_o = 1$。

（3）当 $u_i > \frac{2}{3}U_{CC}$ 时，$u_o = 0$。

（4）在 u_i 下降阶段，当 $u_i > \frac{1}{3}U_{CC}$ 时，$u_o = 0$。

（5）在 u_i 下降阶段，当 $u_i < \frac{1}{3}U_{CC}$ 时，$u_o = 1$。

如此循环变化，在u_o端可得到一个矩形脉冲信号。如图 7-3 所示为由 555 定时器组成的施密特触发器的电压波形。

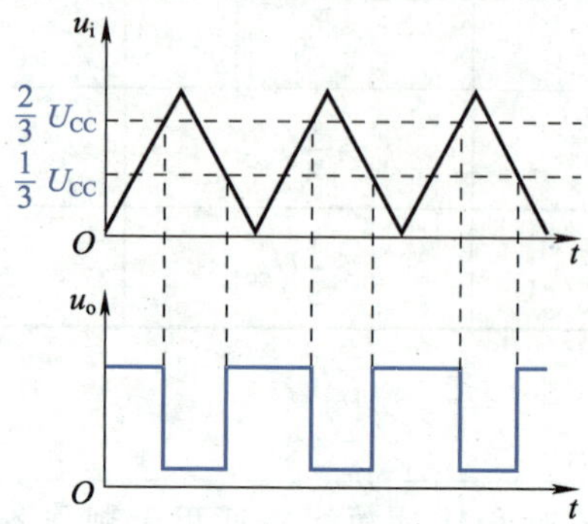

图 7-3　由 555 定时器组成的施密特触发器的电压波形

由图 7-3 可知，$U_{T+}=\frac{2}{3}U_{CC}$，$U_{T-}=\frac{1}{3}U_{CC}$，$\Delta U_T=U_{T+}-U_{T-}=\frac{1}{3}U_{CC}$。

若在 5 号引脚加控制电压，则ΔU_T的值将会被改变。ΔU_T越大，电路的抗干扰能力就越强。

7.3　由 555 定时器组成的单稳态触发器

若将 555 定时器外接R和C，则可组成单稳态触发器，其电路结构如图 7-4 所示。

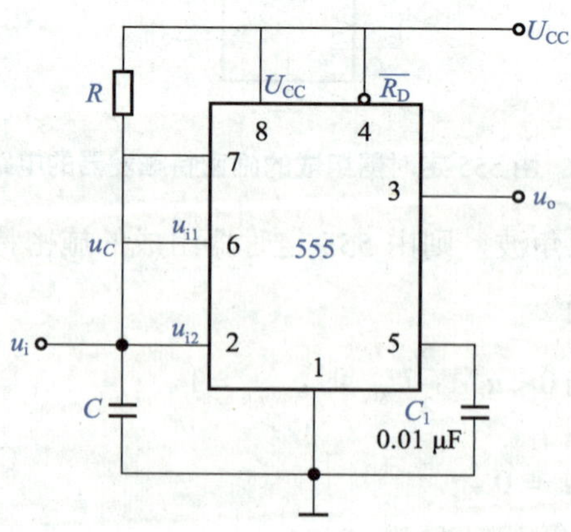

图 7-4　由 555 定时器组成的单稳态触发器的电路结构

由 555 定时器组成的单稳态触发器的工作原理如下。

（1）当接通电源时，U_{CC} 通过 R 向 C 充电，从而使 u_C（即 u_{i1}）上升，电路进入稳定状态。

（2）当 $u_C = \frac{2}{3}U_{CC}$ 且 $u_{i2} > \frac{1}{3}U_{CC}$ 时，$u_o = 0$，VT 处于导通状态，C 通过 VT 放电，使 u_C 迅速下降至 0，此时 u_o 仍为 0。若无外加触发脉冲信号，则电路的输出状态将一直保持不变。

（3）当外加负触发脉冲信号（即 $u_{i2} < \frac{1}{3}U_{CC}$）时，$u_o = 1$，电路进入暂稳态。此时，VT 处于截止状态，电源可通过 R 给 C 充电，u_C 逐渐上升。

（4）当外加负触发脉冲信号消失（即 $u_{i2} > \frac{1}{3}U_{CC}$）时，电路保持暂稳态不变。

（5）当 C 继续充电直至 $u_C = \frac{2}{3}U_{CC}$ 时，电路再一次发生翻转，$u_o = 0$。此时，VT 处于导通状态，C 开始放电，电路自动恢复至稳态。

由以上分析可知，由 555 定时器组成的单稳态触发器暂稳态的持续时间是由 R 和 C 决定的。若忽略 VT 的饱和电压降，则 C 的电压从 0 上升至 $\frac{2}{3}U_{CC}$ 所用的时间就是暂稳态的持续时间。

如图 7-5 所示为由 555 定时器组成的单稳态触发器的电压波形。

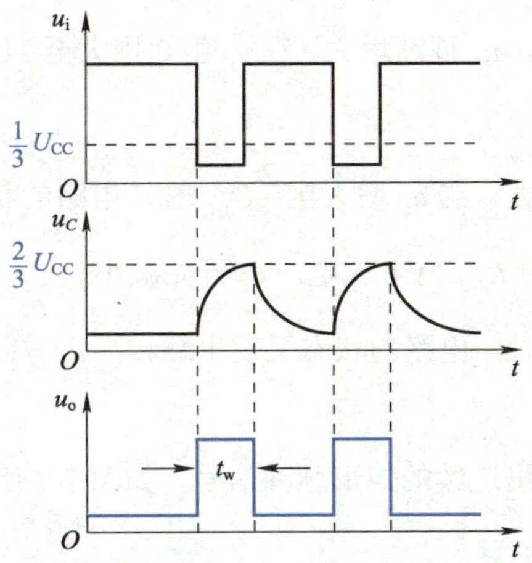

图 7-5　由 555 定时器组成的单稳态触发器的电压波形

经过分析可知，对于由 555 定时器组成的单稳态触发器，外加触发脉冲信号的脉冲宽度应小于 t_w，且周期应大于 t_w。若外加触发脉冲信号的宽度大于 t_w，则可通过改变 RC 微分电路的相关参数值将 t_w 调节至合适大小，然后再将触发脉冲信号输入 555 定时器的 2 号引脚。

7.4 由 555 定时器组成的多谐振荡器

如图 7-6 所示为由 555 定时器组成的多谐振荡器的电路结构及充、放电回路。

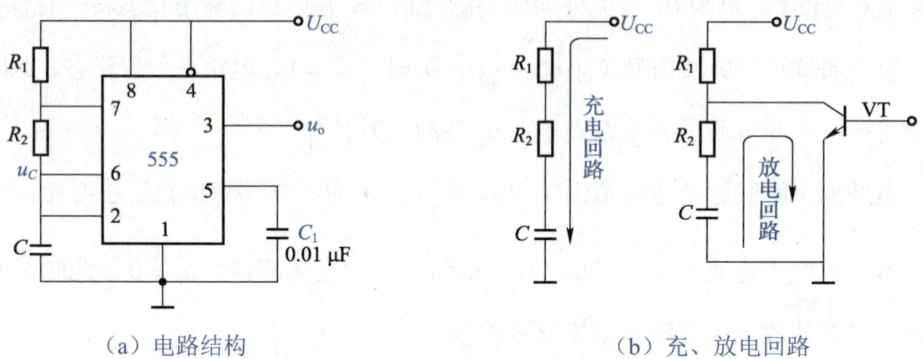

（a）电路结构　　　　（b）充、放电回路

图 7-6　由 555 定时器组成的多谐振荡器的电路结构及充、放电回路

由 555 定时器组成的多谐振荡器的工作原理如下。

（1）当接通电源时，由于 C 上的初始电压为 0 V，因此 $u_o = 1$。此时，VT 处于截止状态，U_{CC} 通过 R_1、R_2 向 C 充电。

（2）随着 C 的不断充电，u_C 逐渐增大，在 u_C 由 0 增大至 $\frac{1}{3}U_{CC}$ 的过程中，电路的状态将保持不变。

（3）u_C 由 $\frac{1}{3}U_{CC}$ 继续增大，当 u_C 增大至 $\frac{2}{3}U_{CC}$ 时，电路的状态将发生翻转，$u_o = 0$。此时，VT 处于导通状态，C 对 R_2、VT 放电，u_C 开始减小。

（4）当 u_C 减小至 $\frac{1}{3}U_{CC}$ 时，电路的状态又发生翻转，$u_o = 1$。此时，VT 处于截止状态，C 又开始充电。

如此循环变化，就可输出连续的矩形脉冲信号。如图 7-7 所示为由 555 定时器组成的多谐振荡器的电压波形。

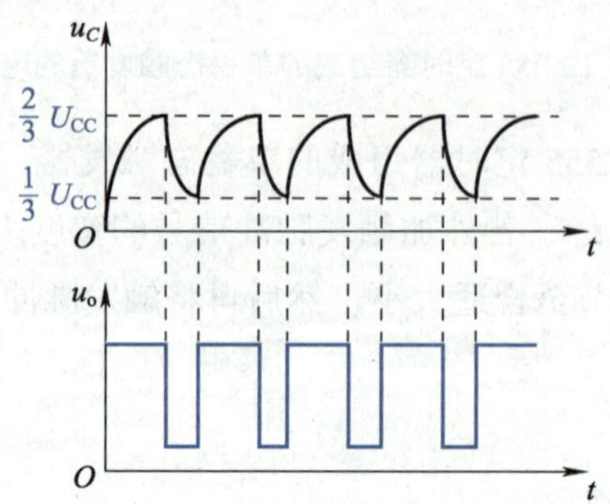

图 7-7　由 555 定时器组成的多谐振荡器的电压波形

项目实施——测试变音门铃电路

测试变音门铃电路

1. 实施目标

（1）熟悉 555 定时器的引脚排列及逻辑功能。

（2）会用 Multisim 14 对变音门铃电路进行仿真。

（3）掌握测试变音门铃电路的方法。

2. 实施器材

（1）555 定时器 1 片。

（2）阻值为 22 kΩ 的电阻 1 个，阻值为 30 kΩ 的电阻 2 个，阻值为 47 kΩ 的电阻 1 个。

（3）电容值为 47 μF 的电解电容 2 个，电容值为 0.003 μF 的陶瓷电容 1 个。

（4）稳压二极管 2 个。

（5）门铃开关 1 个。

（6）扬声器 1 个。

（7）示波器 1 个。

（8）万用表 1 个。

（9）导线若干。

3. 实施内容

1）分析电路

如图 7-8 所示为变音门铃电路的电路结构。其中，555 定时器用于组成多谐振荡器，它的 5 号引脚可外接 1 个陶瓷电容，以防引入高频干扰。

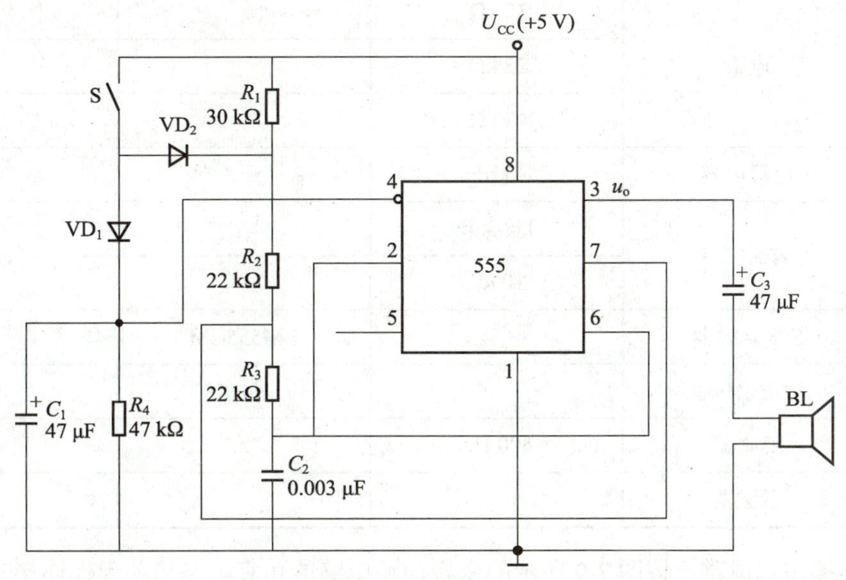

图 7-8　变音门铃电路的电路结构

变音门铃电路的功能如下。

（1）若闭合门铃开关S，则+5 V的U_{CC}经过VD_1开始给C_1充电。当C_1上的电压（即555 4号引脚的电压）大于1 V时，电路将产生振荡，同时驱动扬声器BL发出“叮”的声音。此时，电源通过VD_2、R_2、R_3给C_2充电。通过改变R_2、R_3和C_2的值，可改变发出“叮叮叮”声音的频率。

（2）若断开S，C_1通过R_4放电，只要C_1上的电压不低于1 V，电路就会保持振荡状态。此时，R_1也接入了振荡电路，电路的频率降低，使BL发出“咚”的声音。随着C_1的不断放电，当C_1上的电压低于1 V时，电路将停止振荡，声音也会停止。通过改变R_4和C_1的值，可改变发出“咚”声音的持续时间。若要改变发出“咚”声音的频率，则可通过改变R_1、R_2、R_3和C_2的值来实现。

2）仿真

（1）创建工程文件。打开Multisim 14仿真软件，单击菜单栏中的“文件”菜单，执行“设计”命令，在弹出的对话框中单击“Create”按钮，就可得到一个工程文件。

（2）选择元件。单击菜单栏中的“绘制”菜单，执行“元件”命令，按表7-7选择变音门铃电路仿真所需元件。

表7-7　变音门铃电路仿真所需元件

序号	名称	规格	型号	数量
1	电源	5 V		1
2	门铃开关			1
3	电阻	30 kΩ		2
		22 kΩ		1
		47 kΩ		1
4	电解电容	47 μF		2
5	陶瓷电容	0.003 μF		1
		10 nF		1
6	555定时器		LM555CM	1
7	稳压二极管		1N4148	2
8	蜂鸣器	500 Hz		1
9	示波器			1

（3）连接仿真电路。按图7-9所示的变音门铃电路的仿真电路将各元件连接起来。

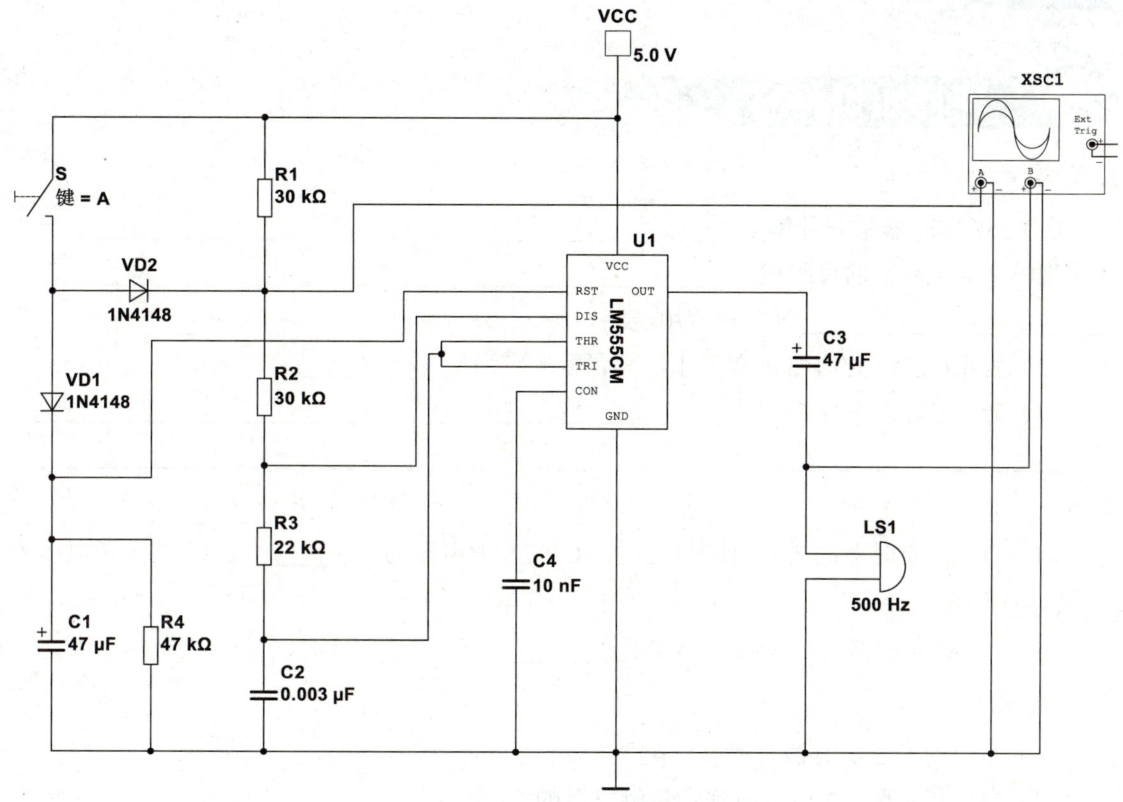

图 7-9　变音门铃电路的仿真电路

（4）开启仿真开关。将电路连接完毕后，单击菜单栏中的“仿真”菜单，执行“运行”命令，开启仿真开关。

（5）观察仿真结果。当闭合 S 时，判断 LS_1 是否发出“叮叮叮”的声音；当断开 S 时，判断 LS_1 是否发出“咚”的声音。

（6）分析变音门铃电路的仿真结果。当闭合 S 时，电路发出________的声音；当断开 S 时，电路发出________的声音。变音门铃电路的发声频率是通过________来控制的。

3）测试电路

（1）连接实际电路。按图 7-8 连接并检查电路，确保电路能正常工作。

（2）测试电路。接通电源，通过改变 S 的状态，听 BL 的发声情况。

（3）分析结果。将变音门铃电路的测试结果与仿真结果进行对比，判断测试结果是否正确。若测试结果不正确，则电路存在故障，应找出故障原因并排除故障，然后再次进行测试。

4. 实施报告

根据实施过程及结果撰写实施报告，实施报告应包括以下内容。

（1）画出变音门铃电路的仿真电路和测试电路。

（2）记录变音门铃电路的仿真结果和测试结果。

（3）分析变音门铃电路的工作原理。

项目知识检测

1. 填空题

（1）555 定时器是一种集____________________、____________________于一体的中规模集成电路，它可组成____________________、____________________、____________________等多种应用电路。

（2）为保证 555 定时器正常工作，其置零端应为__________。

（3）555 定时器主要由____________________、____________________、____________________、____________________和____________________组成。

（4）当 555 定时器的 5 号引脚悬空时，C_1 的参考电压为__________，C_2 的参考电压为__________。

（5）当 555 定时器的$u_o = 1$时，VT 处于______状态；当$u_o = 0$时，VT 处于______状态。

2. 简答题

（1）常用的 555 定时器有哪几种类型？

（2）555 定时器是如何组成施密特触发器的？

（3）555 定时器是如何组成单稳态触发器的？

3. 综合题

（1）如图 7-10 所示为 555 定时器组成的电路。其中，$R_1 = R_2 = 5\ \text{k}\Omega$，$C = 0.01\ \mu\text{F}$，VD 为理想二极管。A 的供电电压为$\pm 15\ \text{V}$，其他参数如图 7-10 所示。

① 试问 555（0）、555（1）各组成什么电路；

② 试画出u_C、u_A和u_o的波形。

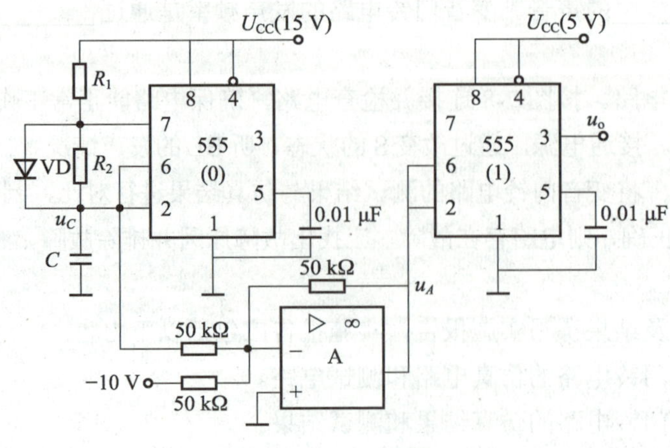

图 7-10 题图

（2）如图 7-11 所示为由 555 定时器组成的锯齿波发生器，其中 VT 和 R_1、R_2、R_e 组成恒流源，用于给 C 充电。假设 u_i 为负脉冲，试画出 u_C 和 u_o 的波形。

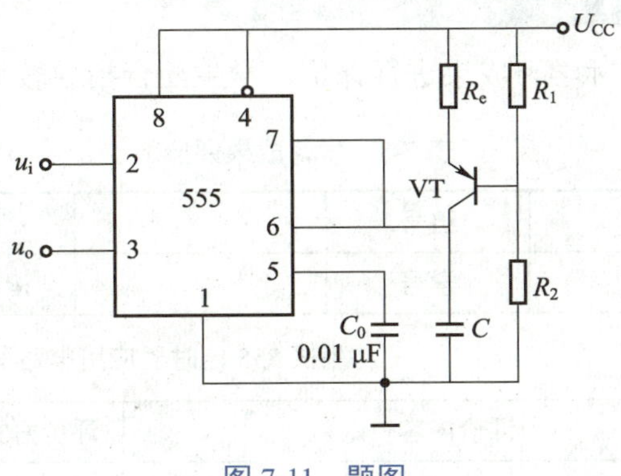

图 7-11　题图

（3）如图 7-12 所示为 555 定时器组成的某应用电路，试分析该电路的功能。

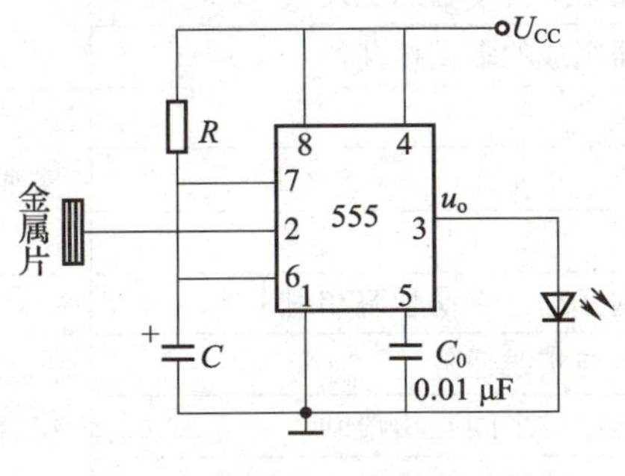

图 7-12　题图

（4）如图 7-13 所示为某防盗报警电路。其中，将一细铜丝放在入侵者的必经之处，m、n 两端由此铜丝接通，当入侵者闯入时铜丝将被碰断，扬声器可立即发出报警声。

① 试分析该防盗报警电路的主要组成部分。

② 试分析该报警电路的工作原理。

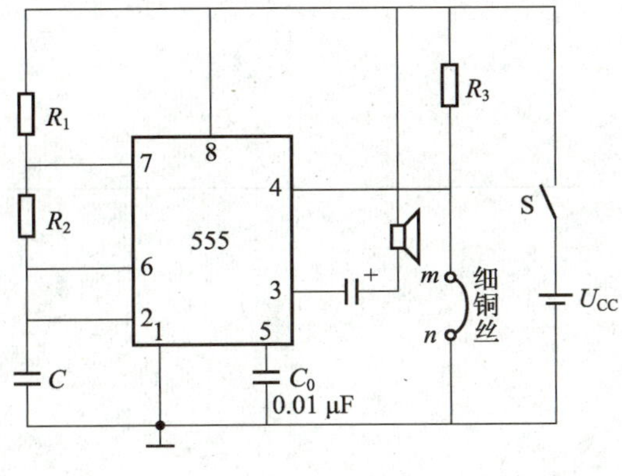

图 7-13　题图

学习成果评价

指导教师对学生的实际学习成果进行评价，学生配合指导教师共同完成表 7-8。

表 7-8　学习成果评价

班级		组号		日期	
姓名		学号		指导教师	
学习成果名称	测试 555 定时器应用电路				
评价项目	评价内容	评价方式	满分/分	评分/分	
知识（40%）	555 定时器	理论测试	10		
	由 555 定时器组成的施密特触发器		10		
	由 555 定时器组成的单稳态触发器		10		
	由 555 定时器组成的多谐振荡器		10		
技能（40%）	分析电路	实践操作	10		
	仿真		15		
	测试电路		15		
素养（20%）	积极参与课堂互动，主动学习和思考	综合评判	5		
	认真完成学习与实践任务		5		
	团结协作，与组员之间互相帮助		4		
	服从指挥，遵守课堂纪律		4		
	守正创新，自信自强		2		
合计			100		
自我评价					
指导教师评价					

项目 8

测试 D/A 转换器

知识目标

- 掌握 D/A 转换器的组成和转换原理。
- 掌握 D/A 转换器的主要技术指标。
- 掌握倒 T 形电阻网络 D/A 转换器、权电流型 D/A 转换器的电路结构和工作原理。
- 掌握集成 D/A 转换器的内部结构、引脚功能、输出方式和典型应用。

技能目标

- 能分析 D/A 转换器的工作原理。
- 能用 Multisim 14 仿真 D/A 转换器。
- 能测试 D/A 转换器。

素质目标

- 培养举一反三、触类旁通的转换思维。
- 增强别具匠心、吐故纳新的创新能力。

项目导入

随着计算机技术的飞速发展，人们从事的许多工作都需要借助计算机来完成。由于计算机只能接收、处理和输出数字信号，因此若要实现计算机对模拟系统的控制，则必须将数字信号转换为相应的模拟信号。数模转换电路是一种将数字信号转换为模拟信号的电路，广泛应用于工业、医疗、军事、通信等领域。

本项目要求学生掌握 D/A 转换器的基本知识，并在此基础上测试 D/A 转换器，知识与技能要求如表 8-1 所示。

表 8-1　知识与技能要求

项目内容	测试 D/A 转换器	学习程度		
		识记	理解	应用
学习任务	D/A 转换器概述		●	
	D/A 转换器的主要技术指标		●	
	典型的 D/A 转换器		●	
	集成 D/A 转换器		●	
实训任务	测试 D/A 转换器			●
自我勉励				

项目工单

1. 学生分组

学生以 3～5 人为一组进行分组，各小组选出组长并进行任务分工，将小组成员及分工情况填入表 8-2 中。

表 8-2　小组成员及分工情况

<table>
<tr><td>班级</td><td></td><td>组号</td><td></td><td>指导教师</td><td></td></tr>
<tr><td>小组成员</td><td>姓名</td><td>学号</td><td colspan="3">任务分工</td></tr>
<tr><td>组长</td><td></td><td></td><td colspan="3"></td></tr>
<tr><td rowspan="4">组员</td><td></td><td></td><td colspan="3"></td></tr>
<tr><td></td><td></td><td colspan="3"></td></tr>
<tr><td></td><td></td><td colspan="3"></td></tr>
<tr><td></td><td></td><td colspan="3"></td></tr>
</table>

2. 工作计划

各小组查阅资料，熟悉 D/A 转换器的基本知识，制订工作计划，并将其填入表 8-3 中。

表 8-3　工作计划

序号	工作内容	负责人

3．工作准备

各小组准备实施所需的工具和器材，并将其填入表 8-4 中。

表 8-4　实施所需的工具和器材

序号	名称	规格与型号	单位	数量	备注

4．工作实施

各小组按工作计划，测试 D/A 转换器，将实施步骤、实施内容及遇到的问题、解决办法等填入表 8-5 中。

表 8-5　工作实施过程记录表

序号	实施步骤	实施内容及遇到的问题	解决办法

8.1　D/A 转换器概述

8.1.1　D/A 转换器的组成

将数字信号转换为模拟信号的电路称为数/模（D/A）转换器。如图 8-1 所示为 D/A 转换器的组成框图。其中，模拟开关、基准电源、电阻网络和运算放大器组成解码网络。在 D/A 转换的过程中，输入数字信号的各位代码被同时送至解码网络的输入端，然后由解码网络进行转换并输出相应的模拟信号（电压信号或电流信号）。

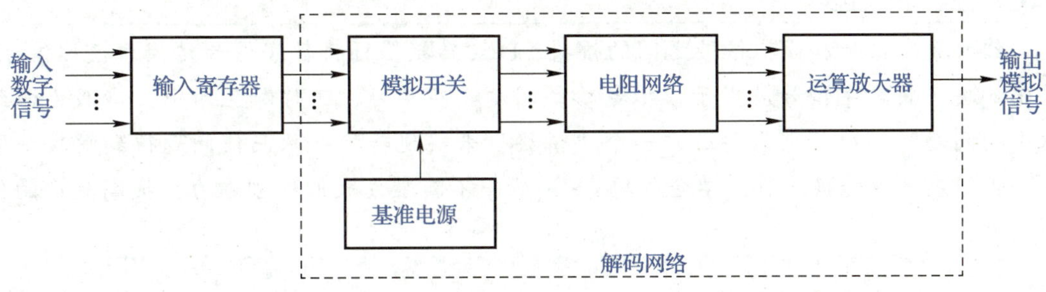

图 8-1　D/A 转换器的组成框图

8.1.2　D/A 转换器的转换原理

数字信号通常采用按数位组合的代码的形式。对于有权码，每位代码都有一定的权。为将数字信号转换为模拟信号，必须将各位代码按权的大小转换为相应幅度的模拟信号，然后将各模拟信号的幅度值相加，得到与数字信号所代表数值成正比的总模拟信号，从而实现 D/A 转换，这就是 D/A 转换器的转换原理。

如图 8-2 所示为 D/A 转换器的输入、输出关系框图。其中，$D_0 \sim D_{n-1}$ 为输入的 n 位二进制数，u_o 为与该二进制数成正比的输出电压。

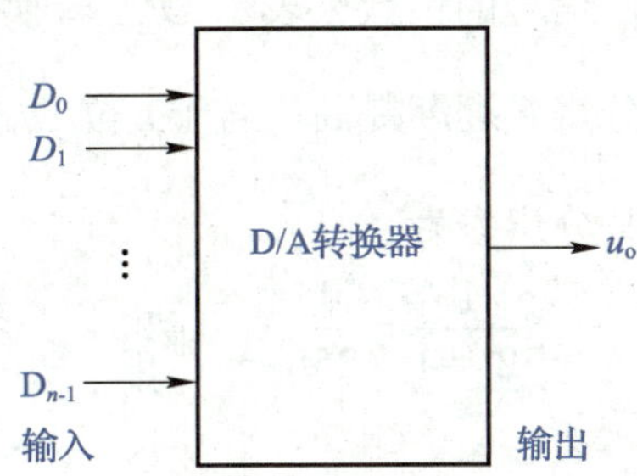

图 8-2　D/A 转换器的输入、输出关系框图

如图 8-3 所示为 3 位二进制数 D/A 转换器的转换特性曲线，它反映了 D/A 转换器的基本功能。

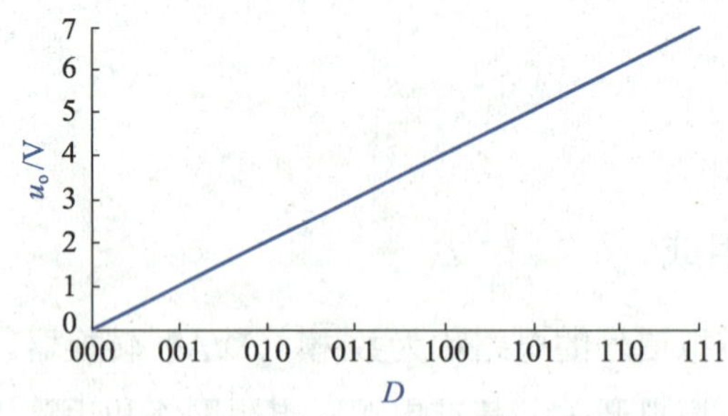

图 8-3　3 位二进制数 D/A 转换器的转换特性曲线

学思践悟

作为数字信号和模拟信号之间的桥梁，D/A 转换器可将数字信号转换为模拟信号，从而解决了将数字信号应用于模拟电路的问题。在学习、工作和生活中，当我们遇到棘手的问题时，往往也需要这样一个“桥梁”来实现转换，从而使问题得到解决。因此，我们应具备转换思维，学会“转弯”，从而不断激发我们的创造力，提高我们的创新能力。

8.2　D/A 转换器的主要技术指标

在选用 D/A 转换器时，需要考虑以下技术指标。

8.2.1　转换精度

D/A 转换器的转换精度通常用分辨率和转换误差来描述。

1．分辨率

D/A 转换器的分辨率是指其能分辨的最小输出电压（此时输入的数字代码只有最低有效位为 1，其余各位均为 0）与最大输出电压（此时输入的数字代码的有效位全为 1）之比。在实际应用中，往往用输入数字信号的位数来表示 D/A 转换器的分辨率。随着输入数字信号位数的增多，D/A 转换器的分辨率逐渐提高。对于 n 位 D/A 转换器，其分辨率为 $\frac{1}{2^n-1}$。例如，1 个 8 位 D/A 转换器，其分辨率为

$$\frac{1}{2^8-1}=\frac{1}{255}\approx 0.4\%$$

2．转换误差

在 D/A 转换器实现 D/A 转换的过程中，基准电源的波动、各元件参数值的偏差、运算放大器的零点漂移等，都会使转换过程出现误差，这种误差称为转换误差。转换误差的大小为实际值与理论值之差。常见的转换误差主要包括以下几种。

1）比例系数误差

当输入数字信号不变时，由基准电源提供的基准电压 U_{REF} 的偏差可引起输出电压的变化，二者的大小成正比，由此造成的误差称为比例系数误差。

2）漂移误差

运算放大器的零点漂移使输出电压出现偏移，由此造成的误差称为漂移误差，又称平移误差。漂移误差与输入数字信号的数值大小无关，且误差结果会使输出电压的特性曲线向上或向下平移。

3）非线性误差

由于模拟开关具有不同的导通电压降，因此其接地和接基准电源的电压降也不同，这就会使输出电压出现误差。此外，不同阻值的电阻受温度等环境因素的影响不同，所造成的累积误差对输出电压的影响程度也不同。这些误差都属于非线性误差。

8.2.2　转换速度

D/A 转换器的转换速度通常用转换时间和转换速率来描述。

1．转换时间

转换时间又称建立时间，用 t_{set} 表示。t_{set} 是指从输入数字信号开始，到输出模拟信号达到稳态值所需要的时间。

2．转换速率

转换速率是指 D/A 转换器在单位时间内将数字信号转换为模拟信号的次数。

8.2.3　温度系数

温度系数是指在规定的温度范围内，温度每变化 1 ℃所引起输出模拟信号变化的百分数。

8.2.4　电源抑制比

在 D/A 转换电路中，通常要求输出电压不受电源电压变化的影响。输出电压的变化量与相应电源电压的变化量之比，称为电源抑制比。

8.3　典型的 D/A 转换器

典型的 D/A 转换器主要有倒 T 形电阻网络 D/A 转换器、权电流型 D/A 转换器等。

8.3.1　倒 T 形电阻网络 D/A 转换器

如图 8-4 所示为 4 位倒 T 形电阻网络 D/A 转换器的电路结构。其中，S_0～S_3 为模拟开关；R_1 和 R_2 组成倒 T 形电阻网络，且 $R_1 = 2R_2$；倒 T 形电阻网络与运算放大器 A 组成求和电路。

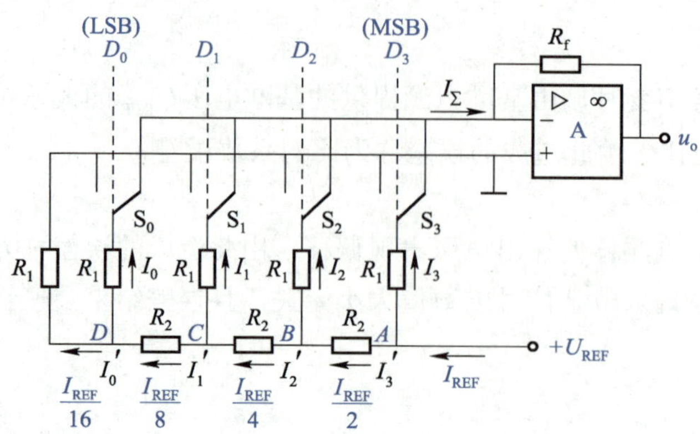

图 8-4　4 位倒 T 形电阻网络 D/A 转换器的电路结构

在图 8-4 中，S_i 由 D_i 控制。当 $D_i=1$ 时，S_i 与 A 的反相输入端相连，I_Σ 流入求和电路；当 $D_i=0$ 时，无论 S_i 处于什么位置，与其相连的 R_1 均等效接地。因此，流经 R_1 的电流为确定值，与 S_i 的位置无关。

点 拨

若用 $D_{n-1}D_{n-2}\cdots D_1D_0$ 表示 1 个 n 位二进制数，则该数从最高位（most significant bit, MSB）到最低位（least significant bit, LSB）的权依次为 2^{n-1} 、2^{n-2} 、…、2^1 、2^0 。

如图 8-5 所示为节点对地的等效电阻。在节点 A 、B 、C 、D 中，每个节点对地的等效电阻（R_{eq}）的阻值都为 R（从左到右并联简化），因此流入各 R_1 的电流从低位至高位按 2 的整数倍递增。

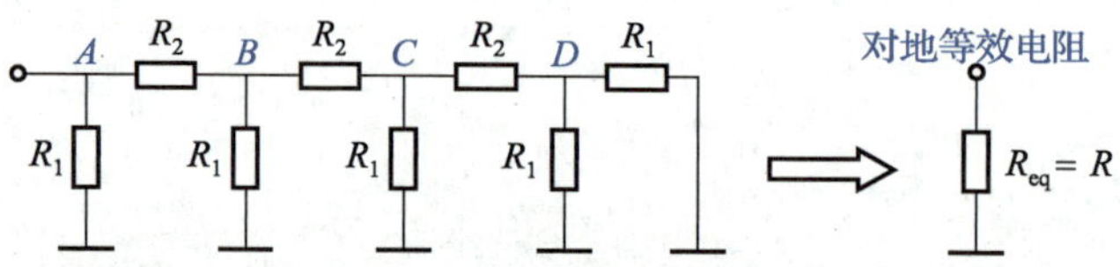

图 8-5　节点对地的等效电阻

若由基准电源提供的基准电流为 I_{REF}，则 $I_{REF}=U_{REF}/R$，因此流过各开关支路的电流分别为

$$I_3=I_3'=\frac{1}{2}I_{REF}=\frac{1}{2^1}I_{REF} \tag{8-1}$$

$$I_2=I_2'=\frac{1}{2}I_3'=\frac{1}{4}I_{REF}=\frac{1}{2^2}I_{REF} \tag{8-2}$$

$$I_1=I_1'=\frac{1}{2}I_2'=\frac{1}{8}I_{REF}=\frac{1}{2^3}I_{REF} \tag{8-3}$$

$$I_0=I_0'=\frac{1}{2}I_1'=\frac{1}{16}I_{REF}=\frac{1}{2^4}I_{REF} \tag{8-4}$$

总电流为

$$I_{\Sigma}=I_3+I_2+I_1+I_0=\frac{U_{\mathrm{REF}}}{R}\left(\frac{D_3}{2^1}+\frac{D_2}{2^2}+\frac{D_1}{2^3}+\frac{D_0}{2^4}\right) \quad (8\text{-}5)$$

输出电压为

$$u_{\mathrm{o}}=-R_{\mathrm{f}}I_{\Sigma}=-\frac{R_{\mathrm{f}}U_{\mathrm{REF}}}{2^4R}(D_3\cdot 2^3+D_2\cdot 2^2+D_1\cdot 2^1+D_0\cdot 2^0) \quad (8\text{-}6)$$

因此，对于 n 位倒 T 形电阻网络 D/A 转换器，其输出电压为

$$u_{\mathrm{o}}=-\frac{R_{\mathrm{f}}}{R}\cdot\frac{U_{\mathrm{REF}}}{2^n}\left[\sum_{i=0}^{n-1}D_i\cdot 2^i\right] \quad (8\text{-}7)$$

若令 N_{B} 为 n 位二进制数所对应的十进制数，且 $R_{\mathrm{f}}=R$，则式（8-7）可改写为

$$u_{\mathrm{o}}=-\frac{U_{\mathrm{REF}}}{2^n}N_{\mathrm{B}} \quad (8\text{-}8)$$

若想获得具有较高精度的倒 T 形电阻网络 D/A 转换器，则电路中的参数需要满足以下两个要求。

（1）基准电压稳定性好，且每个模拟开关的电压降要相等。

（2）R_1 和 R_2 的精度要高。

【例 8-1】　有一个 5 位倒 T 形电阻网络 D/A 转换器，已知 $U_{\mathrm{REF}}=10\,\mathrm{V}$，$R_{\mathrm{f}}=R$，数据线上传送来的二进制代码 $D_4D_3D_2D_1D_0=11010$，试求输出电压 u_{o}。

解： 由式（8-7）可知，5 位倒 T 形电阻网络 D/A 转换器的输出电压为

$$\begin{aligned}u_{\mathrm{o}}&=-\frac{10}{2^5}(2^4\cdot 1+2^3\cdot 1+2^2\cdot 0+2^1\cdot 1+2^0\cdot 0)\\&=-\frac{10}{2^5}(16+8+0+2+0)\\&=-8.125(\mathrm{V})\end{aligned}$$

8.3.2　权电流型 D/A 转换器

虽然倒 T 形电阻网络 D/A 转换器的转换速率较高，但其电路中的模拟开关存在导通电压降。因此，流过各支路的电流稍有变化，就会产生转换误差。为减小 D/A 转换器的转换误差，提高其转换精度，可采用权电流型 D/A 转换器。

1．权电流型 D/A 转换器的电路结构和工作原理

如图 8-6 所示为 4 位权电流型 D/A 转换器的电路结构。

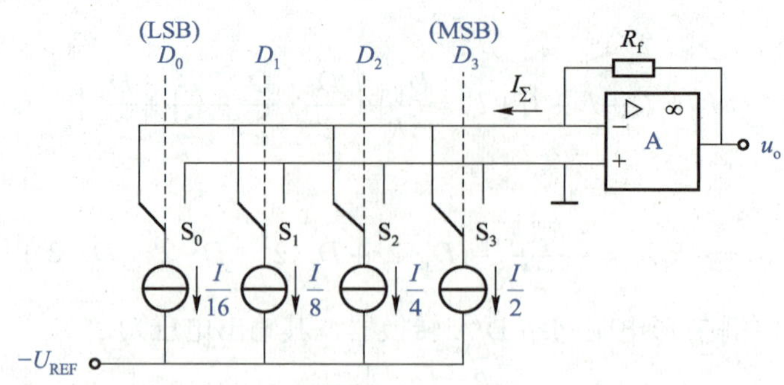

图 8-6　4 位权电流型 D/A 转换器的电路结构

在图 8-6 所示的电路中，从高位至低位的电流大小依次为 $I/2$、$I/4$、$I/8$、$I/16$。当 $D_i=1$ 时，S_i 与 A 的反相输入端相连，相应的权电流流入求和电路。当 $D_i=0$ 时，S_i 接地。因此，4 位权电流型 D/A 转换器的输出电压为

$$\begin{aligned}u_o &= I_\Sigma R_f \\ &= R_f\left(\frac{I}{2}D_3+\frac{I}{4}D_2+\frac{I}{8}D_1+\frac{I}{16}D_0\right) \\ &= \frac{I}{2^4}R_f(D_3\cdot 2^3+D_2\cdot 2^2+D_1\cdot 2^1+D_0\cdot 2^0) \\ &= \frac{I}{2^4}R_f\left[\sum_{i=0}^{3}D_i\cdot 2^i\right]\end{aligned} \tag{8-9}$$

由式（8-9）可知，在权电流型 D/A 转换器中，各支路权电流的大小均不受模拟开关导通电阻和导通电压降的影响。因此，权电流型 D/A 转换器对开关电路的要求较低，其转换精度较高。

对于 n 位权电流型 D/A 转换器，其输出电压为

$$u_o=\frac{I}{2^n}R_f\left[\sum_{i=0}^{n-1}D_i\cdot 2^i\right] \tag{8-10}$$

头脑风暴

请思考：与倒 T 形电阻网络 D/A 转换器相比，权电流型 D/A 转换器是如何提高转换精度的？

2．权电流型 D/A 转换器的实际电路

如图 8-7 所示为 4 位权电流型 D/A 转换器的实际电路，该电路用一组倒 T 形电阻网络代替了恒流源。

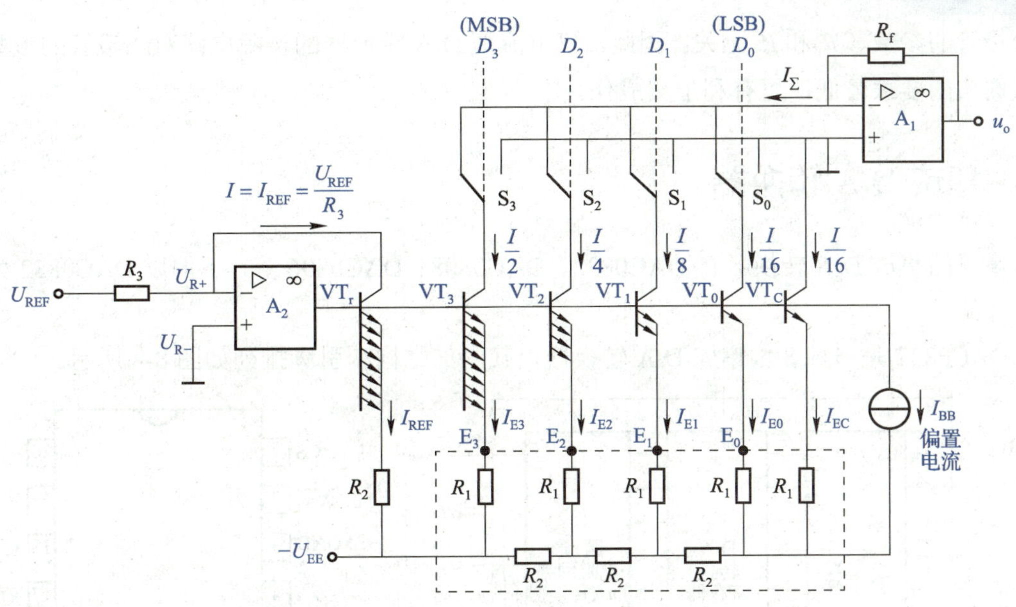

图 8-7　4 位权电流型 D/A 转换器的实际电路

为消除各三极管发射极电压 U_{BE} 的不一致性对 D/A 转换器转换精度的影响，在图 8-7 所示的电路中，均采用了多发射极晶体管。其中，$VT_3 \sim VT_0$ 的发射极个数依次为 8、4、2、1。当各三极管发射极电流的比值为 8∶4∶2∶1 时，各三极管的 U_{BE} 相等。此时，由于 $VT_3 \sim VT_0$ 的基极电压相等，因此它们的发射结 E_3、E_2、E_1、E_0 为等电位点。当计算各支路电流时，可将 E_3、E_2、E_1、E_0 进行等效连接，则电路的工作状态与倒 T 形电阻网络 D/A 转换器的完全相同，流入各支路的电流从高位至低位依次减少1/2，各支路电流的比值为 8∶4∶2∶1。

A_2、R_3、VT_r、与 VT_r 串联的 R_2 共同组成了 I_{REF} 的产生电路。其中，A_2、R_3、VT_r 组成电压并联负反馈电路，用于稳定 VT_r 的基极电压。I_{REF} 的大小由 U_{REF} 和 R_3 决定。由于 VT_3 与 VT_r 具有相同的 U_{BE}，且发射极回路电阻 $R_1 = 2R_2$，因此它们的发射极电流满足

$$I_{REF} = \frac{U_{REF}}{R_3} = 2I_{E3} \tag{8-11}$$

由倒 T 形电阻网络 D/A 转换器的工作原理可知，$I_{E3} = I/2$，$I_{E2} = I/4$，$I_{E1} = I/8$，$I_{E0} = I/16$。因此，4 位权电流型 D/A 转换器实际电路的输出电压为

$$u_o = I_\Sigma R_f = \frac{R_f U_{REF}}{2^4 R_3}(D_3 \cdot 2^3 + D_2 \cdot 2^2 + D_1 \cdot 2^1 + D_0 \cdot 2^0) \tag{8-12}$$

对于 n 位权电流型 D/A 转换器的实际电路，其输出电压为

$$u_o = \frac{U_{REF}}{R_3} \cdot \frac{R_f}{2^n}\left[\sum_{i=0}^{n-1} D_i \cdot 2^i\right] \tag{8-13}$$

由以上分析可知，在权电流型 D/A 转换器的实际电路中，I_{REF} 仅与 U_{REF} 和 R_3 有关，而

与三极管的参数、R_1 和 R_2 无关。因此，权电流型 D/A 转换器的实际电路对三极管的参数和电阻取值的要求较低，更有利于集成化。

8.4 集成 D/A 转换器

常见的集成 D/A 转换器有 DAC0832、DAC0808、DAC0806 等，下面以 DAC0832 为例进行介绍。

DAC0832 是一种 8 位集成 D/A 转换器，其内部结构和引脚排列如图 8-8 所示。

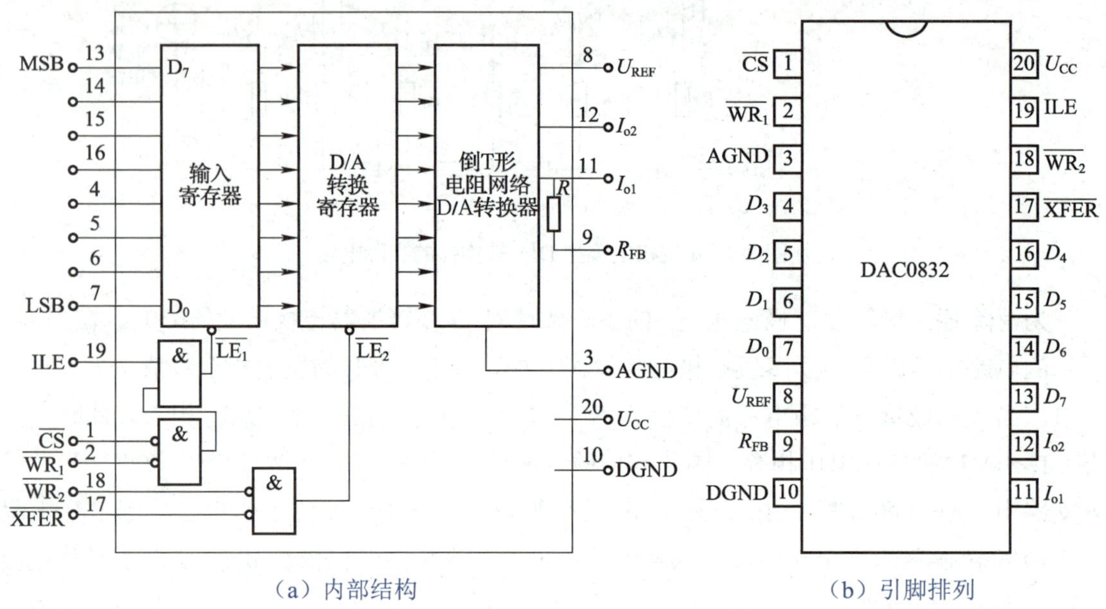

（a）内部结构　　（b）引脚排列

图 8-8　DAC0832 的内部结构和引脚排列

8.4.1 DAC0832 的内部结构

DAC0832 的内部主要由输入寄存器、D/A 转换寄存器和倒 T 形电阻网络 D/A 转换器组成，且其外部与运算放大器相连。8 位待转换的数码由 13～16 号引脚和 4～7 号引脚送入输入寄存器，再由输入寄存器将其送入 D/A 转换寄存器中。

输入寄存器由 $\overline{CS}$ 、ILE 和 $\overline{WR_1}$ 控制。当 $\overline{CS}=0$ 、$ILE=1$ 、$\overline{WR_1}=0$ 时，数码存入输入寄存器中；当 $ILE=0$ 或 $\overline{WR_1}=1$ 时，数码被封锁在输入寄存器中。

D/A 转换寄存器由 $\overline{XFER}$ 和 $\overline{WR_2}$ 控制。当 $\overline{XFER}=0$ 、$\overline{WR_2}=0$ 时，输入寄存器先将数码送入 D/A 转换寄存器，再由 D/A 转换寄存器送入倒 T 形电阻网络 D/A 转换器中进行 D/A 转换；当 $\overline{XFER}=1$ 或 $\overline{WR_2}=1$ 时，D/A 转换寄存器中的数码被封锁。

8.4.2 DAC0832 的引脚功能

DAC0832 各引脚的功能如下。

（1）$\overline{WR_1}$：写信号 1 端，低电平有效。若 $\overline{WR_1}$ 为低电平，则将待转换的数码写入输入寄存器中；若 $\overline{WR_1}$ 为高电平，则待转换的数码被封锁在输入寄存器中。

（2）$\overline{WR_2}$：写信号 2 端，低电平有效，与 $\overline{XFER}$ 组合，将输入寄存器的数码传输至 D/A 转换寄存器中。

（3）ILE：输入控制端，高电平有效。若 ILE 为高电平，则允许输入；否则，不允许输入。

（4）$\overline{CS}$：片选输入端，低电平有效，与 ILE 配合选通 $\overline{WR_1}$。

（5）$\overline{XFER}$：传输控制端，低电平有效。当 $\overline{XFER}$ 为低电平时选通 $\overline{WR_2}$。

（6）$D_7 \sim D_0$：8 位待转换数码的输入端。

（7）I_{o1}、I_{o2}：电流输出端，与运算放大器的两个输入端相连。

（8）R_{FB}：反馈电阻端，一般直接与运算放大器的输出端相连。若与外接反馈电阻串联，则可使输出量程大于 5 V。

（9）U_{REF}：基准电压端，一般取 +5 V 或 −5 V。

（10）U_{CC}：电源端，一般取 +5 V。

（11）AGND：模拟信号接地端。

（12）DGND：数字信号接地端。

点 拨

DAC0832 具有以下几个优点。

（1）在一个系统中，任何一个 DAC0832 都可同时保存两组数据，即在 D/A 转换寄存器中保存马上要转换的数据，而在输入寄存器中保存下一组数据。

（2）允许在系统中使用多个 DAC0832。在微机系统中，$\overline{CS}$ 和 $\overline{XFER}$ 可与微机的地址总线连接，作为转换地址入口。$\overline{WR_1}$、$\overline{WR_2}$、ILE 可与微机的控制总线连接，以执行由微机发出的有关转换和数据输入的信息与指令。

（3）通过输入寄存器对 D/A 转换寄存器进行逻辑控制，可实现多个 D/A 转换器输出的同时更新。

8.4.3 DAC0832 的输出方式

DAC0832 的输出方式主要有单极性电压输出和双极性电压输出两种。

1. DAC0832 的单极性电压输出

如图 8-9 所示为 DAC0832 的单极性电压输出电路，其主要由 DAC0832 和 A 组成。其

中，I_{o1}、I_{o2}接A的输入端。因此，该电路的u_o与D的关系为

$$u_o = -U_{REF} \cdot \frac{D}{256} \tag{8-14}$$

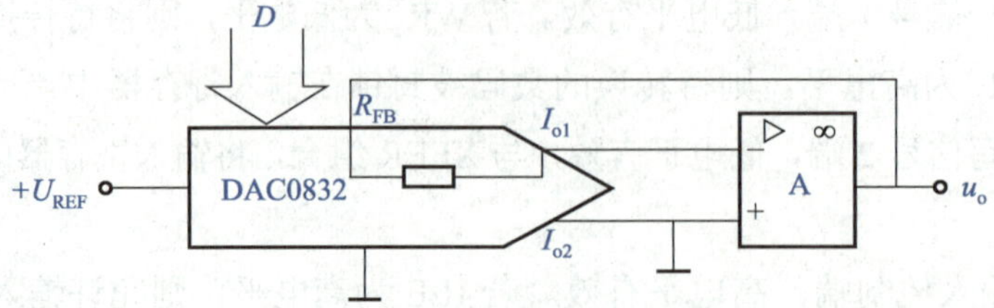

图 8-9　DAC0832 的单极性电压输出电路

当$D=0$时，$u_o=0$；当$D=255$时，$u_o=-\frac{255}{256}U_{REF}\approx -U_{REF}$。因此，当$D$的范围为0～255时，$u_o$在$-U_{REF}$与0之间变化。

2．DAC0832 的双极性电压输出

如图 8-10 所示为 DAC0832 的双极性电压输出电路，其主要由 DAC0832、A_1和A_2组成。因此，u_o与D的关系为

$$u_o = 2U_{REF} \cdot \frac{D}{256} - U_{REF} \tag{8-15}$$

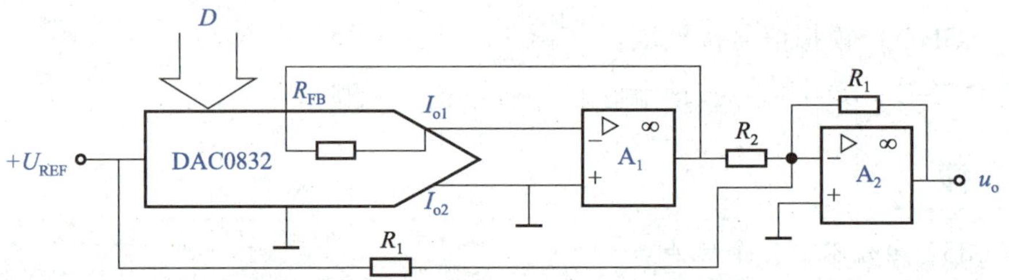

图 8-10　DAC0832 的双极性电压输出电路

当$D=0$时，$u_o=-U_{REF}$；当$D=128$时，$u_o=0$；当$D=255$时，$u_o=2U_{REF}\cdot\frac{255}{256}-U_{REF}\approx U_{REF}$。因此，当$D$的范围为0～255时，$u_o$在$-U_{REF}$与$U_{REF}$之间变化。

8.4.4　DAC0832 的典型应用

DAC0832 输出的是电流信号，若要将其转换为电压信号，则需要外接一个运算放大器。由于 DAC0832 内部已设置了一个反馈电阻R，因此只需要将 DAC0832 的 9 号引脚与运算放大器的输出端相连即可。若运算放大器的增益不够，则可外接一个反馈电阻与R串联。如图 8-11 所示为 DAC0832 的典型应用电路。

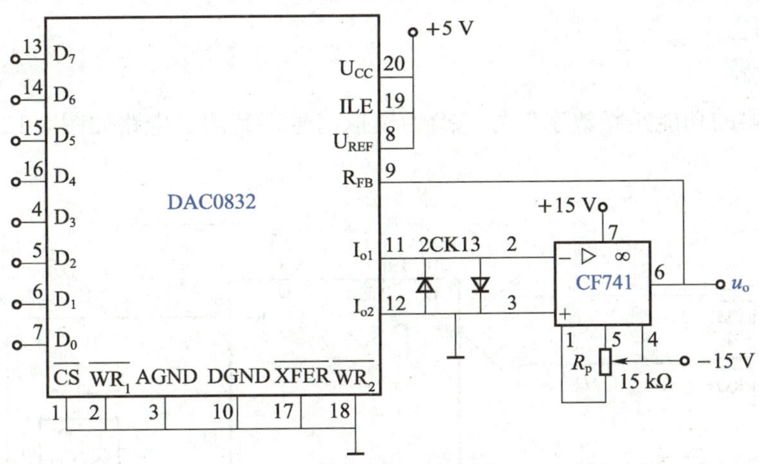

图 8-11　DAC0832 的典型应用电路

在图 8-11 所示的电路中，需要转换的数码通过 $D_0 \sim D_7$ 送入 DAC0832 中，转换后的电流信号与由 CF741 组成的电路相连，从而将数字信号转换为电压信号并输出。

笔记

项目实施——测试 D/A 转换器

测试 D/A 转换器

1. 实施目标

（1）熟悉 DAC0832 的引脚排列及逻辑功能。

（2）会用 Multisim 14 对 D/A 转换器进行仿真。

（3）掌握测试 D/A 转换器的方法。

2. 实施器材

（1）DAC0832 芯片 1 片。

（2）LM324 运算放大器 1 个。

（3）1 kΩ 电阻 9 个。

（4）逻辑开关 10 个。

（5）数字万用表 1 个。

（6）数字电路实验箱 1 台。

（7）导线若干。

3．实施内容

1）分析电路

D/A 转换器的功能是将数字信号转换为模拟信号，其测试电路如图 8-12 所示。

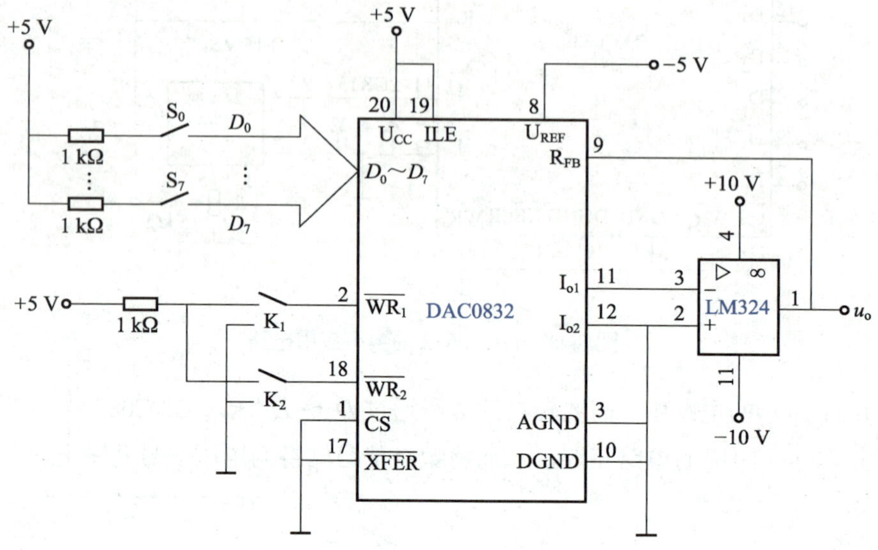

图 8-12　D/A 转换器的测试电路

在图 8-12 中，+5 V 电源通过逻辑开关 $S_0 \sim S_7$ 与 DAC0832 对应的输入端相连，改变 $S_0 \sim S_7$ 的状态便可改变 D/A 转换器的输入数码。DAC0832 可对输入数码进行 D/A 转换，输出相应的直流电压。

2）仿真

（1）创建工程文件。打开 Multisim 14 仿真软件，单击菜单栏中的“文件”菜单，执行“设计”命令，在弹出的对话框中单击“Create”按钮，就可得到一个工程文件。

（2）选择元件。单击菜单栏中的“绘制”菜单，执行“元件”命令，按表 8-6 选择 D/A 转换器仿真所需元件。在 D/A 转换器的仿真电路中，使用 VDAC8 来实现 D/A 转换，同时使用数字直流电压表来显示 D/A 转换后的电流值。

表 8-6　D/A 转换器仿真所需元件

序号	名称	规格	型号	数量
1	电源	5 V		2
2	单刀双掷开关			8
3	D/A 转换器		VDAC8	1
4	七段数码显示器			2
5	数字万用表			1

（3）连接仿真电路。按图 8-13 所示的 D/A 转换器的仿真电路将各元件连接起来。

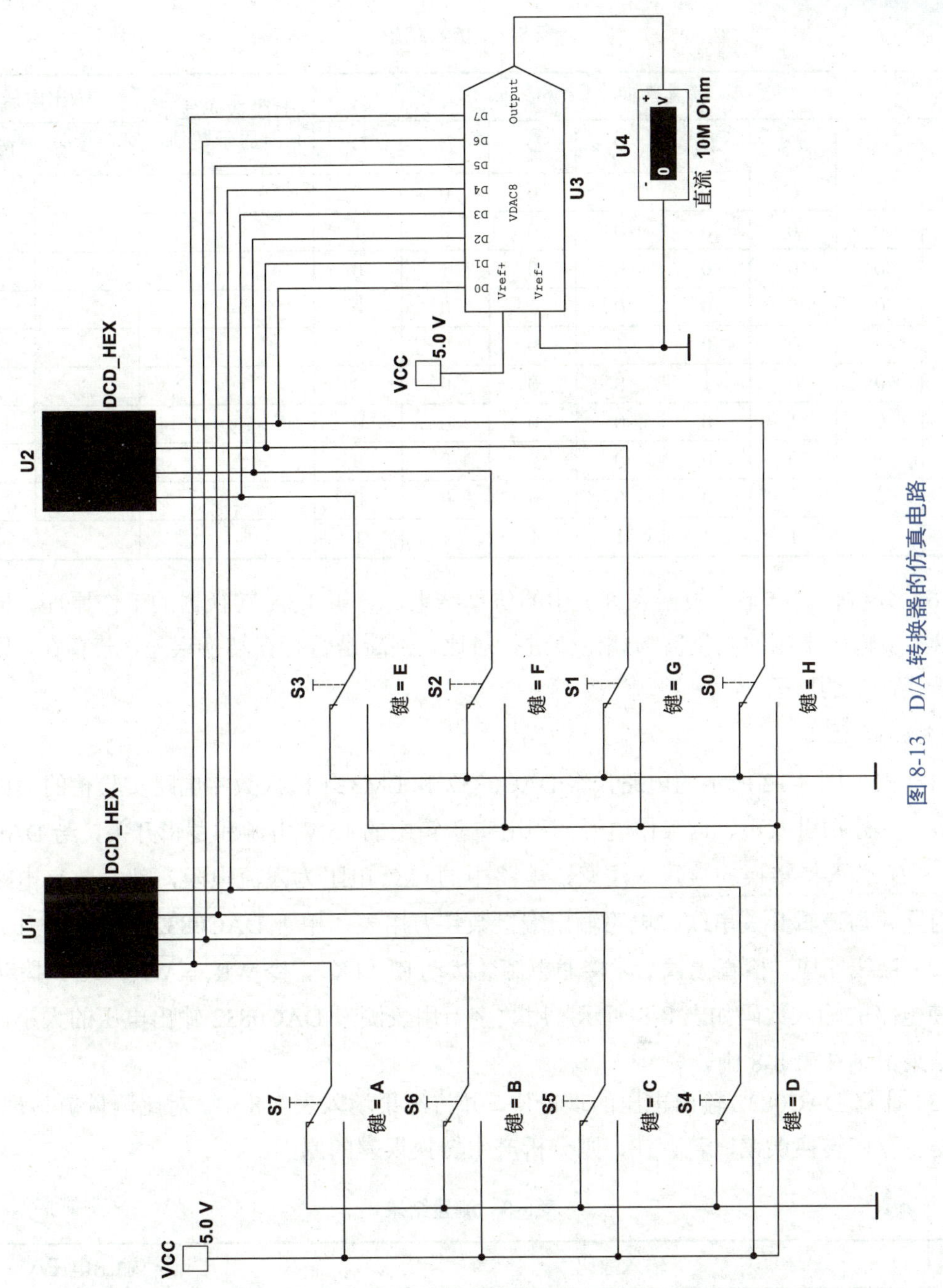

图 8-13　D/A 转换器的仿真电路

（4）开启仿真开关。将电路连接完毕后，单击菜单栏中的“仿真”菜单，执行“运行”命令，开启仿真开关。

（5）观察并记录仿真结果。改变 S_0～S_7 的状态（闭合为 1，断开为 0），观察数字直流电压表显示的数值，并将仿真结果记录在表 8-7 中。为验证 D/A 转换器转换结果的正确性，可根据 D/A 转换器输出电压的计算公式，计算出 D/A 转换器输出电压的理论值。

表 8-7　仿真结果

输入数码								七段数码显示器显示数值	输出电压/V	
D_7	D_6	D_5	D_4	D_3	D_2	D_1	D_0		测量值	理论值
0	0	0	0	0	0	0	0			
0	0	0	0	0	0	0	1			
0	0	0	0	0	0	1	0			
0	0	0	0	0	1	0	0			
0	0	0	0	1	0	0	0			
0	0	0	1	0	0	0	0			
0	0	1	0	0	0	0	0			
0	1	0	0	0	0	0	0			
1	0	0	0	0	0	0	0			
1	1	1	1	1	1	1	1			

（6）分析仿真结果。根据表 8-7 中的仿真结果，分析 D/A 转换器的工作原理。同时，将表 8-7 中输出电压的测量值与理论值进行对比，判断是否存在转换误差，若存在，则分析产生转换误差的原因。

3）测试电路

（1）根据图 8-12 所示的电路，将 DAC0832 和 LM324 插入数字电路实验箱的集成电路插座中，并分别引入正、负工作电源。利用实验箱中的 +5 V 电源和逻辑开关，给 DAC0832 的 $D_7 \sim D_0$ 送入待转换的数码。注意，电路中的 1 kΩ 电阻为限流电阻，部分数字电路实验箱已内置并与逻辑开关串联。电路输出端接数字万用表，用于 DAC0832 的输出电压。

（2）接线完毕，检查无误后，接通电源。拨动 K_1 和 K_2，令 $\overline{WR_1} = \overline{WR_2} = 0$。拨动 $S_0 \sim S_7$，使电路的输入数码如表 8-8 所示。用数字万用表测量 DAC0832 输出电压的大小，并将测量结果记录在表 8-8 中。

（3）计算 DAC0832 输出电压的理论值，并将结果填入表 8-8 中。对比测量值与理论值，判断是否存在转换误差，若存在，则分析产生转换误差的原因。

表 8-8　测量结果

输入数码								输出电压/V	
D_7	D_6	D_5	D_4	D_3	D_2	D_1	D_0	测量值	理论值
0	0	0	0	0	0	0	0		
0	0	0	0	0	0	0	1		
0	0	0	0	0	0	1	0		
0	0	0	0	0	1	0	0		
0	0	0	0	1	0	0	0		
0	0	0	1	0	0	0	0		

（续表）

输入数码								输出电压/V	
D_7	D_6	D_5	D_4	D_3	D_2	D_1	D_0	测量值	理论值
0	0	1	0	0	0	0	0		
0	1	0	0	0	0	0	0		
1	0	0	0	0	0	0	0		
1	1	1	1	1	1	1	1		

4. 实施报告

根据实施过程及结果撰写实施报告，实施报告应至少包括以下内容。

（1）画出 D/A 转换器的仿真电路和测试电路。

（2）记录 D/A 转换器的仿真结果和测试结果。

（3）对比 D/A 转换器的输出电压测量值与理论值，判断是否存在转换误差，并分析产生转换误差的原因。

项目知识检测

1. 填空题

（1）D/A 转换器是将____________转换为____________的电路。

（2）倒 T 形电阻网络 D/A 转换器主要由____________、____________和____________三部分组成。其中，____________是倒 T 形电阻网络 D/A 转换器的核心。

（3）在倒 T 形电阻网络 D/A 转换器中，电阻网络的阻值只有________和________两种，且各节点对地等效电阻的阻值均为________。

（4）权电流型 D/A 转换器可________转换误差，________转换精度。

（5）D/A 转换器主要存在____________、____________和____________三种转换误差。

2. 简答题

（1）什么是 D/A 转换器？它是如何将数字信号转换为模拟信号的？

（2）D/A 转换器的主要技术指标有哪些？

（3）倒 T 形电阻网络 D/A 转换器有哪些优缺点？

（4）集成 D/A 转换器 DAC0832 主要由几部分组成？主要有哪些输出方式？

3. 综合题

（1）如图 8-14 所示为 8 位倒 T 形电阻网络 D/A 转换器的电路结构。已知 $U_{REF}=10\ \text{V}$，$R_f=R$，8 位数据线上传送来的二进制代码 $D_7D_6D_5D_4D_3D_2D_1D_0=11010110$，试求输出电压 u_o。

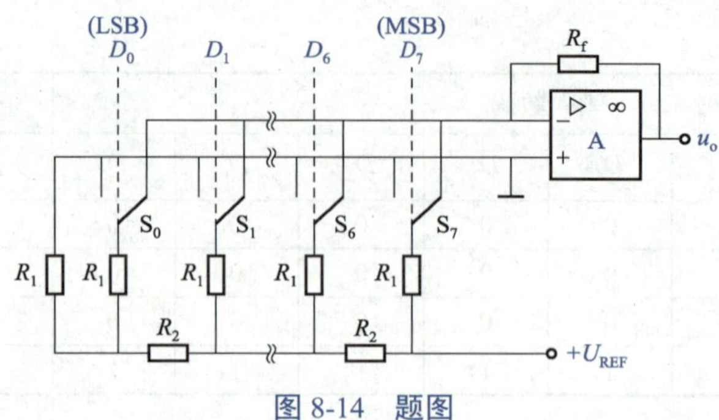

图 8-14　题图

（2）如图 8-15 所示为 10 位倒 T 形电阻网络 D/A 转换器的电路结构，已知 $R_f = R$。

① 试求输出电压 u_o 的取值范围。

② 若要求当电路输入数字代码为 $(200)_H$ 时，输出电压 $u_o = 5\text{ V}$，试问 U_{REF} 应取何值？

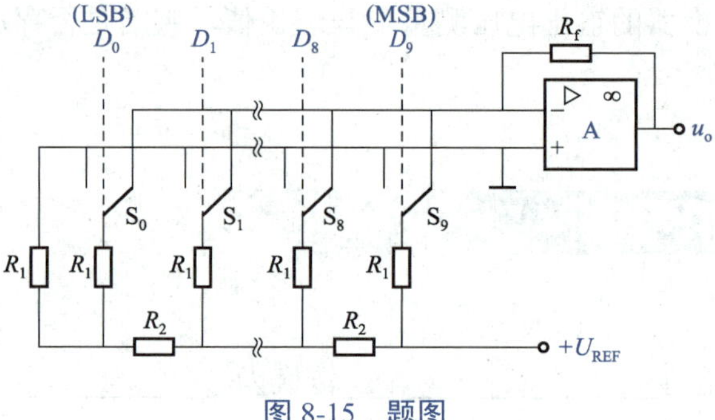

图 8-15　题图

（3）如图 8-16 所示为 4 位权电流型 D/A 转换器的实际电路。已知 $U_{REF} = 6\text{ V}$，$R_3 = 48\text{ k}\Omega$，当 $D_3D_2D_1D_0 = 1100$ 时，$u_o = 1.5\text{ V}$，试确定 R_f 的值。

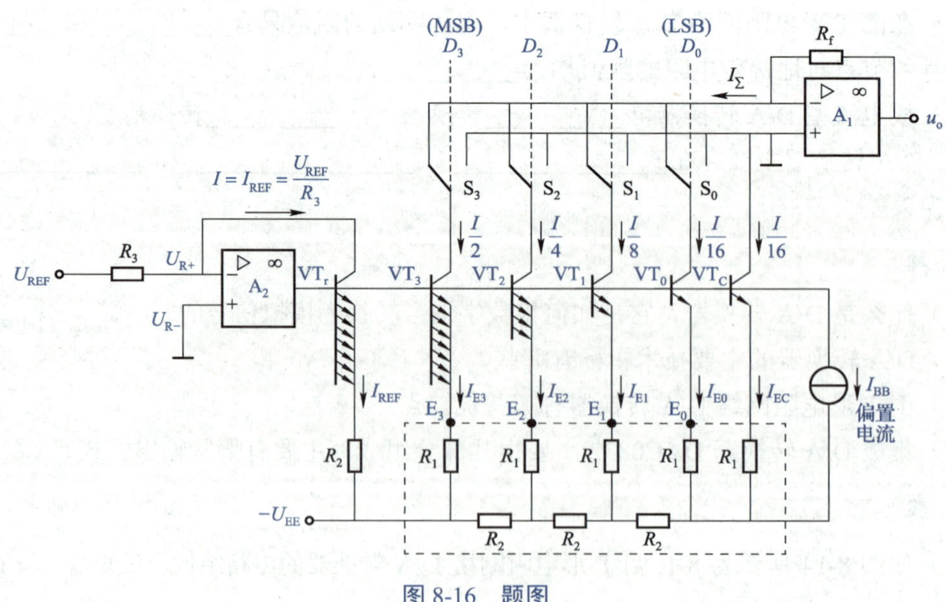

图 8-16　题图

学习成果评价

指导教师对学生的实际学习成果进行评价，学生配合指导教师共同完成表 8-9。

表 8-9　学习成果评价

班级		组号		日期	
姓名		学号		指导教师	
学习成果名称	测试 D/A 转换器				
评价项目	评价内容		评价方式	满分/分	评分/分
知识（40%）	D/A 转换器概述		理论测试	10	
	D/A 转换器的主要技术指标			5	
	典型的 D/A 转换器			15	
	集成 D/A 转换器			10	
技能（40%）	分析电路		实践操作	10	
	仿真			15	
	测试电路			15	
素养（20%）	积极参加教学活动，主动学习和思考		综合评判	5	
	认真完成学习和实践任务			5	
	团结协作，与组员合作默契			4	
	遵守课堂纪律，维护课堂秩序			4	
	守正创新，自信自强			2	
合计				100	
自我评价					
指导教师评价					

项目 9

测试 A/D 转换器

知识目标

- 掌握 A/D 转换器的转换过程。
- 掌握 A/D 转换器的主要技术指标。
- 掌握全并行型 A/D 转换器、逐次逼近型 A/D 转换器、双积分型 A/D 转换器的电路结构和工作原理。
- 掌握集成 A/D 转换器的内部结构、引脚功能和典型应用。

技能目标

- 能分析 A/D 转换器的工作原理。
- 能用 Multisim 14 仿真 A/D 转换器。
- 能测试 A/D 转换器。

素质目标

- 培养逻辑严谨、辩证统一的思维习惯。
- 增强高瞻远瞩、统筹规划的全局意识。

项目导入

由于数字电路只能对数字信号进行处理，因此传感器探测到的模拟信号（如电压信号、电流信号等）必须在转换为数字信号后，才能被数字电路处理。模数转换电路是一种将模拟信号转换为数字信号的电路，在工业、军事、医疗等领域应用非常广泛。

本项目要求学生掌握 A/D 转换器的基本知识，并在此基础上测试 A/D 转换器，知识与技能要求如表 9-1 所示。

表 9-1　知识与技能要求

项目内容	测试 A/D 转换器	学习程度		
		识记	理解	应用
学习任务	A/D 转换器概述		●	
	A/D 转换器的主要技术指标		●	
	典型的 A/D 转换器		●	
	集成 A/D 转换器		●	
实训任务	测试 A/D 转换器			●
自我勉励				

项目工单

1．学生分组

学生以3～5人为一组进行分组，各小组选出组长并进行任务分工，将小组成员及分工情况填入表9-2中。

表9-2　小组成员及分工情况

班级		组号		指导教师	
小组成员	姓名	学号	任务分工		
组长					
组员					

2．工作计划

各小组查阅资料，熟悉A/D转换器的基本知识，制订工作计划，并将其填入表9-3中。

表9-3　工作计划

序号	工作内容	负责人

3．工作准备

各小组准备实施所需的工具和器材，并将其填入表 9-4 中。

表 9-4　实施所需的工具和器材

序号	名称	规格与型号	单位	数量	备注

4．工作实施

各小组按工作计划，测试 A/D 转换器，将实施步骤、实施内容及遇到的问题、解决办法等填入表 9-5 中。

表 9-5　工作实施过程记录表

序号	实施步骤	实施内容及遇到的问题	解决办法

9.1 A/D 转换器概述

9.1.1 A/D 转换器的转换过程

在 A/D 转换器中，输入的模拟信号在时间上是连续的，而输出的数字信号在时间上是离散的，因此转换时必须在一系列选定的瞬间（即时间坐标轴上的一些规定点）对输入的模拟信号进行采样，然后再把采样值转换为数字信号。以输入模拟电压为例，A/D 转换器的转换过程主要包括采样保持和量化编码两部分，如图 9-1 所示。

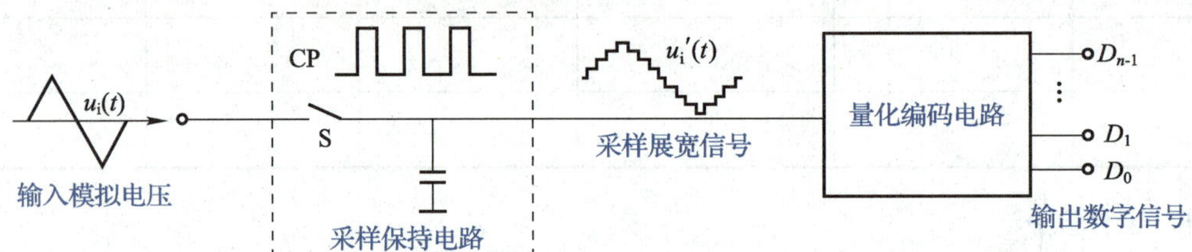

图 9-1　A/D 转换器的转换过程

1. 采样定理

为使采样结果如实反映输入模拟信号，采样频率应满足采样定理的要求，即

$$f_s \geqslant 2 f_{i(max)} \tag{9-1}$$

式中：

f_s ——采样频率；

$f_{i(max)}$——输入模拟信号中最高频率分量的频率。

> A/D 转换器在工作时的采样频率必须满足式（9-1）的规定。A/D 转换器的采样频率越高，转换结果就越精确。通常情况下，A/D 转换器的采样频率 $f_s = (3\sim5) f_{i(max)}$。

2. 采样保持

在对输入的模拟电压进行采样时，将采样电压转换为相应的数字信号需要一定的时间。因此，在采样后，必须将采样电压保持一段时间，直到下次采样开始。

如图 9-2 所示为采样保持电路，它主要由采样开关 VT、保持电容 C_h、运算放大器 A、输入电阻 R_i 和反馈电阻 R_f 组成。其中，VT 为 N 沟道增强型 MOS 管，其状态受控于控制信号 u_g。

采样保持电路的工作原理如下。

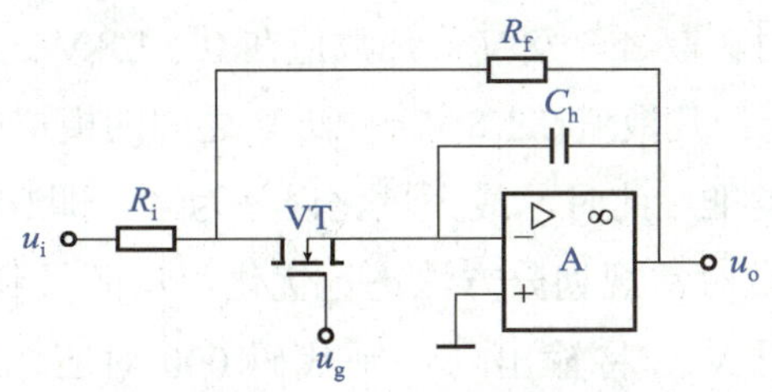

图 9-2　采样保持电路

（1）当 u_g 为高电平时，VT 导通，u_i 经 R_i 和 VT 向 C_h 充电。若 $R_i = R_f$，则在 C_h 充电完成后有 $u_o = -u_i$。

（2）当 u_g 为低电平时，VT 截止。此时，C_h 无放电回路，因此 u_o 的大小将保持不变。

点 拨

采样保持电路主要存在以下不足。

（1）采样保持电路在采样的过程中，需要通过 R_i 和 VT 向 C_h 充电，因此它的采样速度受到了限制。

（2）在采样保持电路中，若 R_i 太小，则会减小采样保持电路的输入阻抗。

3．量化编码

在用数字信号表示采样电压时，必须先将采样电压的值转换为某个最小数量单位整数倍的形式。这个转换过程称为量化；所规定的最小数量单位称为量化单位，用 Δ 表示。将量化结果用二进制代码表示的过程称为编码，这个二进制代码就是 A/D 转换器的输出信号。

既然模拟电压是连续的，那么它就不一定能被 Δ 整除，因此在量化过程中不可避免地会出现误差，这种误差称为量化误差。在对模拟电压进行量化时，不同的量化等级的划分方法对应的量化误差也有所不同。以将 0～1 V 的模拟电压转换为 3 位二进制代码为例，量化等级的划分方法如图 9-3 所示。

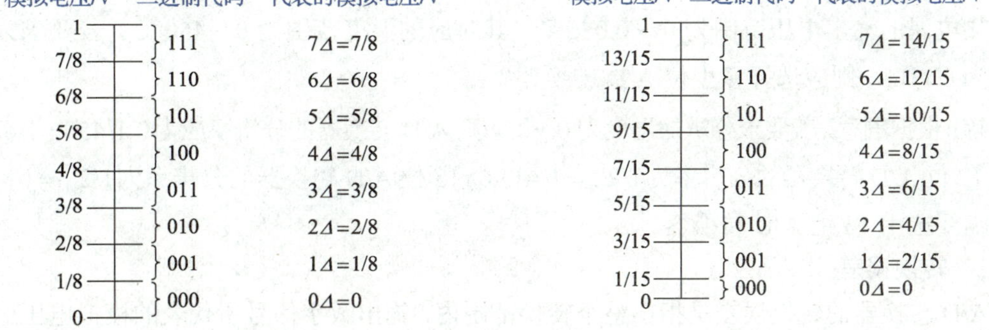

模拟电压/V	二进制代码	代表的模拟电压/V
1		
	111	$7\Delta=7/8$
7/8		
	110	$6\Delta=6/8$
6/8		
	101	$5\Delta=5/8$
5/8		
	100	$4\Delta=4/8$
4/8		
	011	$3\Delta=3/8$
3/8		
	010	$2\Delta=2/8$
2/8		
	001	$1\Delta=1/8$
1/8		
	000	$0\Delta=0$
0		

（a）常规划分方法

模拟电压/V	二进制代码	代表的模拟电压/V
1		
	111	$7\Delta=14/15$
13/15		
	110	$6\Delta=12/15$
11/15		
	101	$5\Delta=10/15$
9/15		
	100	$4\Delta=8/15$
7/15		
	011	$3\Delta=6/15$
5/15		
	010	$2\Delta=4/15$
3/15		
	001	$1\Delta=2/15$
1/15		
	000	$0\Delta=0$
0		

（b）优化划分方法

图 9-3　量化等级的划分方法

在使用常规划分方法时，取$\Delta = 1/8$ V。凡数值在0～1/8 V之间的模拟电压都看作0Δ，且用二进制代码000来表示；凡数值在1/8 V～2/8 V之间的模拟电压都看作1Δ，且用二进制代码001来表示；依次类推。此时，最大量化误差为Δ，即1/8 V。

为减小量化误差，通常对常规划分方法进行优化，从而得到优化划分方法。在使用优化划分方法时，取$\Delta = 2/15$ V。将输出二进制代码000对应的模拟电压范围规定为0～1/15 V，即0～1/2Δ。由于将每个二进制代码所对应的模拟电压都规定为对应模拟电压范围的中点，因此最大量化误差可减小至$\Delta/2$。

9.1.2　A/D 转换器的分类

根据采样保持电路结构和量化编码方式的不同，A/D 转换器可分为全并行型 A/D 转换器、逐次逼近型 A/D 转换器、双积分型 A/D 转换器等。

9.2　A/D 转换器的主要技术指标

在选用 A/D 转换器时，需要考虑以下技术指标。

9.2.1　转换精度

A/D 转换器的转换精度通常用分辨率和转换误差来描述。

1. 分辨率

A/D 转换器的分辨率实际上反映了它对输入模拟电压微小变化的分辨能力，通常用输出二进制（或十进制）代码的位数来表示。从理论上来说，n位输出的 A/D 转换器能区分2^n个不同等级的输入模拟电压，能区分输入模拟电压的最小值为满量程输入模拟电压的$1/2^n$。例如，当输入模拟电压的最大值为5 V时，若采用8位 A/D 转换器进行转换，则该转换器能区分输入模拟电压的最小值为$5/2^8 \approx 19.53$ mV；若采用12位 A/D 转换器进行转换，则该转换器能区分输入模拟电压的最小值为$5/2^{12} \approx 1.22$ mV。

【例 9-1】 某信号采集系统要求用一个 A/D 转换器对热电偶的输出电压进行 A/D 转换。已知热电偶的输出电压范围为0～0.025 V，其对应的温度范围为0～450 ℃，若要求分辨的温度为0.1 ℃，则应选择多少位 A/D 转换器？

解：根据题意，若要求分辨的温度为0.1 ℃，则 A/D 转换器的分辨率应为0.1/450 = 1/4 500。由于12位 A/D 转换器的分辨率为$1/2^{12} = 1/4\,096$，13位 A/D 转换器的分辨率为$1/2^{13} = 1/8\,192$，因此需要选用13位 A/D 转换器。

2. 转换误差

A/D 转换器的转换误差是指在整个转换范围内，输出数字信号所代表的模拟电压值与实际输入模拟电压值之间的偏差。实际输入模拟电压值应小于输出数字信号最低有效位为1时所代表的模拟电压值的一半。

9.2.2　转换速度

A/D 转换器的转换速度通常用转换时间和转换速率来描述。

1．转换时间

A/D 转换器的转换时间是指 A/D 转换器完成一次 A/D 转换所需要的时间，即从转换控制信号到来开始，到输出端得到稳定的数字信号所经历的时间。A/D 转换器的转换时间反映了它的转换速度：转换时间越长，转换速度就越低；转换时间越短，转换速度就越高。

2．转换速率

A/D 转换器的转换速率是指在单位时间内将模拟信号转换为数字信号的次数。

在实际选用 A/D 转换器时，要从 A/D 转换器的转换精度、转换速度等方面综合考虑，只有这样，才能保证 A/D 转换结果的正确性。不谋全局者，不足谋一隅；不谋一世者，不足谋一时。在学习、工作和生活中，我们应培养自己的全局意识，提高全面看待问题、分析问题和解决问题的能力。

9.3　典型的 A/D 转换器

典型的 A/D 转换器主要有全并行型 A/D 转换器、逐次逼近型 A/D 转换器和双积分型 A/D 转换器。

9.3.1　全并行型 A/D 转换器

1．全并行型 A/D 转换器的电路结构

如图 9-4 所示为 3 位全并行型 A/D 转换器的电路结构，它主要由电阻分压器、电压比较器 $C_1 \sim C_7$、寄存器和代码转换器组成。

2．全并行型 A/D 转换器的工作原理

在图 9-4 中，$C_1 \sim C_7$ 的量化等级均采用优化划分方法进行划分。首先，将 8 个电阻串联，组成电阻分压器，以对 U_{REF} 进行分压，从而得到 7 个比较电压，此时的量化单位 $\Delta = 2/15\,U_{REF}$；其次，将这 7 个比较电压分别接入 $C_1 \sim C_7$ 的反相输入端作为比较基准电压；最后，将输入的模拟电压同时加到 $C_1 \sim C_7$ 的同相输入端，与这 7 个比较基准电压进行比较，并输出比较结果。如表 9-6 所示为 3 位全并行型 A/D 转换器的输入、输出转换关系。

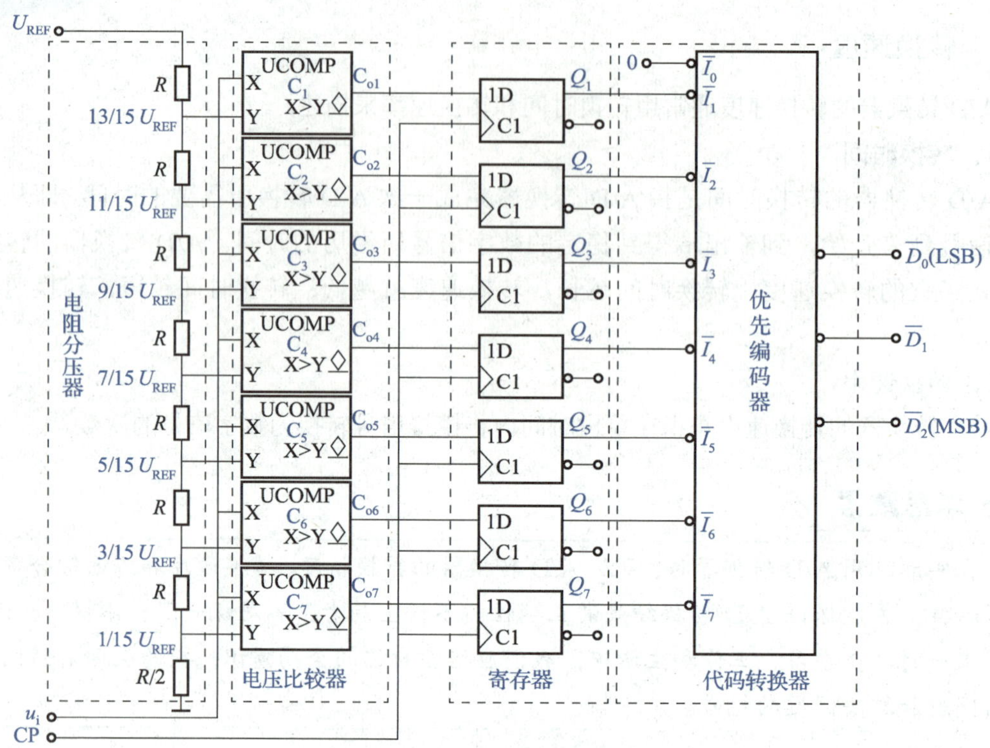

图 9-4　3 位全并行型 A/D 转换器的电路结构

表 9-6　3 位全并行型 A/D 转换器的输入、输出转换关系

输入模拟电压 u_i	寄存器状态（代码转换器输入）							输出数字代码（代码转换器输出）		
	Q_7	Q_6	Q_5	Q_4	Q_3	Q_2	Q_1	$\overline{D_2}$	$\overline{D_1}$	$\overline{D_0}$
(0~1/15) U_{REF}	0	0	0	0	0	0	0	0	0	0
(1/15~3/15) U_{REF}	1	0	0	0	0	0	0	0	0	1
(3/15~5/15) U_{REF}	1	1	0	0	0	0	0	0	1	0
(5/15~7/15) U_{REF}	1	1	1	0	0	0	0	0	1	1
(7/15~9/15) U_{REF}	1	1	1	1	0	0	0	1	0	0
(9/15~11/15) U_{REF}	1	1	1	1	1	0	0	1	0	1
(11/15~13/15) U_{REF}	1	1	1	1	1	1	0	1	1	0
(13/15~1) U_{REF}	1	1	1	1	1	1	1	1	1	1

全并行型 A/D 转换器主要具有以下特点。

（1）全并行型 A/D 转换器的转换方式是并行的，其转换时间仅受电压比较器、寄存器和代码转换器延迟时间的限制。因此，全并行型 A/D 转换器的转换速度较快。

（2）全并行型 A/D 转换器的元件数目会随着分辨率的提高而增大，不利于集成。1 个 n 位全并行型 A/D 转换器，所用电压比较器的个数为 2^n-1。

（3）全并行型 A/D 转换器无须设置采样保持电路，即可实现 A/D 转换功能。

请思考：为什么全并行型 A/D 转换器无须设置采样保持电路？

9.3.2　逐次逼近型 A/D 转换器

1．逐次逼近型 A/D 转换器的电路结构

如图 9-5 所示为 4 位逐次逼近型 A/D 转换器的电路结构，它主要由电压比较器 C 、控制门 G_1 和 G_2、移位寄存器、数据寄存器和 D/A 转换器组成。

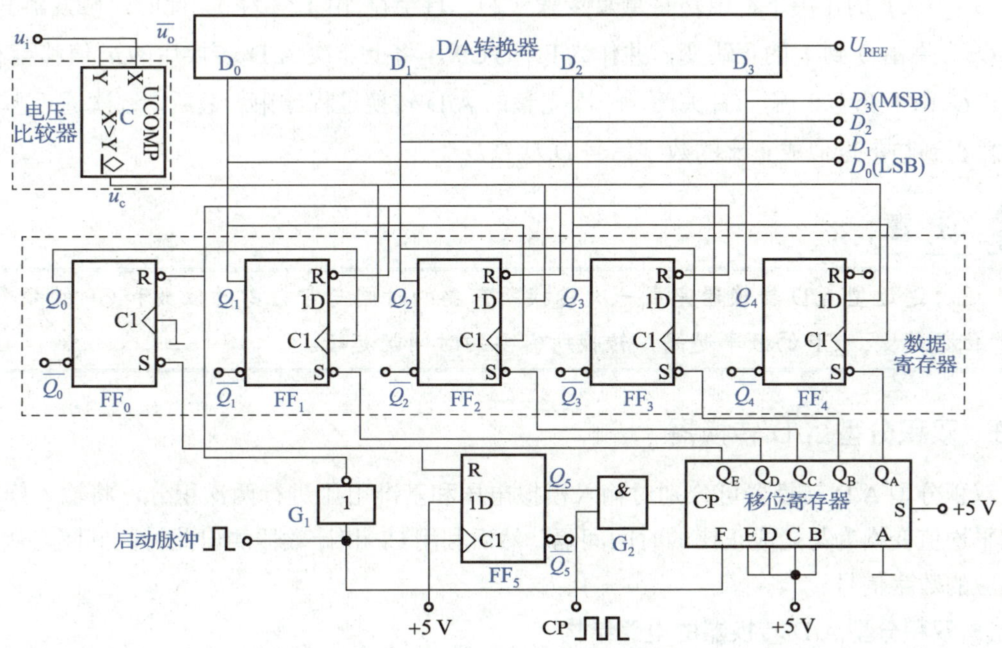

图 9-5　4 位逐次逼近型 A/D 转换器的电路结构

在图 9-5 中，移位寄存器可进行并入/并出或串入/串出操作。其中，F 为并行置数使能信号，高电平有效；S 为高位串行数据输入。数据寄存器由 5 个边沿 D 触发器和 1 个 RS 触发器组成，$Q_4 \sim Q_1$ 输出数字信号。

2．逐次逼近型 A/D 转换器的工作原理

逐次逼近型 A/D 转换器可将输入模拟电压与不同的基准电压做多次比较，从而使转换得到的数字信号在数值上逐次逼近输入模拟电压的值。4 位逐次逼近型 A/D 转换器的工作原理如下。

（1）当启动脉冲的上升沿到来时，FF_0 ～ FF_4 被清零，Q_5 置 1。Q_5 的高电平使 G_2 开启，CP 进入移位寄存器。在第 1 个 CP 的作用下，由于移位寄存器的 F 由 0 变为 1，因此并行输入数据 $ABCDE = 01111$ 置入移位寄存器中，使得 $Q_AQ_BQ_CQ_DQ_E = 01111$，Q_A 的低电平使数据寄存器的最高位 Q_4 置 1，即 $Q_4Q_3Q_2Q_1 = 1000$。D/A 转换器将数字代码 1000 转换为模拟电压 $\overline{u_o}$，并送入 C 与 u_i 进行比较，若 $u_i > \overline{u_o}$，则 $u_c = 1$，否则 $u_c = 0$。最后，将比较结果送至 D_3 ～ D_0。

（2）移位寄存器的 S 端接高电平，当第 2 个 CP 到来时，Q_A 由 0 变为 1，同时最高位 Q_A 的 0 移至次高位 Q_B。于是，数据寄存器的 Q_3 由 0 变为 1，这个正跳变作为有效触发信号加到 FF_4 的 CP 端，从而将 u_c 的值移至 Q_4。此时，其他触发器无正跳变触发脉冲信号，u_c 对它们不起作用。Q_3 变为 1 后，建立了新的 D/A 转换器数据，u_i 再次与 $\overline{u_o}$ 进行比较，新的比较结果将在第 3 个 CP 的作用下移至 Q_3。

（3）在 CP 的作用下，电路将重复步骤（2），直至 Q_E 由 1 变为 0。此时，触发器 FF_0 的输出 Q_0 产生由 0 到 1 的正跳变，并作为 FF_1 的 CP，将上一次 A/D 转换后的 u_c 值移至 Q_1。同时，Q_5 由 1 变为 0 后，G_2 关闭，一次完整的 A/D 转换过程结束。最后，逐次逼近型 A/D 转换器得到与 u_i 近似成正比的数字信号 $D_3D_2D_1D_0$。

逐次逼近型 A/D 转换器完成一次转换所需要的时间与它自身的位数和 CP 的频率有关。位数越少，CP 的频率越高，转换所需要的时间就越短。

9.3.3 双积分型 A/D 转换器

双积分型 A/D 转换器可分别对输入模拟电压和基准电压进行两次积分，将输入模拟电压的平均值变换为与之成正比的时间间隔，然后利用 CP 和计数器测出此时间间隔，从而得到相应的数字信号。

1. 双积分型 A/D 转换器的电路结构

如图 9-6 所示为双积分型 A/D 转换器的电路结构，它主要由以下几部分组成。

（1）积分器，主要由运算放大器 A 组成，是双积分型 A/D 转换器的核心。积分器的输入端所接开关 S_1 由定时信号 Q_n 控制。当 Q_n 为不同电平时，极性相反的 u_i 和 $-U_{REF}$ 将分别加在积分器的输入端，从而进行两次方向相反的积分。

（2）过零比较器 C，主要用于确定积分器输出电压 u_o 的过零时刻。当 $u_o \geqslant 0\,V$ 时，过零比较器的 u_c 为低电平；当 $u_o < 0\,V$ 时，u_c 为高电平。u_c 与控制门 G 相连，用于控制 G 的开放和封锁。

（3）计数器和定时器，由 $(n+1)$ 个边沿 JK 触发器 $FF_0 \sim FF_n$ 串联而成。$FF_0 \sim FF_{n-1}$ 组成 n 级计数器，对输入的 CP 进行计数，以便将与输入模拟电压的平均值成正比的时间间隔转换为相应的数字信号。

（4）控制门 G 。CP 的标准周期 T_{CP} 为测量时间间隔的标准时间。当 u_c 为高电平时，CP 通过 G 加到 FF_0 的输入端。

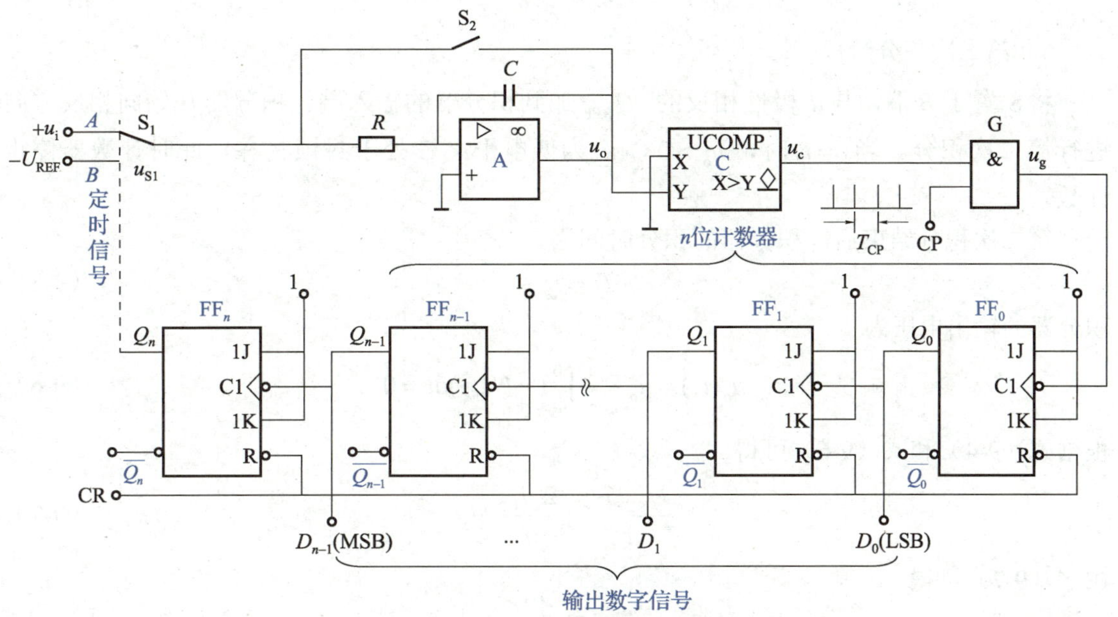

图 9-6 双积分型 A/D 转换器的电路结构

2．双积分型 A/D 转换器的工作原理

以输入正极性直流电压 u_i 为例，双积分型 A/D 转换器的工作过程可分为以下几个阶段。

1）准备阶段

控制电路提供 CR 信号使计数器清零，同时使 S_2 闭合。当 C 放电完毕时，S_2 断开。

2）第一次积分阶段

当转换过程开始（$t=0$）时，S_1 与 A 端接通，从而将 u_i 加到积分器的输入端。积分器开始对 u_i 进行积分，得到 u_o，即

$$u_o = -\frac{1}{\tau}\int_0^t u_i \mathrm{d}t \tag{9-2}$$

式中：

τ——时间常数，且 $\tau = RC$ 。

由于 $u_o < 0\text{ V}$，因此 u_c 为高电平，G 处于开放状态。此时，在 CP 的作用下，计数器从 0 开始计数。当 $t=t_1$ 时，经过 2^n 个 CP 后，$FF_0 \sim FF_{n-1}$ 均翻转为 0 状态，而 $Q_n=1$，S_1 从 A 端转接到 B 端，第一次积分结束。

第一次积分结束后，积分器的积分时间为

$$T_1 = t_1 = 2^n T_{\mathrm{CP}} \tag{9-3}$$

令U_{av}为输入模拟电压在T_1内的平均值，则由式（9-2）可得第一次积分结束后积分器的输出电压为

$$u_{\mathrm{p}} = -\frac{T_1}{\tau}U_{\mathrm{av}} = -\frac{2^n T_{\mathrm{CP}}}{\tau}U_{\mathrm{av}} \tag{9-4}$$

3）第二次积分阶段

将S_1置于B端，与u_{i}极性相反的$-U_{\mathrm{REF}}$加到积分器的输入端。积分器开始向相反方向进行第二次积分。当$t = t_2$时，$u_{\mathrm{o}} > 0$，u_{c}为低电平，G 处于封锁状态，此时计数器停止计数。

第二次积分结束后，积分器的积分时间为

$$T_2 = t_2 - t_1 \tag{9-5}$$

积分器的输出电压为

$$u_{\mathrm{o}}(t_2) = u_{\mathrm{p}} - \frac{1}{\tau}\int_{t_1}^{t_2}(-U_{\mathrm{REF}})\mathrm{d}t = 0 \tag{9-6}$$

根据式（9-4）和式（9-6）可得

$$\frac{U_{\mathrm{REF}}T_2}{\tau} = \frac{2^n T_{\mathrm{CP}}}{\tau}U_{\mathrm{av}} \tag{9-7}$$

由式（9-7）可得

$$T_2 = \frac{2^n T_{\mathrm{CP}}}{U_{\mathrm{REF}}}U_{\mathrm{av}} \tag{9-8}$$

假设在此期间计数器累计的 CP 个数为λ，则

$$T_2 = \lambda T_{\mathrm{CP}} = \frac{2^n T_{\mathrm{CP}}}{U_{\mathrm{REF}}}U_{\mathrm{av}} \tag{9-9}$$

由式（9-9）可知，T_2与U_{av}成正比，说明电路已经将输入模拟电压的平均值转换为中间变量时间间隔T_2。因此，有

$$\lambda = \frac{T_2}{T_{\mathrm{CP}}} = \frac{2^n}{U_{\mathrm{REF}}}U_{\mathrm{av}} \tag{9-10}$$

由式（9-10）可知，在计数器中所计得的λ与U_{av}成正比。因此，只要$U_{\mathrm{av}} < U_{\mathrm{REF}}$，双积分型 A/D 转换器就可将输入模拟电压转换为数字信号，并通过计数器直接输出转换结果。若$U_{\mathrm{REF}} = 2^n$ V，则$\lambda = U_{\mathrm{av}}$，即计数器所计得的 CP 个数在数值上等于输入模拟电压。

在第二次积分结束后，控制电路再次使S_2闭合，C开始放电，积分器回零，电路再次进入准备阶段，等待下一次转换。

通过分析双积分型 A/D 转换器的工作原理，可得其工作电压波形，如图 9-7 所示。

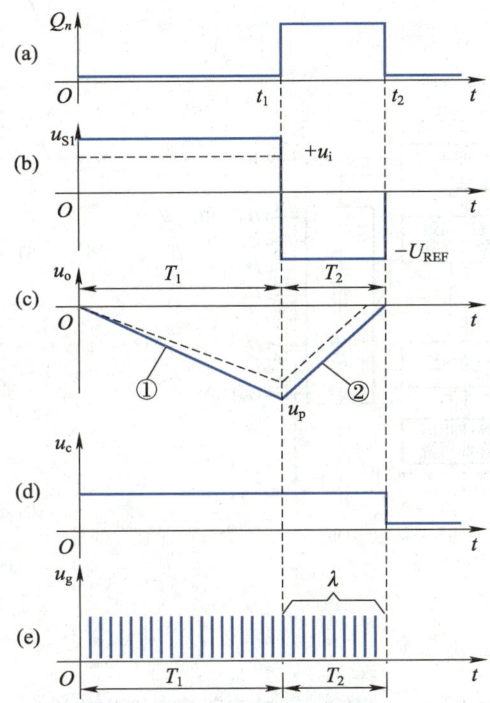

图 9-7　双积分型 A/D 转换器的工作电压波形

点　拨

双积分型 A/D 转换器由于在 T_1 内采用的是输入模拟电压的平均值，因此具有很强的抗工频干扰能力。从理论上来说，双积分型 A/D 转换器对周期为 T_1 或 T_1 的几分之一的对称干扰信号（即整个周期内电压平均值为零的干扰信号）有无穷大的抑制能力。即使工频干扰幅度大于被测直流信号的幅度并使输入信号发生极性变化，双积分型 A/D 转换器仍有较好的抑制能力。

9.4　集成 A/D 转换器

常用的集成 A/D 转换器有 ADC0804、ADC0809 等，下面以 ADC0809 为例进行介绍。

ADC0809 是一种逐次逼近型 8 位集成 A/D 转换器，其内部结构和引脚排列如图 9-8 所示。

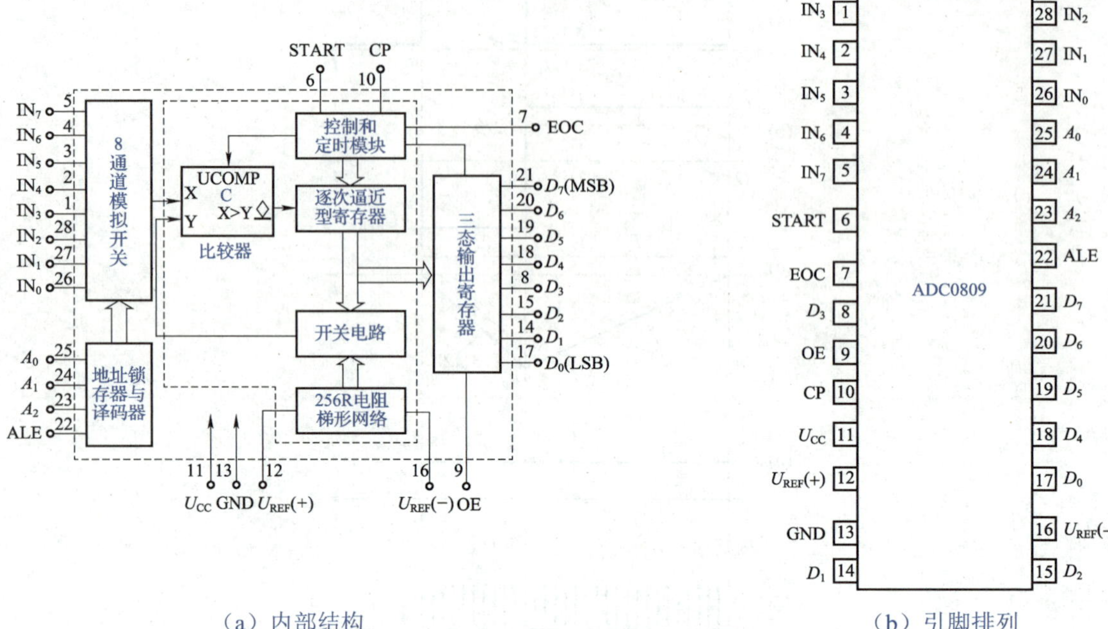

（a）内部结构　　（b）引脚排列

图 9-8　ADC0809 的内部结构和引脚排列

9.4.1　ADC0809 的内部结构

在图 9-8（a）中，ADC0809 的 A/D 转换部分主要由比较器、逐次逼近型寄存器和三态输出寄存器组成。

此外，ADC0809 内部还设有 1 个受地址锁存器控制的 8 通道模拟开关。地址锁存器的输入地址由 3 个引脚 A_0、A_1 和 A_2 控制。在进行 A/D 转换时，三态输出寄存器可选择 8 路中的 1 路进行输出。

9.4.2　ADC0809 的引脚功能

ADC0809 各引脚的功能如下。

（1）$IN_0 \sim IN_7$：8 路模拟信号输入。

（2）$D_0 \sim D_7$：8 位数字信号输出。

（3）A_2、A_1、A_0：地址输入，ADC0809 根据其值选择 8 路模拟信号中的 1 路进行 A/D 转换。

（4）ALE：地址锁存信号，高电平有效。当 ALE 为高电平时，ADC0809 选中 $A_2A_1A_0$ 选择的 1 路，并将其代表的模拟信号接入 A/D 转换器中。

（5）START：启动信号输入。应在 START 端施加正脉冲，当脉冲的上升沿到达时，逐次逼近型寄存器复位；当脉冲的下降沿到达时，逐次逼近型寄存器开始转换。

（6）EOC：A/D 转换结束信号输出。当 A/D 转换结束时，EOC 由低电平变为高电平。

（7）OE：允许信号输出控制，高电平有效。当 OE 端为高电平时，三态输出寄存器开放，并输出转换结果。

（8）CP：CP 信号输入，频率一般为 640 kHz。

9.4.3　ADC0809 的典型应用

如图 9-9 所示为 ADC0809 的典型应用电路。

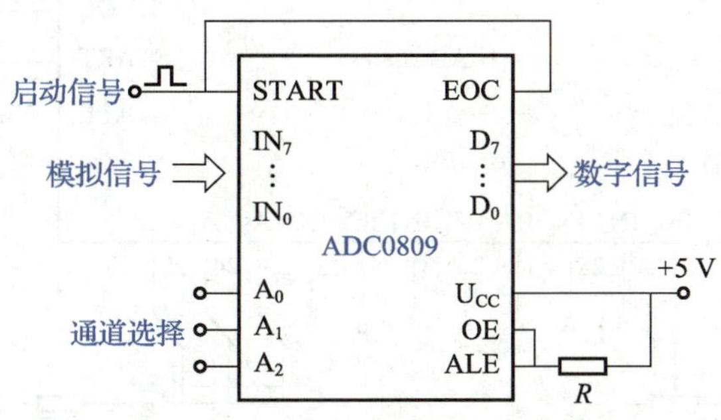

图 9-9　ADC0809 的典型应用电路

ADC0809 广泛应用于单片机系统。ADC0809 将单片机提供的 CP 信号接入 CP 端，同时单片机的输出信号对 ADC0809 的 START、ALE、A_0、A_1 和 A_2 进行控制，选中 IN_0 ～ IN_7 中的某一个模拟信号输入通道，并对输入的模拟信号进行 A/D 转换。转换后的数字信号可通过三态输出寄存器的 D_0 ～ D_7 端输出。

项目实施——测试 A/D 转换器

测试 A/D 转换器

1. 实施目标

（1）熟悉 ADC0809 的引脚排列及逻辑功能。

（2）会用 Multisim 14 对 A/D 转换器进行仿真。

（3）掌握测试 A/D 转换器的方法。

2. 实施器材

（1）数字电路实验箱 1 台。

（2）ADC0809 芯片 1 片。

（3）脉冲信号发生器 1 台。

（4）1 kΩ 电阻和 1 kΩ 电位器各 1 个。

（5）数字万用表 1 个。

（6）导线若干。

3. 实施内容

1）分析电路

A/D 转换器的功能是将模拟信号转换为数字信号，其测试电路如图 9-10 所示。

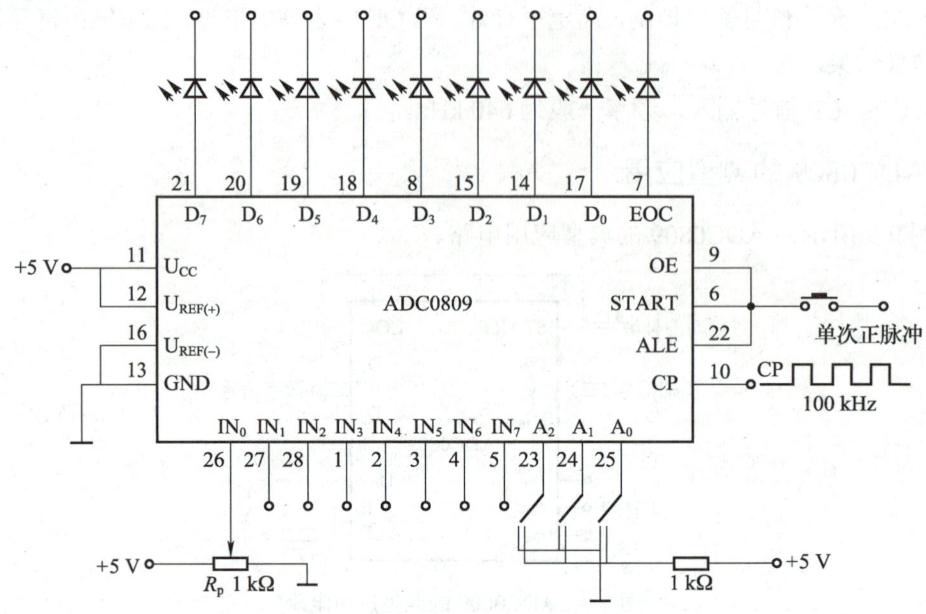

图 9-10　A/D 转换器的测试电路

在图 9-10 中，+5 V 电源接 $U_{REF(+)}$，作为 A/D 转换器的基准电压；+5 V 电源经电位器 R_p 分压后送入 A/D 转换器的 IN_0 端，其电压值记为 u_{in}；D_0～D_7 与数字电路实验箱上的发光二极管相连；脉冲信号发生器接 A/D 转换器的 CP 端并输出 100 kHz 的 CP 信号；A_0、A_1 和 A_2 接数字电路实验箱上的逻辑开关；数字实验箱上的单次正脉冲接 A/D 转换器的 START 端。通过调节 R_p，将不同数值的模拟电压信号输入 A/D 转换器中，A/D 转换器将输出相应的数字信号。

2）仿真

（1）创建工程文件。打开 Multisim 14 仿真软件，单击菜单栏中的“文件”菜单，执行“设计”命令，在弹出的对话框中单击“Create”按钮，就可得到一个工程文件。

（2）选择元件。单击菜单栏中的“绘制”菜单，执行“元件”命令，按表 9-7 选择 A/D 转换器仿真所需元件。

表 9-7　A/D 转换器仿真所需元件

序号	名称	规格	型号	数量
1	电源	+5 V		1
2	电位器	1 kΩ		1
3	A/D 转换器			1
4	七段数码显示器			2
5	指示灯			9
6	脉冲信号发生器			1
7	数字万用表			1

（3）连接仿真电路。按图 9-11 所示的 A/D 转换器的仿真电路将各元件连接起来。其中，数字万用表用于测量输入模拟电压的值；七段数码显示器用于显示输出数字信号的值。

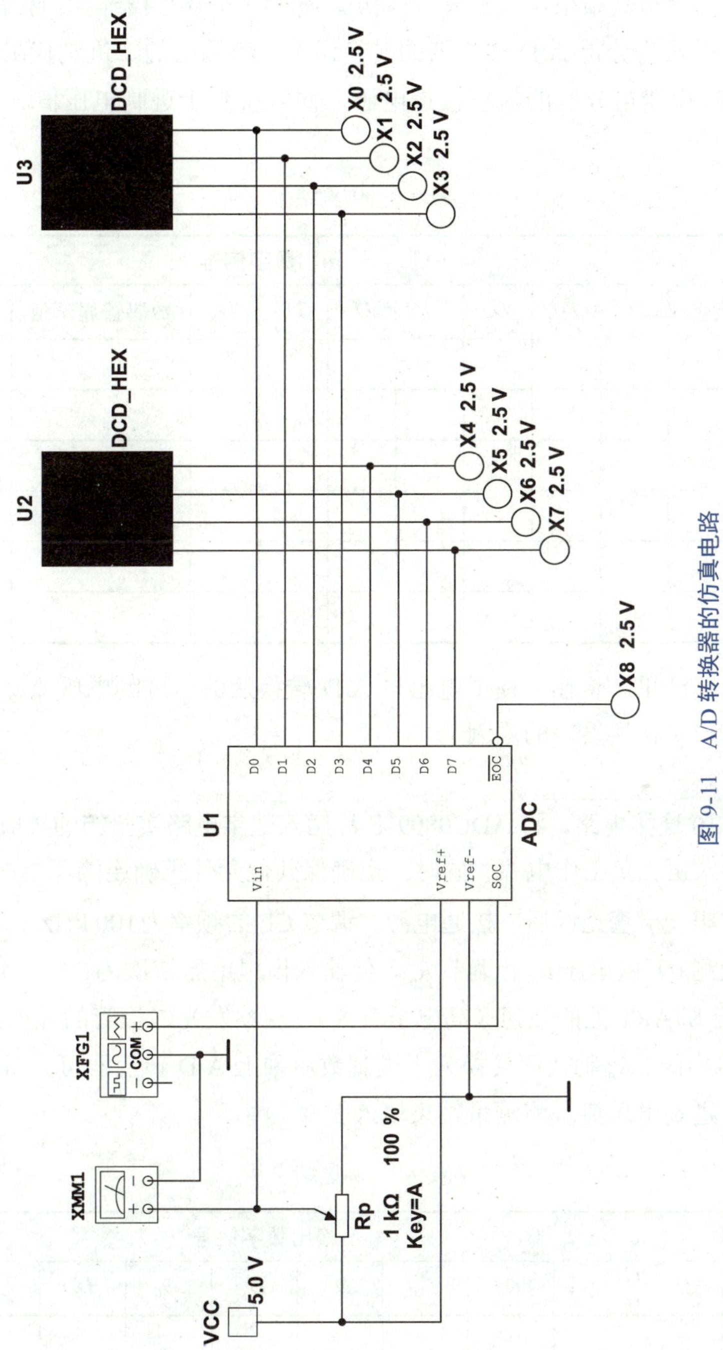

图 9-11　A/D 转换器的仿真电路

（4）开启仿真开关。将电路连接完毕后，单击菜单栏中的“仿真”菜单，执行“运行”命令，开启仿真开关。

（5）观察并记录仿真结果。调整 R_p 的大小，观察 A/D 转换器输出端指示灯的状态（灯亮为 1，灯灭为 0）。为分析 A/D 转换器的转换误差，将输出的二进制代码转换为十进制数后再乘上 A/D 转换器可分辨的最小模拟电压，便可得到十进制电压值。将仿真结果填入表 9-8 中。

表 9-8　仿真结果

输入模拟电压	输出数字信号									
u_{in}/V	D_7	D_6	D_5	D_4	D_3	D_2	D_1	D_0	数码管显示值	十进制电压值/V
5										
4										
3										
2										
1										
0										

（6）分析仿真结果。将输入模拟电压与 A/D 转换后的十进制电压值进行对比，计算转换误差，并分析产生转换误差的原因。

3）测试电路

（1）按图 9-10 连接电路，将 ADC0809 芯片插入数字电路实验箱的集成电路插座中，并在对应引脚上接入正、负工作电源。同时，也确保其他元件正确连接。

（2）接线完毕、检查无误后，接通电源。调节 CP 的频率为 $100\ \text{kHz}$，令 $A_0A_1A_2=000$，用数字万用表检测 IN_0 的电压 u_{in}；调节 R_p，使输入模拟电压依次为 $5\ \text{V}$、$4\ \text{V}$、$3\ \text{V}$、$2\ \text{V}$、$1\ \text{V}$、$0\ \text{V}$；按下 START 处的按钮（高电平有效），观察发光二极管的亮灭情况（灯亮为 1，灯灭为 0）；将输出的二进制代码转换为十进制数后乘上 A/D 转换器可分辨的最小模拟电压值，便可得到十进制电压值。将测量结果填入表 9-9 中。

表 9-9　测量结果

输入模拟电压	输出数字信号								
u_{in}/V	D_7	D_6	D_5	D_4	D_3	D_2	D_1	D_0	十进制电压值/V
5									
4									
3									

（续表）

输入模拟电压	输出数字信号								
u_{in}/V	D_7	D_6	D_5	D_4	D_3	D_2	D_1	D_0	十进制电压值/V
2									
1									
0									

（3）调整逻辑开关，令 $A_0A_1A_2=001$，此时 A/D 转换器的输入信号从 IN_1 输入。重复步骤（2）。根据 A/D 转换器的测试结果，将输出的十进制电压值与数字万用表实际测量的输入模拟电压值进行比较，计算出转换误差并分析产生转换误差的原因。

4. 实施报告

根据实施过程及结果撰写实施报告，实施报告应至少包括以下内容。

（1）画出 A/D 转换器的仿真电路和测试电路。

（2）记录 A/D 转换器的仿真结果和测试结果。

（3）对比 A/D 转换器的输入模拟电压值与输出数字信号对应的十进制电压值，判断是否存在转换误差，并分析产生转换误差的原因。

项目知识检测

1. 填空题

（1）A/D 转换器是将________转换为________的电路。

（2）A/D 转换器的转换过程主要包括________和________两部分。

（3）全并行型 A/D 转换器主要由________、________、________和________组成。

（4）逐次逼近型 A/D 转换器主要由________、________、________、________和________组成。

（5）双积分型 A/D 转换器主要由________、________、________和________组成。

2. 简答题

（1）采样定理是如何定义的？

（2）什么是量化？量化单位是指什么？

（3）量化等级的划分方法有哪些？具体是如何实现的？

（4）A/D 转换器的主要技术指标有哪些？

（5）常用的 A/D 转换器有哪些？

3. 综合题

（1）如图 9-12 所示为 3 位全并行型 A/D 转换器的电路结构，若 $U_{REF}=7\text{ V}$，则电路的最小量化单位 Δ 为多少？当 $u_i=2.4\text{ V}$ 时，输出数字代码 $\overline{D_2 D_1 D_0}=$？

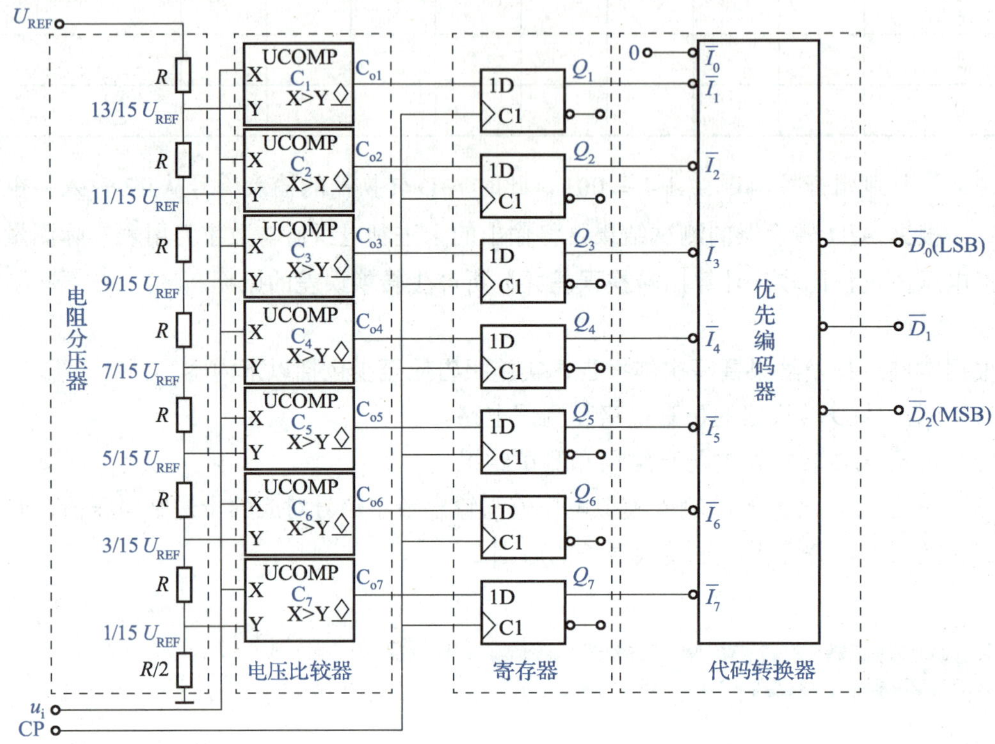

图 9-12　题图

（2）如图 9-13 所示为逐次逼近型 A/D 转换器的电路框图，已知 CP 信号的频率为 1 MHz，若该 A/D 转换器的位数为 10 位，则该 A/D 转换器完成一次 A/D 转换所需的时间是多少？若要求该 A/D 转换器完成一次 A/D 转换的时间小于 100 μs，则 CP 信号的频率应选多大？

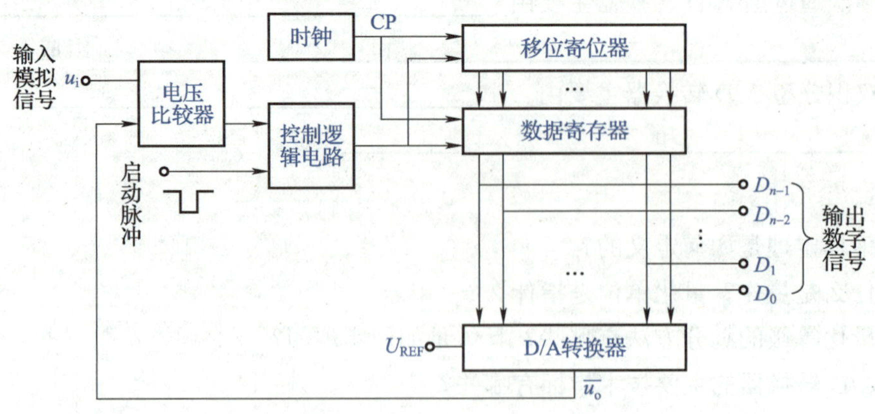

图 9-13　题图

（3）如图 9-14 所示为双积分型 A/D 转换器的电路结构，假设 CP 信号的频率为 f_{CP}，其分辨率为 n 位，试写出该 A/D 转换器最小转换采样频率 f_{min} 的表达式。

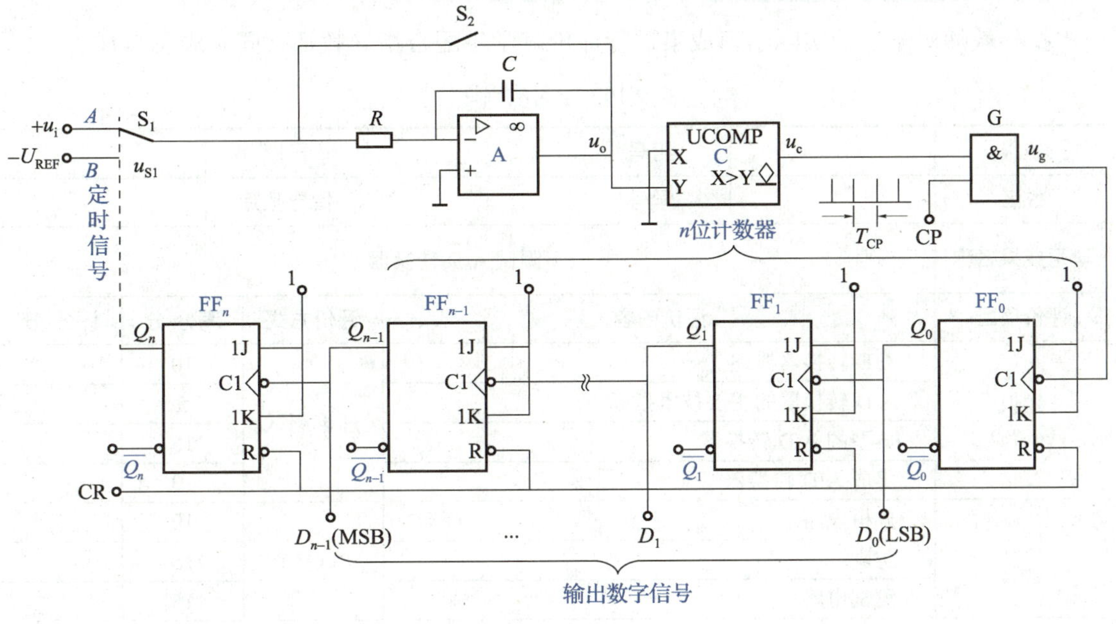

图 9-14　题图

学习成果评价

指导教师对学生的实际学习成果进行评价，学生配合指导教师共同完成表 9-10。

表 9-10 学习成果评价

班级		组号		日期	
姓名		学号		指导教师	
学习成果名称	测试 A/D 转换器				

评价项目	评价内容	评价方式	满分/分	评分/分
知识（40%）	A/D 转换器概述	理论测试	10	
	A/D 转换器的主要技术指标		5	
	典型的 A/D 转换器		15	
	集成 A/D 转换器		10	
技能（40%）	分析电路	实践操作	10	
	仿真		15	
	测试电路		15	
素养（20%）	积极参加教学活动，主动学习和思考	综合评判	5	
	认真完成学习和实践任务		5	
	团结协作，与组员合作默契		4	
	遵守课堂纪律，维护课堂秩序		4	
	守正创新，自信自强		2	
合计			100	
自我评价				
指导教师评价				

项目 10

综合实训

知识目标

- 掌握由 555 定时器组成的多谐振荡器的工作原理。
- 掌握同步十进制加法计数器和移位寄存器的逻辑功能。
- 掌握多路循环彩灯控制电路的电路结构和工作原理。

技能目标

- 能分析多路循环彩灯控制电路的工作原理。
- 能设计多路循环彩灯控制电路。
- 能用 Multisim 14 仿真多路循环彩灯控制电路。

素质目标

- 树立兢兢业业、尽职尽责的工作作风。
- 弘扬凝心聚力、同舟共济的团结精神。

10.1 设计背景

夜幕降临，华灯初上，城市街道上闪烁的灯光给寂静的黑夜增添了一份生机与活力。多路循环彩灯控制电路是一种基于数字电子技术的实际应用电路。它可通过控制彩灯循环闪烁的频率和样式，使彩灯呈现出丰富多彩的视觉效果。

10.2 设计要求

8 路循环彩灯控制电路的设计要求如下。

（1）以移位寄存器为核心元件搭建 8 路循环彩灯控制电路。

（2）用 555 定时器组成多谐振荡器提供时钟脉冲信号。

（3）用同步十进制加法计数器产生节拍脉冲信号。

（4）用移位寄存器实现对彩灯两种状态的循环控制。

状态①：8 路彩灯从两边向中间依次点亮，全亮后从两边向中间依次熄灭。

状态②：8 路彩灯分两部分从左向右依次点亮，全亮后分两部分从左向右依次熄灭。

（5）用 Multisim 14 仿真软件对 8 路循环彩灯控制电路进行仿真。

10.3 设计电路

根据设计要求，可得 8 路循环彩灯控制电路的设计框图，如图 10-1 所示。8 路循环彩灯控制电路主要由时钟电路、控制电路、编码电路和显示电路组成。

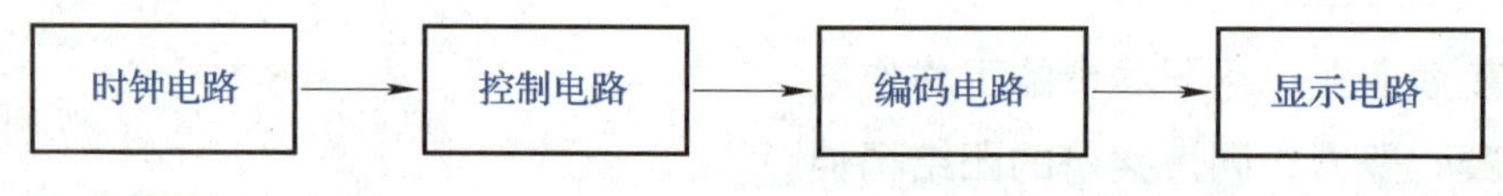

图 10-1 8 路循环彩灯控制电路的设计框图

10.3.1 时钟电路

时钟电路主要用于为 8 路循环彩灯控制电路提供时钟脉冲信号，它控制着所有彩灯闪烁的频率。时钟电路主要由 555 定时器和外接元件组成，如图 10-2 所示。时钟电路利用电源通过电阻 R_1、R_2、电位器 R_p 向电容 C_1 充电，C_1 在充电完成后又向 R_1、R_2、R_p 放电，从而产生振荡。

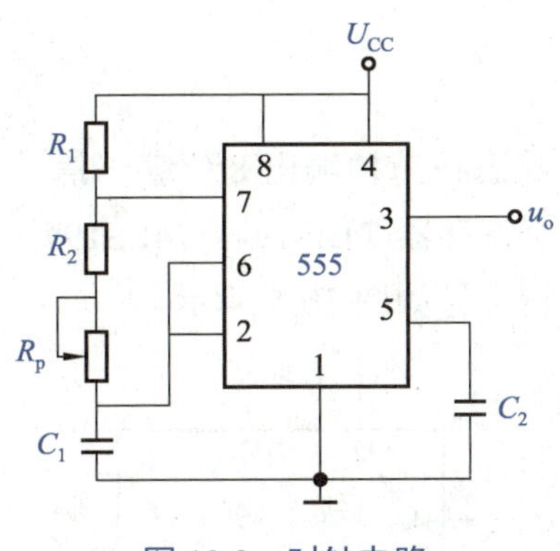

图 10-2　时钟电路

10.3.2　控制电路

控制电路主要有两个功能：一个是按需要产生节拍脉冲信号，另一个是产生移位寄存器所需要的各种驱动信号。控制电路采用同步十进制加法计数器 74LS160 来产生节拍脉冲信号，74LS160 的逻辑符号如图 10-3 所示。

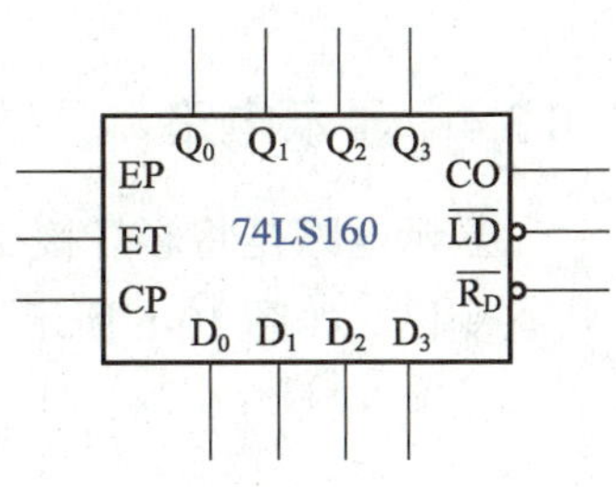

图 10-3　74LS160 的逻辑符号

74LS160 具有异步清零和同步置数的功能。由于彩灯的每种状态都是 8 个节拍循环一次，两种状态循环一次共需要 16 个节拍，因此需要设计一个 8×2 级联计数器，如图 10-4 所示。

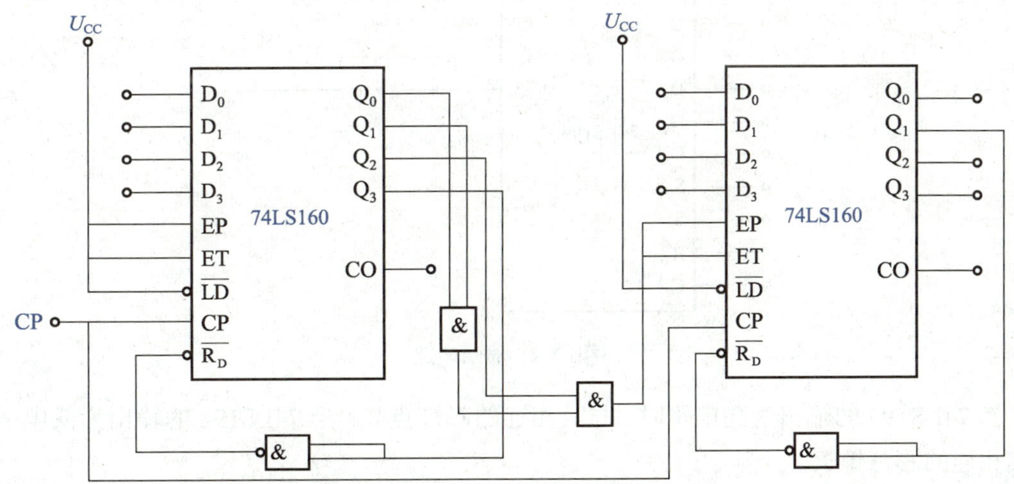

图 10-4　8×2 级联计数器

在 8×2 级联计数器中，左侧的 74LS160 采用异步反馈清零法组成八进制计数器。当 $Q_3Q_2Q_1Q_0=1000$ 时，Q_3 通过与非门输出一个低电平至 $\overline{R_D}$ 端，从而将计数器清零。右侧的 74LS160 同样采用异步反馈清零法组成二进制计数器。当 $Q_3Q_2Q_1Q_0=0010$ 时，Q_1 通过与非门输出一个低电平至 $\overline{R_D}$ 端，从而将计数器清零。

10.3.3 编码电路

编码电路需要根据彩灯的状态按节拍输出 8 位编码信号，可用移位寄存器来实现。本项目选用的是 4 位集成双向移位寄存器 74LS194。74LS194 具有左移、右移、并行输入、保持和异步清零 5 种功能，其逻辑符号如图 10-5 所示。

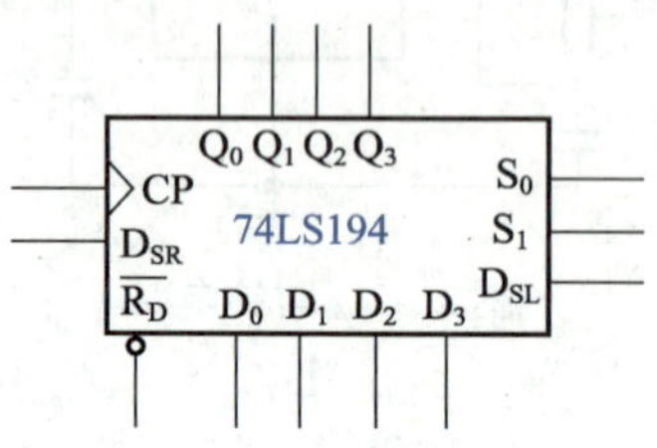

图 10-5 74LS194 的逻辑符号

10.3.4 显示电路

显示电路是将彩灯接在 74LS194 的输出端组成的，主要用于显示编码电路输出信号的状态变化，如图 10-6 所示。

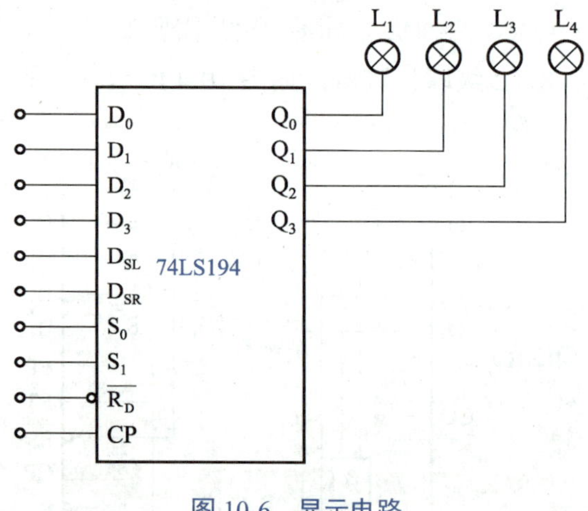

图 10-6 显示电路

当 74LS194 的输出为高电平时，与其相连的彩灯点亮；当 74LS194 的输出为低电平时，与其相连的彩灯熄灭。

10.3.5 8 路循环彩灯控制电路

将上述时钟电路、控制电路、编码电路和显示电路组合起来，便可得到 8 路循环彩灯控制电路，如图 10-7 所示。

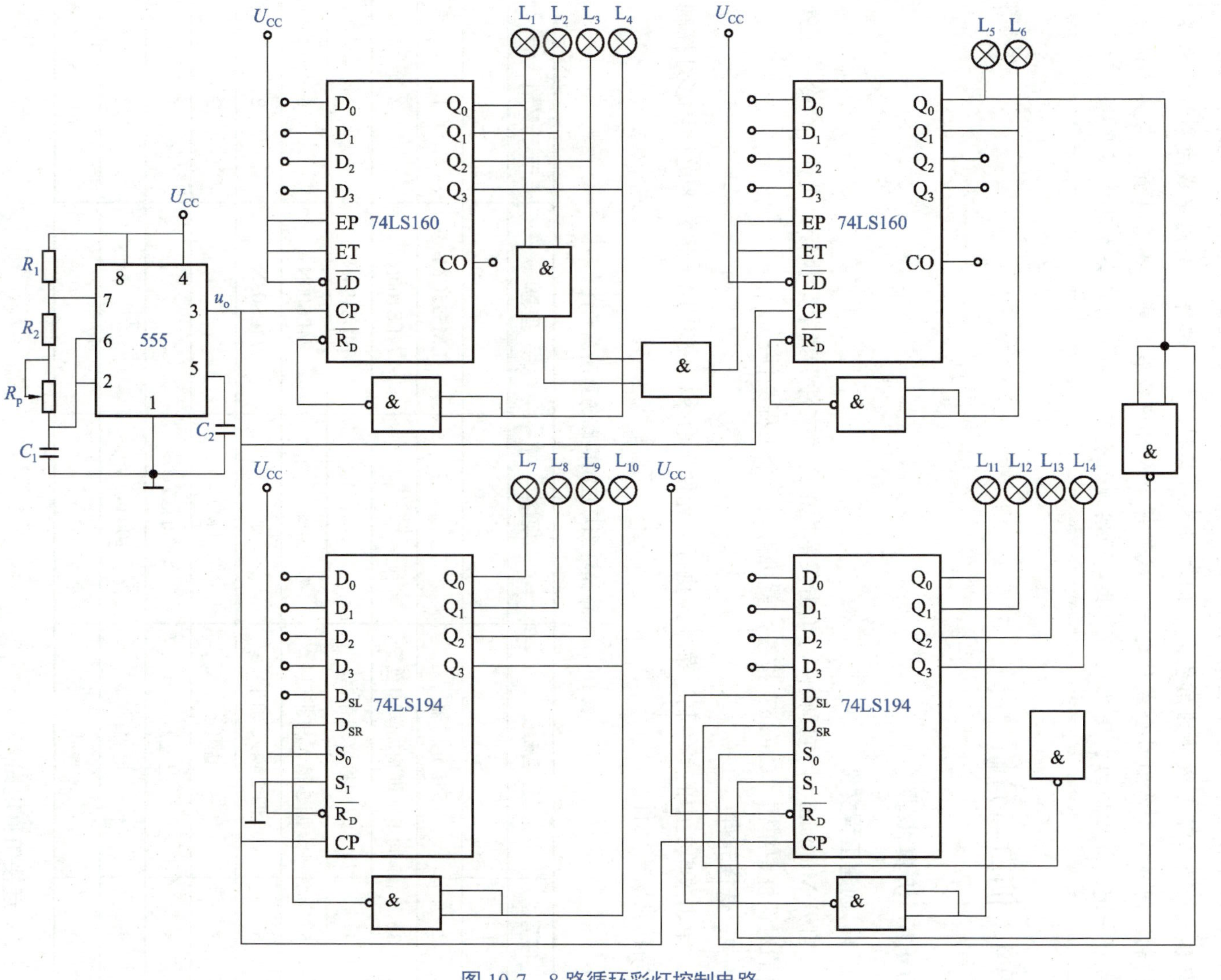

图 10-7　8 路循环彩灯控制电路

学思践悟

在设计8路循环彩灯控制电路的过程中，时钟电路、控制电路、编码电路和显示电路各自扮演着不可或缺的角色，它们之间各司其职，相互协作，共同完成对彩灯的循环控制。同样地，作为社会成员之一，我们每个人都应各展其能、各尽其责，与其他社会成员一道，齐心协力、团结互助，共同为实现社会目标和推动社会发展贡献力量。

10.4 仿真与分析

10.4.1 仿真步骤

1. 创建工程文件

打开 Multisim 14 仿真软件，单击菜单栏中的“文件”菜单，执行“设计”命令，在弹出的对话框中单击“Create”按钮，就可得到一个工程文件。

2. 选择元件

单击菜单栏中的“绘制”菜单，执行“元件”命令，按表 10-1 选择 8 路循环彩灯控制电路仿真所需元件。

表 10-1　8 路循环彩灯控制电路仿真所需元件

序号	名称	规格	型号	数量
1	电源	5 V		3
2	555 定时器		LM555CM	1
3	同步十进制加法计数器		74LS160N	2
4	双向移位寄存器		74LS194N	2
5	四 2 输入与非门		74LS00N	6
6	四 2 输入与门		74LS08N	2
7	电阻	1 kΩ		2
8	电位器	100 kΩ		1
9	电容	100 nF		2
10	彩灯	2.5 V		14

3. 连接仿真电路

选择元件后，按图 10-8 所示的 8 路循环彩灯控制电路的仿真电路将各元件连接起来。

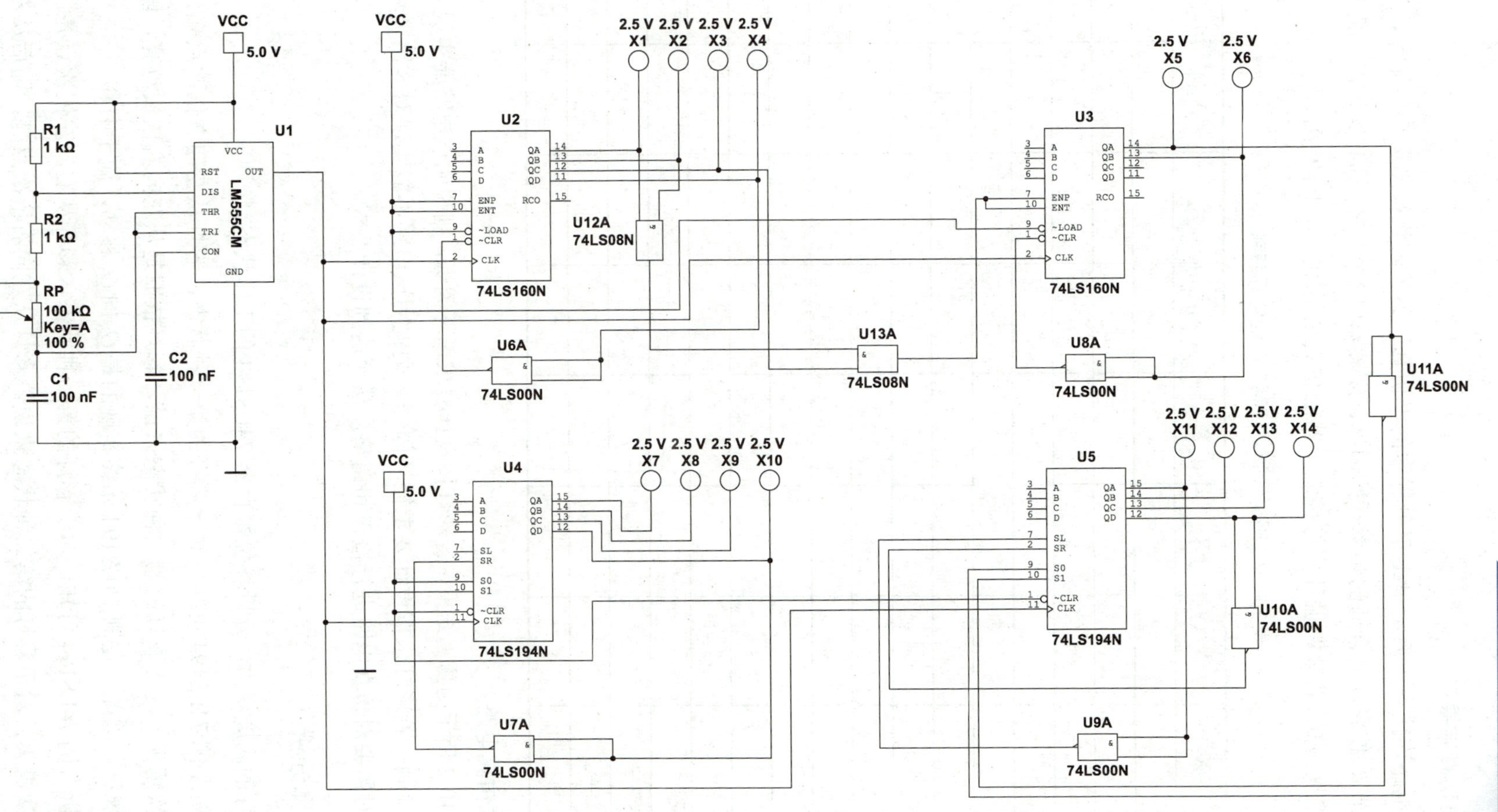

图 10-8　8 路循环彩灯控制电路的仿真电路

4. 记录仿真结果

将仿真电路连接完毕后，单击菜单栏中的“仿真”菜单，执行“运行”命令，开启仿真开关。调节 R_p 使彩灯以合适的频率开始闪烁，观察彩灯 $X_7 \sim X_{14}$ 的亮灭情况。假设彩灯点亮为 1，熄灭为 0，将 8 路循环彩灯控制电路的仿真结果填入表 10-2 中。

表 10-2 8 路循环彩灯控制电路的仿真结果

脉冲序号	X_7	X_8	X_9	X_{10}	X_{11}	X_{12}	X_{13}	X_{14}
0								
1								
2								
3								
4								
5								
6								
7								
8								
9								
10								
11								
12								
13								
14								
15								

5. 调试仿真电路

根据表 10-2 所示的仿真结果，若彩灯按设计要求循环闪烁，则说明该电路能实现对 8 路循环彩灯的控制；若彩灯未按设计要求循环闪烁，则说明该电路不能实现对 8 路循环彩灯的控制，此时需要对仿真电路进行检查和调整，从而达到设计要求。

10.4.2 仿真分析

根据彩灯的闪烁规律，分析移位寄存器 74LS194 的工作状态。

（1）分析左侧 74LS194 可知，对于彩灯的第一种状态，彩灯从左向右依次点亮，随后从左向右依次熄灭；对于彩灯的第二种状态来说，彩灯依旧是从左向右依次点亮，随后从左向右依次熄灭。因此，左侧 74LS194 始终实现的是 Q_0 向 Q_3 移动，属于右移。

（2）分析右侧 74LS194 可知，对于彩灯的第一种状态，彩灯从右向左依次点亮，随后从右到左依次熄灭；对于彩灯的第二种状态来说，彩灯从左向右依次点亮，随后从左向右依次熄灭。因此，第二个 74LS194 首先实现的是 Q_3 向 Q_0 移动，属于左移，然后实现的是 Q_0 向 Q_3 移动，属于右移。

经过分析可知，8 路循环彩灯控制电路能实现对彩灯的循环控制。

10.5　设计报告

根据 8 路循环彩灯控制电路的设计过程及仿真结果撰写设计报告，设计报告应至少包括以下内容。

（1）画出 8 路循环彩灯控制电路的设计框图和仿真电路。

（2）分析 8 路循环彩灯控制电路的工作原理。

（3）记录并分析仿真结果。

参考文献

［1］杨悦梅．数字电子技术项目化教程［M］．杭州：浙江大学出版社，2023．

［2］徐丽香，黎旺星．数字电子技术［M］．4版．北京：电子工业出版社，2023．

［3］刘晓阳．数字电子技术项目教程［M］．北京：电子工业出版社，2023．

［4］夏林中，张春晓．数字电子技术基础［M］．西安：西安电子科技大学出版社，2021．

［5］黄洁．数字电子技术［M］．3版．北京：高等教育出版社，2020．

［6］吴慎山．数字电子技术实验与仿真［M］．北京：电子工业出版社，2018．